应用型本科系列规划教材

飞机飞行力学与控制

董彦非　李继广　屈高敏　编著

U0382251

西北工业大学出版社

西 安

【内容简介】 本书内容分为 14 章。在第一章"绪论"全面介绍飞行力学和飞行控制的概念、历史和研究方法之后,分为飞机飞行性能、飞机飞行品质和飞机闭环控制等三篇。第一篇"飞机飞行性能"着重讲解飞机的最大和最小速度、升限、航程和航时、起飞和着陆,以及各种机动性能的含义和计算方法。第二篇"飞机飞行品质"主要讲解飞机静态和动态的飞行品质,即飞机的平衡、稳定和操纵特性。第三篇"飞机闭环控制"主要讲解飞机闭环控制的基本原理和飞行仿真等。

本书可作为高等院校飞行器类专业以及涉航各专业相关课程的教材,也可供研究人员、工程技术人员及有关管理人员参考。

图书在版编目(CIP)数据

飞机飞行力学与控制/董彦非,李继广,屈高敏编著.—西安:西北工业大学出版社,2021.2
ISBN 978 - 7 - 5612 - 7365 - 4

Ⅰ.①飞⋯ Ⅱ.①董⋯ ②李⋯ ③屈⋯ Ⅲ.①飞行-飞机力学 ②飞机-飞行控制 Ⅳ.①V212.1 ②V249.1

中国版本图书馆 CIP 数据核字(2020)第 201211 号

FEIJI FEIXING LIXUE YU KONGZHI

飞 机 飞 行 力 学 与 控 制

责任编辑:胡莉巾		策划编辑:蒋民昌	
责任校对:王玉玲　王梦妮		装帧设计:董晓伟	

出版发行:西北工业大学出版社
通信地址:西安市友谊西路 127 号　　　邮编:710072
电　　话:(029)88491757,88493844
网　　址:www.nwpup.com
印 刷 者:陕西天意印务有限责任公司
开　　本:787 mm×1 092 mm　　　1/16
印　　张:17.5
字　　数:459 千字
版　　次:2021 年 2 月第 1 版　　　2021 年 2 月第 1 次印刷
定　　价:55.00 元

前　言

为进一步深化应用型本科高等教育的教学水平,促进应用型人才的培养工作,提升学生的实践能力和创新能力,提高应用型本科教材的建设和管理水平,西安航空学院与国内其他高校、科研院所、企业进行深入探讨和研究,编写了"应用型本科系列规划教材"用书,包括《飞机飞行力学与控制》等,共计30种。本系列教材的出版,将对基于生产实际,符合市场人才的培养工作具有积极的促进作用。

飞机飞行力学是应用力学的一个分支,其研究的飞行性能和飞行品质等是为评估飞机使用性能、安全性以及飞行员驾驶飞机完成预定任务的难易程度等服务的。随着航空技术的快速发展,现代军用和民用飞机基本都采用了闭环控制技术,现代飞机的飞行控制技术在提高飞机飞行性能、改善飞机飞行品质、实现自动化飞行,以及减轻飞行员负担等方面起到越来越重要的作用。飞行力学与飞行控制的交叉已经成为飞行力学研究的必然方向和趋势。

本书在传统飞行力学的飞行性能和飞行品质两大模块的基础上,加入了闭环控制、电传操纵以及无人机飞行控制系统设计与实现等内容(即飞机闭环控制内容),以加深读者对飞行力学与飞行控制相关性的认识,促进其对知识的理解与运用。

飞行力学与控制是飞行器设计与工程和航空航天工程等涉航专业的重要专业课程,是学习飞机总体设计等课程的基础。本书以科学、适用和实用为出发点,注重理论与实践相结合,具有以下特点:

(1)内容全面。本书包括常规的飞行性能和飞行品质内容,同时为适应现代飞机发展,加入飞机闭环控制内容,体系更加完整。

(2)面向应用。本书面向应用,重在概念和结论的应用,并加入一些应用实例。

(3)清楚易懂。本书图文并茂,讲解清楚,容易理解。

在本书编写过程中,我们与北京中科远卓科技信息有限公司、西安无人机应用创新基地等开展校企合作,通过试用、研讨和实验等方式,逐步完善了固定翼无人机性能计算、操稳特性以及飞行控制调整等方面的内容,进一步增强了本书的实用性。

本书共分14章。编写分工为:董彦非编写第1章、第2章和第7~11章;李继广编写第12~14章;屈高敏编写第3~6章。全书由董彦非统稿。

本书的出版得到了通用航空工程技术中心基金资助。编写本书曾参阅了大量文献、资料,在此,谨对相关作者深表谢意。

限于水平,书中难免存在不妥之处,敬请读者批评指正(可发送邮件至邮箱 China_DYF@sina.com)。

编著者

2020 年 10 月

主要符号表

符　号	含　义	单　位
a	声速	$m \cdot s^{-1}$
A	诱导阻力因子	
b_A	机翼平均空气动力弦长	m
C	气动侧力	N
C_R	总空气动力系数	
C_D	阻力系数	
C_{D0}	零升阻力系数	
C_L	升力系数	
C_C	侧力系数	
D	气动阻力;杆位移	N;mm
D_a	副翼操纵杆位移	mm
D_e	平尾操纵杆位移	mm
D_r	方向舵操纵杆位移	mm
F_a	副翼操纵杆力	N
F_e	平尾操纵杆力	N
F_r	方向舵操纵杆力	N
G	飞机重力	N
g	重力加速度	$m \cdot s^{-2}$
H	飞行高度	m
I_x, I_y, I_z	飞机绕机体轴的惯性矩(转动惯量)	$kg \cdot m^2$
I_{xy}, I_{yz}, I_{zx}	飞机绕机体轴的惯性积	$kg \cdot m^2$
K	升阻比	
k	比热比,对于空气,$k=1.4$	
L	气动升力	N
l	机翼翼展	m
Ma	马赫数	
M_x, M_y, M_z	滚转力矩、俯仰力矩、偏航力矩(或用 L,M,N 表示)	$N \cdot m$
m_x, m_y, m_z	滚转、俯仰和偏航力矩系数(或用 C_l, C_m, C_n 表示)	
m_x^{β}, m_z^{β}	横向、方向静稳定导数(静稳定度)	
$m_y^{\alpha}, m_y^{C_L}$	纵向静稳定导数	
m_y^{φ}	全动平尾操纵导数(平尾效能)	
$m_x^{\delta_e}$	副翼操纵导数	
$m_z^{\delta_e}$	副翼偏航导数	
$m_x^{\delta_r}, m_z^{\delta_r}$	方向舵操纵导数	
m_{z_0}	纵向零升力矩系数	
$N_{1/2}(N_2)$	振幅衰减一半(增大一倍)的振荡次数	

符　号	含　义	单　位
n_x, n_y, n_z	沿坐标轴的过载分量	
T	发动机推力	N,kN
p	大气压强	Pa,kPa
q	动压、速压	N·m^{-2}
R	总空气动力;作战半径;盘旋半径;航程	N;m,km
S	机翼面积	m^2
T	振荡周期	s
t_R	滚转模态时间常数	s
t	时间	s
$t_{1/2}(t_2)$	半衰期(倍幅时间)	s
V	飞机空速	m·s^{-1}
V_i	飞机表速	m·s^{-1}
V_{ad}	飞机有利速度	m·s^{-1}
$\bar{x}_F$	全机焦点在机翼平均空气动力弦上的相对位置	
$\bar{x}_G$	全机质心在机翼平均空气动力弦上的相对位置	
$\bar{x}_m$	握杆机动点在机翼平均空气动力弦上的相对位置	
α	迎角	(°)
β	侧滑角	(°)
δ_a	副翼(aileron)偏转角	(°)
δ_e	升降舵(elevator)偏转角	(°)
δ_r	方向舵(rudder)偏转角	(°)
ε	平尾处的平均下洗角	(°)
ζ	阻尼比	
ζ_p	长周期模态阻尼比	
ζ_{sp}	短周期模态阻尼比	
θ	俯仰角	(°)
θ_a	航迹倾斜角	(°)
ϕ	滚转角(坡度)	(°)
ψ	偏航角	(°)
ψ_s	航迹偏转角	(°)
λ	机翼展弦比	
μ	飞机相对密度	
ρ	空气密度	kg·m^{-3}
φ	平尾安定面的安装角	(°)
χ	机翼后掠角	(°)
$\omega_x, \omega_y, \omega_z$	飞机绕机体轴的滚转、俯仰和偏航角速度	(°)·s^{-1}
$\bar{\omega}_n$	无阻尼自振频率	Hz
$\bar{\omega}_{np}$	长周期模态无阻尼自振频率	Hz
$\bar{\omega}_{nsp}$	短周期模态无阻尼自振频率	Hz

主 要 下 标

下 标	含 义	备 注
ai	副翼	Aileron
av	可用	Available
b	机身	Body
bal	平衡	Balance
c	螺旋模态	Corkscrew Mode
cr	临界	Critical
d	荷兰滚模态	Dutch Roll Mode
di	抖动	Dithering
dt	接地	Down Touch
g	地面	Ground
h	铰链	Hinge
ht	水平尾翼	Horizontal Tail
i	输入	Input
l	定直平飞	Level
m	平均	Mean
o	输出	Output
p	长周期模态	Phugoid Motion
per	允许	Permit
r	滚转模态	Rolling Mode
req	需用	Require
sp	短周期模态	Short Period Motion
to	起飞	Take Off
vt	垂直尾翼	Vertical Tail
w	机翼	Wing
x	副翼,或在 x 轴分量,或绕 Ox 轴	
y	升降舵,或在 y 轴分量,或绕 Oy 轴	
z	方向舵,或在 z 轴分量,或绕 Oz 轴	

目　　录

第一篇　飞机飞行性能

第二篇　飞机飞行品质

第三篇　飞机闭环控制

第1章 绪 论

1.1 飞行力学与飞行控制

1.1.1 研究内容

1. 飞行力学及其研究内容

飞行力学(flight dynamics)也称飞行动力学,是研究飞行器在外力和外力矩作用下运动规律的科学。

传统飞行力学主要采用力学原理研究飞行器的运动规律和特性,是应用力学的分支。但从广义上来说,飞行器运动特性与飞行器所受的空气动力、发动机推力及飞行器结构弹性变形、飞行控制等密切相关,这些因素直接决定了飞行器的总体特性、任务能力和使用需求,已成为飞行器设计的出发点和归宿点。因此,飞行力学正逐步发展成为一门飞行器设计领域系统的、综合性的学科,同时为飞行器的使用提供基础理论指导。

飞行力学以空气动力学、刚体力学、结构力学、控制理论和计算数学等为主要理论基础和研究工具,是对飞行器动力学特性进行综合研究的学科,直接为飞行器设计、试验和运行等服务。飞行力学同时也是飞机驾驶员的必修课,贯穿于飞行员成长的全过程,对于指导飞行实践,解决疑难问题,保证飞行安全,分析飞行事故等方面具有重要作用。

按照所研究的对象不同,飞行力学可分为飞机飞行力学、直升机飞行力学、导弹(火箭)飞行力学等。广义上,飞行力学还包括对航天器在大气层外运动规律的研究,这部分被称为航天飞行力学或宇宙飞行力学。本书内容是针对航空的主要范畴内(高度 $H \leqslant 30$ km,$Ma \leqslant 3.0$)飞机飞行力学理论和实验问题的。

飞行力学的任务是研究飞行器运动的规律,而飞行器的运动受到许多因素的制约,其规律是很复杂的。在动态情况下,飞行器的运动是以线性或非线性的常微分方程式来描述的;而在静态情况下,飞行器的平衡状态则以线性或非线性的代数方程来描述。在有些情况下,可以得到解析解,而在多数情况下只能得到数值解。

飞机飞行力学的主要内容包括以下几项:

(1)飞行性能(flight performance):指可控质点的运动特性,飞机的空气动力特性、发动机性能和飞机质量如何影响飞行性能。飞机的飞行性能包括平飞最大速度、平飞最小速度、最大爬升率、升限(最大飞行高度)、航时(续航时间)、航程、最小转弯半径、机动能力、起飞着陆距离等。

(2)飞机的静稳定性(static stability)和静操纵性(static control):这里主要研究飞机飞行

— 1 —

的平衡状态和平衡条件,而不考虑由一个状态到另一个状态的动态过渡过程。

(3)动态稳定性(dynamic stability)和动态操纵性:动态稳定性的内容包括动态过程品质和模态特性。通常情况下,飞机的纵向运动有长周期模态和短周期模态,横侧向运动有滚转模态、螺旋模态和荷兰滚模态。动态操纵性的内容主要是飞机对舵面偏转的响应特性,或者更一般地,是飞机运动变量对操纵输入的传递函数。

(4)飞机加自动驾驶仪的闭环系统的动态特性分析、自动驾驶仪的结构回路的选择及参数的确定。

(5)飞机对大气扰动的响应特性。通常考虑三类大气扰动,即离散突风、风切变和大气紊流。

直升机的飞行动力学在许多方面与飞机类似,但更加复杂,因为直升机有更多的自由度。

飞机的飞行性能不是一成不变的,设计人员可以运用飞行控制系统,改善飞机固有的运动特性及操纵特性(或飞行品质),提高飞机的自动飞行能力。飞机的飞行控制与飞行力学有着密不可分的关系。

2. 飞行控制与飞行控制系统

(1)飞行控制(flight control),指通过某种手段,使用一定的设备,实现对飞行器的飞行运动和模态变化的控制。飞行控制的基本任务如下:

1)改善飞行品质,包括增强飞机的稳定性、操纵性和机动性,研究扰动特性,以及优化飞行品质等。

2)提高飞机角运动和航迹运动的控制精度,提高其安全性和自动化程度。

3)全自动航迹控制,包括自主飞行。

4)监控与任务规划,包括自主观察、作战、侦察。

5)飞机的刚体运动控制和弹性模态稳定控制等。

(2)飞行控制系统(Flight Control System,FCS)是控制与稳定飞机角运动和质心运动的一种飞机系统,包括驾驶员或其他信号源进行一项或多项控制所应用的飞机所有分系统和部件。这些控制项有飞机航迹、姿态、空速、气动外形、飞行品质和结构模态等的控制,即实现飞行器飞行控制所使用的设备(由装置、机构组成并建立的开环或闭环信息传递链)。

飞行控制系统通常包括三种,即:人工飞行控制(操纵)系统、自动飞行控制系统,以及高升力装置辅助操纵系统。

1)人工飞行控制(操纵)系统。由驾驶员通过对驾驶杆和脚蹬的操纵实现控制任务的飞行控制系统,称为人工飞行控制(操纵)系统。人工飞行控制系统(manual FCS)是直接传递驾驶员的人工操纵指令的增强指令,从而实施飞行控制功能的系统,包括电、机械、液压和气动部件。

飞机人工飞行操纵系统由自动驾驶仪和增稳系统组成,只在飞机飞行的某一阶段(如巡航飞行)起稳定飞机姿态或航迹的作用,或者在飞行的全过程起增稳作用。随着技术的发展,为改变飞行品质,操纵系统由机械操纵系统附加增稳系统发展到控制增稳系统,而后又逐步发展为以纯电信号传递操纵指令的电传操纵系统。

2)自动飞行控制系统。不依赖于驾驶员操纵驾驶杆和脚蹬指令而自动完成控制任务的飞控系统,称为自动飞行控制系统。自动飞行控制系统,包括产生和传递自动控制指令的电气、机械和液压部件。通过自动、半自动的航迹控制,协助飞行员或自动控制飞机对扰动的响应。这类系统包括自动驾驶仪、自动油门杆、结构模态控制系统等。

3)高升力装置操纵系统。高升力装置(high-lift devices),是改变机翼升力和阻力的一套装置。其主要目的是在飞机着陆时减速,在飞机起飞时增加升力。该装置减速时可以使飞行速度减小 20%~50%,甚至更多。增升时可以使升力提高 1.5~2 倍。常用增升方法有提高机翼段曲率、提高机翼面积、利用边界层控制改善绕机翼的气流、利用喷气装置,以及多种方法的组合。

飞机自动飞行控制系统在自动驾驶仪的基础上扩展成多功能自动控制系统。人工飞行操纵系统与自动飞行控制系统常组合为一体,其工作状态可以转换,一个系统处于工作状态,另一个系统一般处于断开状态。

20 世纪 70 年代,随着控制理论和计算技术的不断进步,飞机飞行控制系统发生了一次重大飞跃,出现了主动控制技术(Active Control Technique,ACT)。在电传操作系统基础上应用主动控制技术形成主动控制系统。将主动控制技术应用到飞机上,通过电传操纵系统,提高飞机飞行品质的飞机称为随控布局飞机(Control Configured Vehicle,CCV)。

20 世纪 80 年代,飞机飞行控制系统逐步与火力控制系统和推进控制系统相结合,出现了飞行火力推进综合控制系统。90 年代中、后期,飞机飞行控制系统逐步向智能化过渡。

1.1.2 相互关系

空气动力是决定飞行器(特别是航空器)运动的最重要的力,因此飞行器的运动规律离不开空气动力学的规律(即作用在飞行器上的空气动力与飞行速度、大气状况、飞行器本体对气流的姿态及其变化等的规律)。这就决定了飞行力学与空气动力学的紧密联系。

飞行力学和飞行控制研究都需要空气动力学的支撑。空气动力学不仅给飞行力学计算提供了气动参数,而且给飞行控制提供了操纵控制参数,因此三者之间有着相互耦合的关系。

空气动力学研究空气运动以及空气与物体相对运动时的相互作用,其解决两类问题:一是寻找满足给定性能要求的飞机外形和气动措施;二是预测飞机的气动特性,为飞机性能计算、结构和控制系统设计提供依据。

空气动力学、飞行力学和飞行控制三者的相互关系,可以总结为空气动力学为飞行力学和飞行控制提供初始分析和设计的基础,而飞行力学分析与飞行控制设计为空气动力优化设计提供支持。三者关系密切、相互渗透,通过迭代优化,完成飞机构形的确定。

飞行器需要依靠各种发动机(推进装置)的原动力,因此推进装置的性能,即发动机推进力与飞行条件的关系必然影响飞行器的运动规律。对于大型飞行器来说,结构的变形是不可忽视的因素。结构的变形或振动、空气动力、飞行器运动三者的互相耦合使得飞行器运动规律变得更为复杂。

现代飞行器大多具有自动控制系统,因此飞行器的运动规律取决于由飞行器本体和控制系统组成的闭环回路的动态特性。许多情况下,在飞行器飞行力学的研究中必须包含控制系统(一般来说是制导-导航-控制系统)。

1.2 飞行力学与飞行控制的发展

1.2.1 飞行力学的产生与发展

俄国力学家 H. E. 儒科夫斯基(1847—1921 年)于 1891 年撰写的科学著作《论鸟类飞翔》中,提出了飞行力学研究的方向和方法。1903 年,美国莱特兄弟设计制作了世界上第一架载人动力飞机,并试飞成功。飞机的发明、发展和应用,有力地推动了飞行力学的形成与发展。

1901—1911 年期间,儒科夫斯基首创用拉力法来分析飞机的平飞性能。1923 年美国人狄耳针对飞机的飞行速度、上升率、升限、航程等飞行性能提出了一些初步的推算公式。1936 年,洛克菲勒用功率法系统地推算了活塞式飞机的飞行性能。俄国飞行员聂斯捷洛夫于 1913 年 9 月 9 日完成了世界上第一次沿筋斗轨迹的飞行。1915 年,德国飞行员 M. 殷麦曼试飞成功了半筋斗翻转的特技飞行。这些事实充分证明了飞机完成各种特技飞行的可能性。

1927 年俄国维青金编写了《飞行力学》一书,从而为飞行力学的系统研究奠定了基础。他把飞行力学分成 3 部分:第一部分为飞机定常运动的理论,称为空气动力计算;第二部分为非定常运动和可操纵的曲线运动,称为实质飞行力学;第三部分为稳定性和螺旋问题,称为高等飞行力学。之后,他先后对起飞、着陆、筋斗、螺旋、俯冲等问题作了比较系统的分析和计算,进一步充实了飞行力学的内容,使它初步成为一门独立的学科。随着导弹和直升机的研制成功,飞行力学得到了迅速的发展。

20 世纪 80 年代以来,现代控制理论、优化理论、气动弹性力学和随机过程等应用科学发展并进入飞行力学的各个研究领域,特别是电子计算机技术的发展和应用,使对飞行力学的研究进一步深化,飞行力学发展成为一门多学科交叉的综合性学科。

高速飞行器的动态气动弹性、气动加热效应和气动伺服弹性等气动弹性理论的研究,大扰动、大迎角非线性动态特性和参数辨识问题的研究,飞行力学领域中的最优化问题以及主动控制技术的应用,大气飞行环境及其对飞行影响等研究的广泛开展与深入,数学模拟和飞行模拟等的大量使用,促使飞行力学进入一个崭新阶段。

1.2.2 飞行控制的各个发展阶段

与控制技术的发展相对应,飞行控制的发展可以划分为以下 6 个阶段:

1. 飞行控制的黎明时期(1901 年前)

1873 年,法国的雷纳德(C. C. Renard)发明无人多翼滑翔机,采用方向稳定器来控制航向。1891 年,海若姆·马克西姆设计并制造的飞机装备了改善纵向稳定性的控制系统,他也提出了自动飞行控制最初设想。但是,早期的飞机基本没有固有稳定性,仅依靠飞行员的能力来保证飞机的稳定。例如,德国人奥托·李林塔尔(Otto Lilienthal)的滑翔机,只能通过升降舵、方向舵滑翔。

1902 年,莱特兄弟的滑翔机(见图 1-1)采用垂尾侧向稳定,升降舵安装在机翼前面,实现了三轴人工控制。1920 年以后,劳斯提出内在稳定性理论,使飞机的稳定性可以依靠飞机外形布局及重心定位来保证。

图 1-1 1902 年 10 月 24 日,威尔伯·莱特控制着滑翔机进行右转弯

2.古典时期(1901—1930 年)

20 世纪初,空气动力学、飞行力学及自动控制理论知识体系尚未完善,未能采用自动飞行控制。对飞机的控制采用人力操纵,工程师采用代数法来保证最小的三轴静稳定。此后,飞机的稳定性依靠外形布局及重心定位来保证。

1914 年,美国的爱莫尔·斯派雷(Eimer Sperry)研制成功第一台可以保持飞机稳定平飞的电动陀螺稳定装置。该装置利用陀螺的稳定性和进动性建立一个测量基准,用来测量飞机的姿态,并和 Curtiss C-2 飞机的控制装置连在一起,一旦飞机偏离指定的状态,这个机构就通过飞机的控制装置操纵飞机的舵面偏转,使飞机恢复到原来的状态,从而利用陀螺仪控制飞机飞行。同期,还出现了由三轴陀螺与磁罗盘组成的自动驾驶仪完成三轴稳定的案例。

第一次世界大战后,第一代设计师不仅在飞机设计上取得巨大成功,而且在理论上也有很多突破,主要成果有:

(1)1911 年 Bryan 编写了关于飞机稳定性和操纵性的经典论著,研究了小扰动线性化方法,发现了纵横分离,进行了稳定性公式推导。

(2)Bairstow,Melvill Jhons 在英国国家物理实验室测试了稳定导数,并计算了实际使用中的飞机运动导数。1910—1930 年,研究者还计算出飞机稳定性对扰动的响应及控制输入的响应,并进行了全比例飞行测试。

(3)1924 年,Gates Garner 认为,控制可根据特定的控制规律变化。1926 年 Garner 分析了飞机在反馈控制下的航向运动。

3.第三阶段(1930—1956 年)

1947 年成功突破声障后,由于飞机的飞行包线(飞行速度和高度的变化范围)扩大,飞行任务复杂化,驾驶员长途飞行容易疲劳,因此希望用自动控制系统代替驾驶员控制飞行。另外,随着飞机性能的提高(如飞行包线的扩大),飞机的自然特性开始下降(如动态阻尼特性的恶化和静态稳定性的降低),因而提出了安装自动控制系统来改善飞机性能的要求。于是借助于自动控制技术改善飞机稳定性的飞行自动控制装置(如增稳系统)相继问世。

20 世纪 30 年代出现了可以控制和保持飞机高度、速度和航迹的自动驾驶仪。第二次世界大战(以下简称“二战”)促使自动驾驶仪等设备进一步发展,由过去气动-液压到全电动,由三个陀螺分别控制两个通道到改用一个或两个陀螺操纵飞机,并可作机动、爬高及自动保持高度等运动。50 年代后,自动驾驶装置和导航系统、仪表着陆系统相连,实现了长距离自动飞行和自动着陆。

飞行控制具有以下特征:①人力操纵(机械操纵)得到长足发展,满足飞机尺寸增大和性能提高的要求,控制面增多,助力器得到应用;②初步使用了人感系统、增稳系统、阻尼器、全液压功率控制。

相应理论基础有稳定性控制理论,包括 Nyquist 稳定判据,Bode 图,Nichols 图,Phillips Harris 分析法和 Evan 的根轨迹法等经典分析方法。

4. 第四阶段(1956—1981 年)

涡轮发动机的使用不仅使飞机包线不断扩大,而且促进了飞行控制技术的发展。

为了满足飞行品质,采用飞机几何外形和重心位置约束保证飞机稳定的传统做法得到改进,通过引入控制反馈,如俯仰、偏航阻尼器的使用,实现增稳,提高系统飞行品质,并通过偏转舵面及补偿器等方法实施增稳。

二战后,伺服理论(theory of servomechanisms)与电子计算机技术的进步,大大促进了飞行控制技术的发展,也促进了增稳系统在飞机上的实现,如 Boeing 的 B-47 轰炸机(见图 1-2)与 Northrop 公司 B-49 都成功地使用了增稳系统。在增稳系统的基础上,于 20 世纪 60 年代出现了随控布局,这促进了电传操纵飞行控制系统的发展。电传操纵系统与主动控制技术的发展,大大改进了传统飞机机械操纵模式,使飞机操纵从开环模式进入闭环模式。

图 1-2　美国波音公司研制的 B-47 轰炸机

5. 第五阶段(1981—2010 年)

第五阶段是飞行控制技术的应用逐渐从军用飞机转到民用飞机,如空客 A319,A320 等在 20 世纪 80 年代相继采用了电传操纵飞行控制技术(见图 1-3)。另外,欧洲与美国逐渐开展现代飞行控制理论在飞行控制系统中的运用,如采用现代控制理论,进行多模态、强鲁棒性的非线性飞行控制律设计,尤其是动态逆自适应控制在军机大迎角、超机动、非线性飞行控制系统中得到了推广应用。

此阶段飞行控制系统的特征有:系统体系结构改进,由集中式变为分布式、总线式系统;抗电磁干扰的电传、光传系统的使用;系统综合性能提升,实现集成管理。在软件上采用开发验证技术,提高软件可靠性,实现代码自动生成与自动验证。

图 1-3 1988 年首飞的空客 A320 是首次采用电传飞行控制技术的大型客机

6.第六阶段(2010 年至今)

第六阶段飞机逐步走向无人化、智能化。图 1-4 为美国研制的 X-47B 无人作战飞机(上)和 NASA 的智能变形体飞机概念图(下)。该阶段智能化无人机时代有以下特征:①飞机具有结构重构和自修复功能,以及一体化智能控制能力;②气动/结构/推进/控制融为一体,飞机成为一个智能体,根据飞行条件和平台状态的结构随控布局,系统资源重组,保证飞机性能等。

图 1-4 X-47B 无人作战飞机(上)和 NASA 智能变形飞行器概念图(下)

1.3 飞行力学的研究方法

飞行力学同其他物理类分支学科一样,研究方法主要分为理论研究和实验研究两种。计算机技术的发展和计算方法的进步极大地提高了人类的计算能力,从而引起了科学方法论的巨大变革,使数值计算成为科学研究的第 3 种重要手段。这对科学研究和工程技术的定量化和可视化起到了特别重要的作用。

1. 理论研究方法

将飞行器在大气层内的运动规律用数学模型来描述,即列出飞行器的运动方程。在求解大气飞行动力学问题时,利用某些简化假设(如小扰动、线性化等),使运动方程大为简化,得到一些解析解。这样的解析解表示出飞行器运动特征参数与飞行器本身的特性参数(气动、结构、控制)的函数关系。例如,从飞机的需用推力曲线与可用推力曲线的关系,可以得到飞机的最大速度、最小速度、最大爬升率的制约条件,以及它们与飞机的升力-阻力曲线、发动机性能、飞行高度、飞机质量的关系。这些关系式对飞行器设计有很重要的指导意义。

在多数情况下,描述飞行器运动的数学模型是变系数、非线性微分方程组,须采用计算机和数值解法。

如假设飞行器无惯性,控制系统理想工作,可以将飞行器的质心运动与飞行器绕质心的转动分开来研究。如果飞行器的外形和质量分布相对于它的纵向平面是对称的,飞行器运动在对称平面内,就可略去飞行器转动部件的陀螺效应。对于小扰动运动,可以将纵向运动和侧向运动分开来研究,这样飞行器的运动分析可大为简化。但是,对于大多数飞行器的运动情况,纵向和侧向运动是难以分开的。求解飞行器的运动方程组也十分困难。对大迎角飞行动态特性的研究方法大致可分为两类:解析方法和拓扑(即几何)方法。分支分析和突变理论是研究非线性系统的新方法。

基于小扰动线化理论的飞行稳定性分析,里雅普诺夫运动稳定性理论的应用,基于运动学分析的导引规律或制导规律研究等,在飞行器的设计中特别是在飞行器的初步设计阶段仍然具有重要的现实意义。即使理论分析是简化的,也可以指明飞行器运动的宏观趋势,帮助设计人员抓住飞行器运动的主要矛盾,避免犯原理性的错误。

2. 实验研究方法

飞行试验和飞行模拟是飞行力学非常重要的实验研究手段。常用的手段有风洞试验、模型自由飞试验、飞行模拟器(又称仿真器)试验,验证机试验以及真实飞机试飞等。

风洞试验不仅可以测定作用于飞行器上的力和力矩系数或导数、舵面效率、铰链力矩系数,还可以在风洞中研究飞行力学问题,例如进行模型投放试验,确定模型的运动轨迹、机-弹分离过程等。因此,模型风洞试验在飞行器研制中得到了广泛的应用。

模型自由飞试验是将飞行器的缩尺模型(或实物)送入预定的地球大气空间以研究空气动力、气动和热、气动弹性效应或其他问题的一种模拟试验方法。模型按相似准则设计,内部装有传感器、遥测(或磁记)设备、控制装置、电源和其他专用设备。

飞行试验需要高昂的费用,而且有巨大的风险。虽然目前的趋势是多进行理论分析和数值仿真以减少昂贵的飞行试验的次数,但空中飞行试验绝不可能被完全替代,因为空中飞行试验是飞行器设计最后阶段要进行的必不可少的试验,也是飞行器设计定型的必要前提。

此外,必须指出,飞行试验数据的处理仍然需要严谨的理论来支持。如何把试验结果由当时的大气条件换算到标准大气条件,如何由大量的测量数据来进行参数识别,这些问题都需要以严格的理论为依据。

3. 数值计算方法

高速计算或高性能计算改变了飞行力学的面貌,同时也改变了飞行力学工作者的思维方式。计算机技术和飞行仿真技术的发展,为飞行力学提供了强有力的设计和研究手段,因而使得各种有控飞行器在实验室里的实时或超实时"飞行"和实验室"模拟打靶"的理想得以实现，这改变了过去主要依靠飞行试验的研究方法。

鉴于飞行力学研究中数值计算的应用范围不断扩大，国内外一些学者提出了计算飞行力学（Computational Flight Dynamics，CFD）的概念。计算飞行力学是一门运用电子计算机技术、试验设计和计算数学等手段和方法，对飞行器的复杂运动及其伴随现象进行定量化和（或）可视化研究的边缘性、交叉性很强的应用力学学科，是飞行力学的一个新的分支，也是现代飞行器设计、试验和应用研究的有力工具。计算飞行力学几乎能够解决现代飞行器研制和运用研究中所有的飞行力学问题，包括飞行力学设计、飞行仿真、飞行任务规划、运用研究和参数辨识等问题。

仿真技术作为复杂的飞行器系统的设计和评价手段，在型号研制中占有十分重要的地位，对于飞行力学界而言，其意义更是非比寻常。目前通过建立数学模型，在计算机上对飞行器的各种飞行力学实际问题进行动态仿真，已成为飞行力学工作者的常用手段。

近年来，国内外的飞行仿真技术有了很大的发展，这突出反映在仿真设备、仿真软件和仿真方法的进步上面。仿真技术在型号产品研制中的地位和作用也与日俱增。一方面，仿真作为型号产品研制的必要手段，已经得到权威部门的确认，并被写进了一些行业标准；另一方面，仿真结果已经开始作为型号产品定型的重要依据，并在一些型号产品的定型中被国家定型委员会正式采用。

对于飞行力学研究而言，各种仿真试验（含数学仿真和半实物仿真试验）并没有影响到飞行器的飞行力学属性，也没有改变飞行器的气动特性、动力装置的推力特性、飞行器的质量特性以及飞行器的飞行环境，而是仅改变了飞行控制系统某些设备、组合件数学模型的精度，或者部分地用实物代替数学模型（对于半实物仿真而言）。因此，仿真试验虽然能够对某些控制部件进行一定程度的考核，但本质上依然属于计算飞行力学的研究范畴，它与飞行试验有着本质的不同。

理论研究、实验研究、数值计算三位一体，构成了现代飞行力学研究的三大手段和三个基本模式，三者相互补充，相互依赖，相辅相成。

1.4 美、俄两种坐标体系辨析

在现代航空业的发展过程中，欧美国家和俄罗斯（包括苏联）长期处于领先位置。然而它们的发展又有自己独有的特点，其技术体系和标准也存在很多差异。

1.4.1 两种坐标体系

就飞行力学研究而言，一开始就会遇到两类定义完全不同，而又在自己各自的框架内成功应用的坐标体系：苏联以及引进苏联航空技术建立航空工业体系的相关国家广泛采用的坐标系定义方式（称为苏联坐标体系或者简称为"俄体系"），以及美国、欧洲国家广泛采用的坐标系定义方式（称为欧美坐标体系或者简称为"美体系"）。这两套被广泛使用但定义方式却不同的坐标体系给教学和科研工作带来了一系列问题。

我国航空工业早期以引进和学习苏联航空装备和技术为主，所有科研和教材都以俄体系为标准。到了 20 世纪 90 年代后，我国飞行力学相关研究材料和教材中，美体系逐步增多，目前已经成为大量相关教材选择的标准。

两种坐标体系导致一系列飞行参数和姿态参数的正方向定义不同。具体到坐标系本身，在地面坐标系中，美体系定义方式和俄体系最大的不同是纵轴的方向。在欧美坐标系下，纵轴铅垂向下为正，而俄体系中纵轴向上为正。不同坐标系下部分参数的比较见表 1-1。

表 1-1　两种坐标系下部分参数的对比

	俄体系	美体系
俯仰角	抬头为正	抬头为正
偏航角	机头左偏航为正	机头右偏航为正
滚转角	向右倾斜为正	向右倾斜为正
航迹俯仰角	向上飞行时为正	向上飞行时为正
航迹方位角	速度在地面的投影在 Ox 轴左侧为正	速度在地面的投影在 Ox 轴右侧为正
航迹滚转角	右倾斜为正	右倾斜为正
迎角	速度的投影在 Ox 轴之上为正（Oy 轴定义指向地心为负）	速度的投影在 Ox 轴之下为正（Oy 轴定义指向地心为正）
侧滑角	速度矢量处于对称面的右侧为正	速度矢量处于对称面的右侧为正

美体系和俄体系对 x 轴的定义相同，且都采用右手坐标系。这样的定义方式体现出这两种坐标体系定义方式在牛顿力学体系下的统一性。因此，两种坐标体系下描述飞行器飞行运动的六自由度运动方程具有相同的表现形式。也正是由于这种统一性，两种坐标体系下的飞行器各种参数才具有直观可比性。两种坐标体系之间的转换见附录 1。

1.4.2　坐标体系选择

在航空领域，苏联坐标体系和欧美坐标体系是两种经过长时间和大量实践验证、方便实用的坐标系定义方式。它们的定义和表现形式满足了运动学的相关准则和工程实践的要求。两种坐标体系有很多相似之处，在科学研究和工程中应用方便。

当前，学术界最具影响力的期刊都被美国《科学引文索引》(Science Citation Index，SCI)和美国《工程索引》(The Engineering Index，EI)收录。这两大索引所收录的论文大多以英文为写作语言，航空领域的研究论文采用的是美体系。此外，工程常用软件，如 Matlab 中提供的航空应用工具包等都是以美体系为标准编写的。从这个角度来讲，需选用美体系。我国 2008 年颁布的国家标准《空气动力学　概念、量和符号　第 2 部分：坐标轴系和飞机运动状态量》(GB/T 16638.2—2008)中也采用了美体系。

但是，美体系的定义方式有悖于人们日常观察飞行器向上飞行的直观概念，这就造成了和相关学科结合时坐标系的不匹配的问题。例如，飞行力学和飞行控制学科中常用到气动数据库，在建立气动数据时也暗含了坐标系的定义问题。由于建立气动数据库时没有明确地规定坐标系的方式，因此，在建立三维 CFD 模型或者风洞试验过程中，研究人员根据日常观念，很自然地采用了俄体系。

飞机运动模型的美体系和气动数据库俄体系的匹配，会带来一系列的问题。比如，稳定型判定问题、运动模型建立时的受力分析问题等。解决这些问题,一方面要求气动数据库的建立者出具详细的数据库各力(力矩)的方向定义和该数据库的使用方法;另一方面,也要求气动数据库的使用者认真阅读气动数据库的相关说明,必要的时候作出调整,以适应自己建立运动模型时所选择的坐标体系。

　　鉴于美体系应用范围更加广泛,本书以美体系为标准(参考 GB/T 16638.2—2008),同时,将俄体系以及两种坐标体系之间的转换列入附录 1 中,供参考。

课 后 习 题

　　1.简述空气动力学、飞行力学和飞行控制之间的关系。

　　2.简述飞行控制的发展过程。

　　3.简述飞行控制系统的组成与基本任务。

第一篇　飞机飞行性能

　　飞机的飞行性能研究的是在已知外力作用下,飞机质心沿飞行轨迹作定常或非定常运动的能力,主要指飞机质心沿飞行轨迹(通常称为航迹)作定常或非定常运动的能力,包括基本飞行性能、机动飞行性能、巡航性能,以及起飞着陆性能。

第 2 章　飞机质心运动方程

2.1　作用在飞机上的外力

飞机在空中主要受三个外力的作用(见图 2-1),即空气动力 R,发动机推力 / 拉力 T 和重力 G。也可以将空气动力分解成升力 L、阻力 D 和侧力 C。外力一般不通过质心,因此将产生力矩,使飞机绕质心转动。从飞行性能的角度看,由于操纵面偏转可使力矩平衡,实际还常忽略操纵面偏转对力平衡的影响。

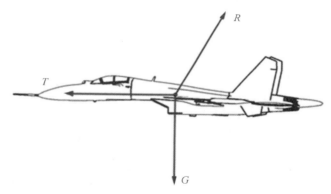

图 2-1　飞机空中所受外力

2.1.1　空气动力

根据空气动力学知识,升力 L、阻力 D 和侧力 C 的表达式分别为
升力:

$$L = \frac{1}{2}\rho V^2 C_L S \tag{2-1}$$

阻力:

$$D = \frac{1}{2}\rho V^2 C_D S \tag{2-2}$$

侧力:

$$C = \frac{1}{2}\rho V^2 C_C S \tag{2-3}$$

式中,C_L 为升力系数;C_D 为阻力系数;C_C 为侧力系数。这些系数的值主要取决于马赫数 Ma、雷诺数 Re、迎角 α、侧滑角 β 以及飞机的外形。对于面对称飞机,侧力只在飞机有侧滑时才产

生，β 很小。下面主要介绍升阻特性。

　　飞机的**极曲线**（polar curve）是升力系数随阻力系数变化（$C_L \sim C_D$）的曲线（见图 2-2）。曲线上每一点对应一个迎角值。$C_L = 0$ 处的 C_D 值称为翼型的零升阻力系数 C_{D0}。通常，$C_{D0} \approx C_{D \, min} = 0.005 \sim 0.008$。失速前，翼型极曲线可近似用下式表示：

$$C_D = C_{D0} + C_{Di} = C_{D0} + A C_L^2 \tag{2-4}$$

式中，C_{Di} 为升致阻力系数，A 为升致阻力因子或称为极曲线弯度系数。极曲线上任一点与原点的连线与横轴的夹角为 φ，定义：

$$K = \tan \varphi = \frac{C_L}{C_D} \tag{2-5}$$

式中，K 为翼型的升阻比（lift-drag ratio）。翼型的最大升阻比 K_{max} 是衡量翼型升阻特性的重要指标之一，性能优良的翼型，K_{max} 可达 50 以上。

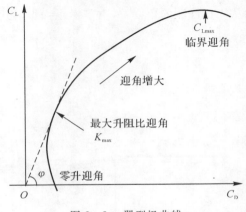

图 2-2　翼型极曲线

　　飞机的极曲线一般按飞机的基本构型给出，如果增加外挂物、放襟翼、起落架和减速板等，都要加上附加的升力系数和阻力系数的增量。同时，极曲线一般按照某一标准高度 H（国内常取 $H = 5$ km）给出。如果高度改变，由于雷诺数 Re 的变化，还要加上相应的阻力修正量。

　　关于空气动力的详细内容，请参考相关教材。

2.1.2　发动机推力

　　航空发动机主要包括活塞式内燃机和燃气涡轮发动机两大类。航空燃气涡轮发动机按其结构和作用原理不同，一般可分为涡轮喷气发动机（turbojet，简称"涡喷发动机"）、涡轮风扇发动机（turbofan，简称"涡扇发动机"）、涡轮螺旋桨发动机（turboprop，简称"涡轮螺桨发动机"或者"涡桨发动机"）和涡轮轴发动机（turboshaft，简称"涡轴发动机"）四大类。其中涡喷和涡扇发动机直接产生推力，而涡桨和涡轴发动机同活塞式发动机一样都要通过螺旋桨/旋翼产生拉力、推力或升力。

　　涡喷发动机推力 T 可以根据动量定理导出，即

$$T = q_{mg} V_5 - q_{ma} V_0 + (p_5 - p_0) A_5 \tag{2-6}$$

式中，q_{ma} 为空气流量；q_{mg} 为排出的燃气流量；V_5 为尾喷管喷出气流速度；V_0 为气流进入进气道速度；A_5 为尾喷管出口截面积；p_5 为尾喷管出口压力；p_0 为外界大气压力。

涡扇发动机有内外两个涵道。内涵和外涵两股气流产生的推力之和,即为涡扇发动机的推力,它大于可用功相同的涡喷发动机的推力。

除了推力,还有以下两个重要的性能参数。

(1)单位燃油消耗率 sfc。产生单位推力 1 h 内消耗燃料的质量(kg),称为单位燃油耗油率(specific fuel consumption ,sfc),其单位为 kg · h^{-1} · daN^{-1}[①](或 kg · h^{-1} · N^{-1})。

$$sfc = \frac{3\ 600 \cdot q_{mf}}{T}$$

式中,q_{mf} 为发动机的燃油流量,单位是 kg/s。

耗油率是决定飞机的航程和续航时间的重要参数,是发动机在一定飞行速度下的经济性指标。涡喷发动机在地面静止时的耗油率约为 0.8～1.0 kg · h^{-1} · daN^{-1},涡扇发动机耗油率已降到 0.5～0.6 kg · h^{-1} · daN^{-1},甚至更低。

(2)推重比。发动机的推力和发动机重力之比,称为发动机的推重比。飞机推重比是飞机发动机推力与飞机重力之比,是重要的飞机总体设计参数,对飞机的尺寸、重力以及主要飞行性能都有很大影响。由于军用歼击机的机动性能极为重要,因此,要求其有尽可能高的推重比。目前,民用涡扇发动机的起飞推重比约为 5.0,运输机和旅客机的起飞推重比约为 0.25～0.4。

在进行飞机性能计算时,常把发动机的推力表示成油门开度、飞行速度和飞行高度的函数。

2.2　飞机的操纵

飞机操纵系统,指传递驾驶员或自动驾驶仪的操纵指令,驱动舵面和其他机构进而控制飞机飞行姿态的系统。根据操纵指令来源,其可分为人工操纵系统(又可分为主操纵系统和辅助操纵系统)和自动控制系统。

主操纵系统是通过驾驶杆(或驾驶盘)和脚蹬,即中央操纵机构,来控制飞机的升降舵(或全动平尾)、副翼和方向舵的操纵机构,从而控制飞机飞行轨迹和姿态的。

辅助操纵系统包括调整片、襟翼、减速板、可调安定面和机翼变后掠角操纵机构等,用于控制飞机的运动状态。对辅助操纵系统的操纵仅是驾驶员选择相应开关、手柄位置,通过电信号接通电动机或液压作动筒来完成的。

自动控制的指令来自系统的传感器。自动控制系统能对外界的扰动作出反应,以保持规定的飞行状态。常用的自动控制系统有自动驾驶仪、各种增稳系统和主控操纵系统。

2.2.1　常规飞机的操纵

对于常规布局的飞机,飞行员主要通过主操纵装置——驾驶杆(或驾驶盘)和脚蹬,来对飞机上的不同气动舵面进行操纵,使其偏转产生气动力,从而控制飞机进行俯仰(通过升降舵或者全动式平尾偏转)、滚转(通过副翼差动)、偏航(通过方向舵偏转)等动作。在某些采用电传操纵系统的固定翼飞机上,驾驶杆或驾驶盘已经被简化成位于驾驶员侧方的操纵杆

---

① 　1 daN＝10 N。

(sidestick),也称为"侧杆"(见图2-3)。

图2-3 装备侧杆操纵的公务机驾驶舱

(1)飞机的纵向操纵。当飞行员前、后操纵驾驶杆时,升降舵会偏转,从而使飞机产生俯仰运动。对于正常式布局的一般飞机而言,当飞行员向后拉杆时,升降舵后缘向上偏转,产生向上的空气动力,使飞机抬头,见图2-4(a);当飞行员向前推杆时,升降舵后缘向下偏转,产生向下的空气动力,使飞机低头见图2-4(b)。

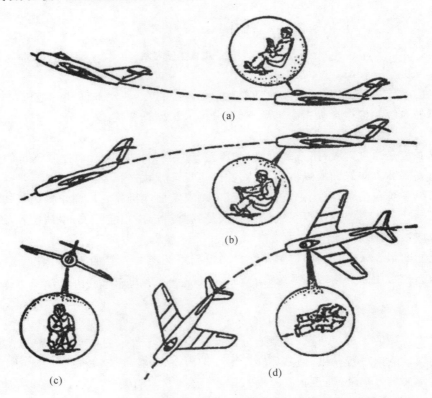

图2-4 飞机操纵动作与飞行姿态示意图

现代的超声速飞机,多以全动式水平尾翼代替只有升降舵可以活动的水平尾翼。因为全动式水平尾翼的操纵效能比升降舵的操纵效能高得多,可以大大改善超声速飞机的纵向操纵性。

（2）飞机的横向操纵。当飞行员左、右操纵驾驶杆时,副翼会发生差动,即一边向上偏转,一边向下偏转,从而使飞机产生滚转运动。对于一般飞机而言,当飞行员向左压杆时,飞机左侧副翼向上偏转,产生向下的气动力,右侧副翼向下偏转,产生向上的气动力,从而使整个飞机向左滚转,见图 2 - 4(c);向右压杆则产生向右的滚转。

（3）飞机的方向操纵。飞机飞行过程中,操纵方向舵,飞机则绕立轴转动,产生偏航运动。飞行员向前蹬左脚蹬,方向舵向左偏转,在垂直尾翼上产生向右的附加侧力,此力使飞机产生向左的偏航力矩,机头向左偏转,见图 2 - 4(d);飞行员向前蹬右脚蹬,则使飞机产生向右的偏航力矩,机头向右偏转。

需要指出的是,飞机的稳定性虽然是飞机本身的一种特性,但它与飞机的操纵性有着密切的关系,二者要协调统一。稳定性高的飞机,操纵往往不灵敏;操纵很灵敏的飞机,则往往不太稳定。一般来说,对于军用歼击机,操纵应当很灵敏。随着现代飞行控制及电传操纵的出现和普及,工程师开始放宽其气动稳定性,用飞行控制与电传操纵系统使军用歼击机稳定,从而追求更高的操纵性。而民用飞机则应有较高的稳定性。稳定性与操纵性应综合考虑,以获得最佳的飞机性能。

（4）V 形尾翼。V 形尾翼（见图 2 - 5）是飞机尾翼的一种形式,由左、右两个翼面组成,像是固定在机身尾部带大上反角的平尾。V 形尾翼兼有垂尾和平尾的功能。

图 2 - 5　国产"翼龙"无人机上的 V 形尾翼

V 形尾翼翼面可分为固定的安定面和铰接的舵面两部分,可动的控制面通常称为"方向升降舵"。控制面也可做成全动形式。呈 V 形的两个翼面在俯视和侧视方向都有一定的投影面积,所以能同时起到纵向(俯仰)和航向稳定作用。当两边舵面作相同方向偏转时,起升降舵作用;当分别作不同方向偏转(差动)时,则起方向舵作用。

V 形尾翼在带来结构简化和阻力减少的好处的同时,也会付出控制复杂以及横航向动稳定性弱化的代价。

2.2.2　其他操纵舵面类型

飞机的操纵必须符合人类的生理习惯。无论飞机外形以及控制系统怎么变化,飞机驾驶员在座舱中的操纵基本没有大的改变;而出于气动外形设计以及飞行控制的需要,飞行操纵系统/控制系统和活动舵面会有一些变化。

（1）差动平尾、差动鸭翼、差动襟翼（襟副翼）。平尾、鸭翼或者襟翼正常工作时,位于机身或尾翼两侧的操纵面会同步向上或向下偏转。为了弥补副翼滚转效率的不足,在一些飞机上设计了可以差动的平尾、鸭翼或者襟翼(见图 2-6)。即位于机身或尾翼两侧的操纵面可以根据飞机滚转操纵需要而偏转不同的角度,造成两侧操纵面上的升力差,进而形成滚转力矩。

图 2-6　采用差动鸭翼的歼-20(左)和采用差动平尾和襟副翼的苏-27(右)

(2)升降副翼。为了实现俯仰控制和滚转控制,给无水平尾翼的无尾布局飞机设计了升降副翼,升降副翼成为同时实现飞机俯仰(纵向)和滚转(横向)操纵的主操纵面,兼有升降舵(或全动式水平尾翼)和副翼的功能。如法国幻影 2000 战斗机就采用了升降副翼(见图 2-7)。

图 2-7　采用升降副翼的幻影 2000 战斗机

(3)开裂式方向舵。对于既没有水平尾翼,也没有方向舵的飞翼式布局飞机,其左右机翼后侧的操纵舵面不仅要能同步上下偏转实现俯仰操纵,还要能差动实现滚转操纵。同时,其每片操纵舵面还要能开裂成上、下两片,通过左右舵面不对称开裂角度造成两侧机翼的阻力差,实现偏航操纵。这么复杂的操纵需要采用开裂式方向舵(也称分叉副翼)实现。

例如美国的 B-2 轰炸机由机翼外段后缘的诺斯罗普专利减速板-方向舵实现偏航控制。减速板-方向舵可向上、下两侧开裂,同时开裂作为减速板使用,不对称开裂时作为方向舵使用。

由于飞翼表面边界层的存在,减速板-方向舵至少要开裂 5°以上才能起到作用。所以在正常飞行中,两侧的减速板-方向舵都处于 5°的张开位置,当需要进行控制时就可以立即起作用。这也是我们看到的 B-2 飞行照片(见图 2-8)中减速板-方向舵都是张开的原因。但是张开的减速板-方向舵会影响飞机的隐身效果,所以 B-2 在抵达战区时,减速板-方向舵会完全闭合。

图 2-8　美国的 B-2 轰炸机

2.3　常用坐标系

在研究飞机的飞行性能时,通常把飞机看成是全机质量集中于质心的一个质点。只要建立并求解出飞机质心运动方程组,就可确定飞机的飞行性能和飞行航迹。

飞机在飞行中受到的外力主要有发动机的推力 T、空气动力 R 和重力 G。这些外力通常按不同的坐标系给出。此外,为了确定飞机(质心)在空间的位置、运动速度和加速度,也需要适当选取坐标系以利于问题描述。本节介绍几种常见的坐标系及其相互关系,然后在讨论坐标转换的基础上介绍飞机(质心)运动方程组。

在飞机飞行性能的研究中,经常用到的坐标系主要有地面坐标系、机体坐标系、气流坐标系和航迹坐标系(这里采用美体系的坐标系)。

2.3.1　地面坐标系

地面坐标系($Ox_g y_g z_g$)简称“地轴系”或“S_g”。其原点 O 固定于地面上某点,Ox_g 轴指向地平面某任意选定方向,Oz_g 轴铅垂向下,Ox_g 和 Oy_g 轴在水平面内与 Oz_g 轴构成右手直角坐标系。

对于航空范畴的很多问题可以忽略地球自转和地球质心的曲线运动,将地轴系看作惯性坐标系。飞行器的位置、姿态,以及速度和角速度等均基于地轴系衡量。

2.3.2　机体坐标系

机体坐标系($Ox_b y_b z_b$)简称“体轴系”或“S_b”。原点 O 在飞机的质心上,纵轴 Ox_b 在飞机对称面内,平行于机身轴线或机翼平均气动弦,指向前方,竖轴 Oz_b 也在飞机对称面内,指向下方,横轴 Oy_b 垂直于飞机对称面,指向机体右方(见图 2-9)。体轴系应用最广泛,使用中有时会简写为“$Oxyz$”。气动力矩的三个分量(滚转力矩 L、偏航力矩 N 和俯仰力矩 M)是根据体轴系定义的。发动机推力一般在机体坐标系内给出。

纵轴 Ox_b 在飞机对称面内。它与地面(水平面)之间的夹角称为机体俯仰角,简称“俯仰角”(pitch angle),记为 θ,以机头上仰为正;它在水平面 $Ox_g y_g$ 上的投影与 Ox_g 之间的夹角称为**偏航角**(yaw/azimuth angle),记为 ϕ,飞机右偏航时形成的角度为正;坐标平面 $Ox_b z_b$(即飞机对称面)与通过 Ox_b 轴的铅垂面之间的夹角称为滚转角(roll/bank angle),记为 ϕ,飞机右滚转时 ϕ 为正。滚转角又称作倾斜角或坡度。

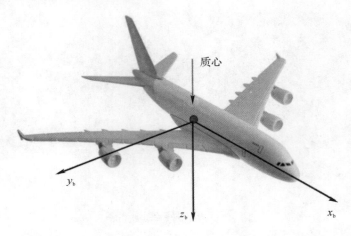

图 2-9 机体坐标系

平移地轴系,使其原点与体轴系的原点重合时,地轴系与体轴系之间的角度关系完全由三个欧拉角 ψ、θ 和 ϕ 确定(见图 2-10)。

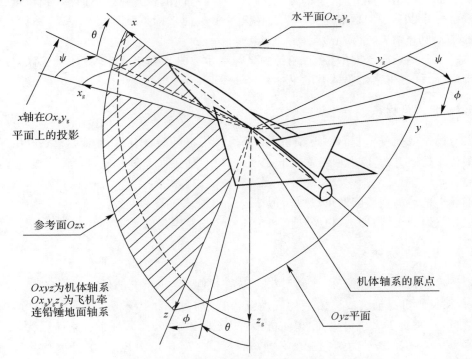

图 2-10 地面坐标系与机体坐标系的关系

如果 Ox_b 轴取沿飞行速度 V 在对称平面的投影方向,Oz_b 轴仍在对称面内,垂直 Ox_b 轴指向下,Oy_b 轴垂直于对称平面,指向右,称这种机体轴系为半机体轴系。风洞实验中测量气动力时,常用该坐标系。

如果 Ox_b 轴取沿基准运动(未扰动运动)飞行速度 V 在对称平面的投影方向;Oz_b 轴仍在对称平面内,垂直 Ox_b 轴指向下;Oy_b 轴垂直于对称平面,指向右,称这种在扰动运动中固连于飞行器的坐标系为稳定坐标系,可用 $Ox_sy_sz_s$ 表示。

2.3.3　气流坐标系

气流坐标系($Ox_ay_az_a$)简称为"气流轴系"(旧称"速度轴系"或"风轴系")或"S_a"。原点 O 在飞机质心上;Ox_a 轴沿飞行速度(空速)方向,向前为正,称为速度轴或阻力轴;Oz_a 轴在飞机对称面内垂直于 Ox_a 轴,向下为正,称为升力轴;Oy_a 轴垂直于 Ox_az_a 平面,向右为正,称为侧力轴。作用于飞机的空气动力(升力 L、阻力 D、侧力 C)一般按气流坐标系给出。

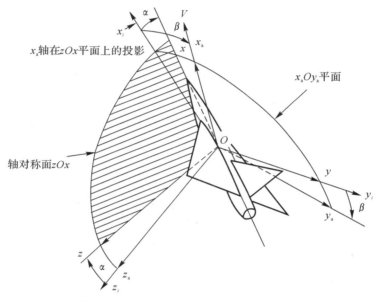

图 2-11　气流坐标系与机体坐标系的关系

气流坐标系的 Ox_a 轴与飞机对称面 Ox_bz_b 之间的夹角叫侧滑角(angle of sideslip),记为 β。飞行速度(空速)指向飞机对称面右侧时,侧滑角 β 为正,称为右侧滑。Ox_a 轴在 Ox_by_b 上的投影 Ox' 与机体纵轴 Ox_b 的夹角叫迎角(angle of attack),记为 α。气流坐标系与机体坐标系之间的方位关系完全由迎角 α 和侧滑角 β 确定。由图 2-11 可以看出,依次序绕 Oy_a 轴、Oz_b 轴分别使气流坐标系转过 β 角和 α 角,可以使这两个坐标系重合。

2.3.4　航迹坐标系

航迹坐标系($Ox_ky_kz_k$)又称弹道固连坐标系。其原点 O 在飞机质心上;Ox_k 轴沿飞机飞行航迹速度(地速)方向,向前为正;Oz_k 轴在通过 Ox_k 轴的铅垂平面内与 Ox_k 轴垂直,向下为正;Oy_k 轴在水平面内垂直于 Ox_kz_k,构成右手坐标系。

航迹坐标系 $Ox_ky_kz_k$ 与气流坐标系 $Ox_ay_az_a$ 之间只相差一个速度滚转角 ϕ_a。速度滚转角是飞机对称面与含速度矢量 V 的铅垂面之间的夹角。规定航迹坐标系绕 Ox_k 轴向右倾斜时,

ϕ_a 为正。将航迹坐标系绕飞行速度方向（即 Ox_k 轴）转过 ϕ_a 角度即可使这两个坐标系重合。

当风速 $V_w \neq 0$ 时,航迹坐标系的 Ox_k 轴与气流坐标系的 Ox_a 轴的方向不同;只有当风速 $V_w = 0$ 时,两者的方向才一致。

航迹坐标系 Ox_k 轴在水平面 $Ox_g y_g$ 上的投影线 Ox' 与地轴系 Ox_0 之间的夹角 ψ_a 叫航迹偏转角,规定航迹向右偏时,ψ_a 为正;航迹轴 Ox_k 与水平面 $Ox_g y_g$ 之间的夹角 θ_a 称为航迹倾斜角,规定航迹向上倾斜时,θ_a 为正,航迹倾斜角又称为爬升角、上升角。由图 2-12 可见,角度 ψ_a, θ_a 决定了飞机地速在空间的方向。

地面坐标系与航迹坐标系的方位关系见图 2-12。

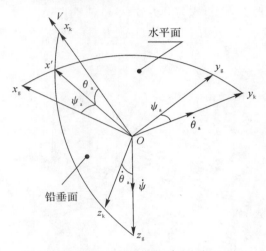

图 2-12　地面坐标系与航迹坐标系的关系

以上四种坐标系中,只有地面坐标系是固定于地面不动的,其他三种坐标系都随飞行器一起运动,故将这三者统称为动坐标系。

2.3.5　坐标系转换

原点重合的两个三维坐标系通过旋转可以重合在一起。建立运动方程时,需要知道各坐标系之间的相互投影关系,即坐标转换矩阵。

地轴系 $Ox_g y_g z_g$ 到体轴系 $Ox_b y_b z_b$ 的转换矩阵为

$$\boldsymbol{L}_{bg} = \begin{bmatrix} \cos\theta\cos\psi & \cos\theta\sin\psi & -\sin\theta \\ \sin\theta\sin\phi\cos\psi - \cos\phi\sin\psi & \sin\theta\sin\phi\sin\psi + \cos\phi\cos\psi & \cos\theta\sin\phi \\ \sin\theta\sin\phi\cos\psi + \sin\phi\sin\psi & -\sin\phi\cos\psi & \sin\theta\cos\phi\sin\psi & \cos\theta\cos\phi \end{bmatrix}$$

地轴系 $Ox_g y_g z_g$ 到航迹坐标系 $Ox_k y_k z_k$ 的转换矩阵为

$$\boldsymbol{L}_{kg} = \boldsymbol{L}_y(\theta_a)\boldsymbol{L}_z(\psi_a) = \begin{bmatrix} \cos\theta_a\cos\psi_a & \cos\theta_a\sin\psi_a & -\sin\theta_a \\ -\sin\psi_a & \cos\psi_a & 0 \\ \sin\theta_a\cos\psi_a & \sin\theta_a\sin\psi_a & \cos\theta_a \end{bmatrix}$$

航迹坐标系 $Ox_k y_k z_k$ 到气流轴系 $Ox_a y_a z_a$ 的转换矩阵为

$$L_{ak} = L_x(\phi_a) = \begin{bmatrix} 1 & 0 & 0 \\ 0 & \cos\phi_a & \sin\phi_a \\ 0 & -\sin\phi_a & \cos\phi_a \end{bmatrix}$$

体轴系 $Ox_b y_b z_b$ 到气流轴系 $Ox_a y_a z_a$ 的转换矩阵为

$$L_{ab} = L_z(\beta)L_y(-\alpha) = \begin{bmatrix} \cos\alpha\cos\beta & \sin\beta & \sin\alpha\cos\beta \\ -\cos\alpha\sin\beta & \cos\beta & -\sin\alpha\sin\beta \\ -\sin\alpha & 0 & \cos\alpha \end{bmatrix}$$

坐标系之间转换矩阵的推导过程请参考相关资料。

2.4　质心运动方程

飞机质心运动方程组包括飞机质心动力学方程和质心运动学方程。质心动力学方程描述质心运动与外力之间的关系,是解决动力学问题的基本依据;质心运动学方程描述飞机质心在空间的位置与质心运动速度的关系,用来确定飞机质心在空间的位置随时间的变化。飞机质心运动方程组的形式与所取的坐标系有很大关系。

2.4.1　质心动力学方程

在飞机飞行动力学中,通常把地球看成是"平面大地",并把固连于地面的坐标系视为"惯性坐标系"。因此,在上述诸坐标系中,地轴系是惯性系;而体轴系、气流轴系和航迹轴系则属于活动轴系,通常是非惯性轴系。

(1) 任意活动坐标系中的质心动力学方程。由理论力学知识知道,如果以 m 表示飞机的质量,以 a 表示飞机质心的绝对加速度矢量,以 $\sum F$ 表示作用于飞机质心的外力合矢量,则根据牛顿第二定律有

$$m\boldsymbol{a} = \sum \boldsymbol{F} \tag{2-7}$$

$$\boldsymbol{a} = \frac{\mathrm{d}\boldsymbol{V}}{\mathrm{d}t} = \frac{\mathrm{d}}{\mathrm{d}t}(V_x\boldsymbol{i} + V_y\boldsymbol{j} + V_z\boldsymbol{k}) = \frac{\mathrm{d}V_x}{\mathrm{d}t}\boldsymbol{i} + \frac{\mathrm{d}V_y}{\mathrm{d}t}\boldsymbol{j} + \frac{\mathrm{d}V_z}{\mathrm{d}t}\boldsymbol{k} + V_x\frac{\mathrm{d}\boldsymbol{i}}{\mathrm{d}t} + V_y\frac{\mathrm{d}\boldsymbol{j}}{\mathrm{d}t} + V_z\frac{\mathrm{d}\boldsymbol{k}}{\mathrm{d}t} = $$

$$\frac{\partial \boldsymbol{V}}{\partial t} + \boldsymbol{\omega} \times \boldsymbol{V}$$

式中
$$\frac{\partial V}{\partial t} = \frac{\mathrm{d}V_x}{\mathrm{d}t}\boldsymbol{i} + \frac{\mathrm{d}V_y}{\mathrm{d}t}\boldsymbol{j} + \frac{\mathrm{d}V_z}{\mathrm{d}t}\boldsymbol{k}$$

将其投影到动坐标系 $Oxyz$ 的三个坐标轴上,可得

$$\left. \begin{aligned} m\left(\frac{\mathrm{d}V_x}{\mathrm{d}t} + \omega_y V_z - \omega_z V_y\right) &= \sum F_x \\ m\left(\frac{\mathrm{d}V_y}{\mathrm{d}t} + \omega_z V_x - \omega_x V_z\right) &= \sum F_y \\ m\left(\frac{\mathrm{d}V_z}{\mathrm{d}t} + \omega_x V_y - \omega_y V_x\right) &= \sum F_z \end{aligned} \right\} \tag{2-8}$$

该方程组适用于任何动坐标系。在研究飞行器性能和轨迹特性时,常采用航迹坐标系上投影的质心动力学方程。

(2) 航迹坐标系中的质心动力学方程。在飞机飞行性能研究中,为使飞机质心动力学方

程具有最简单的形式,一般选用航迹坐标系。为此必须给出航迹坐标系中外力、速度和角速度的分量表达式。

作用在飞机上的外力有重力 G、发动机推力 T 和空气动力 R。其中,发动机推力 T 一般位于飞行器对称面内有时会与机体轴 Oz_b 构成安装角 φ_T(见图 2-13)。重力一般在地轴系中给出。

在航迹坐标系中,有

$$m \begin{bmatrix} g_x \\ g_y \\ g_z \end{bmatrix}_k = \boldsymbol{L}_{kg} \begin{bmatrix} 0 \\ 0 \\ mg \end{bmatrix} = m \begin{bmatrix} -g\sin\theta_a \\ 0 \\ g\cos\theta_a \end{bmatrix}$$

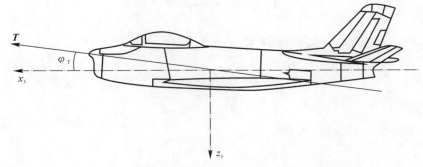

图 2-13　发动机推力矢量图

发动机推力一般在体轴系中给出(见图 2-13),有

$$\begin{bmatrix} T_x \\ T_y \\ T_z \end{bmatrix}_b = \begin{bmatrix} T\cos\varphi_T \\ 0 \\ -T\sin\varphi_T \end{bmatrix}$$

在航迹轴系中,有

$$\begin{bmatrix} T_x \\ T_y \\ T_z \end{bmatrix}_k = \boldsymbol{L}_{kb} \begin{bmatrix} T\cos\varphi_T \\ 0 \\ -T\sin\varphi_T \end{bmatrix} = T \begin{bmatrix} \cos\beta\cos(\alpha+\varphi_T) \\ \sin\varphi_a\sin(\alpha+\varphi_T) - \sin\beta\cos\varphi_a\cos(\alpha+\varphi_T) \\ -\cos\varphi_a\sin(\alpha+\varphi_T) - \sin\beta\sin\varphi_a\cos(\alpha+\varphi_T) \end{bmatrix}$$

空气动力 A 一般在气流坐标系中定义,分别用升力 L、阻力 D 和侧力 C 表示,即

$$[A_x \quad A_y \quad A_z]_a^T = [-D \quad C \quad -L]^T$$

在航迹坐标系中,有

$$\begin{bmatrix} A_x \\ A_y \\ A_z \end{bmatrix}_k = \boldsymbol{L}_{ka} \begin{bmatrix} -D \\ C \\ -L \end{bmatrix} = \begin{bmatrix} -D \\ C\cos\phi_a + L\sin\phi_a \\ C\sin\phi_a - L\cos\phi_a \end{bmatrix}$$

根据航迹坐标系的定义,速度 V 在航迹坐标系中只有沿 Ox_k 轴方向的分量,且 $V_{xk}=V$,而 $V_{yk}=V_{zk}=0$。

航迹坐标系的转动角速度 ω 可以利用图 2-11 确定,即由沿 Oy_g 轴方向的角速度和沿 Oz_b 轴方向的角速度的合矢量确定。因此,利用坐标转换原理,可以得到在航迹坐标系中

$$\begin{bmatrix} \boldsymbol{\omega}_x \\ \boldsymbol{\omega}_y \\ \boldsymbol{\omega}_z \end{bmatrix} = \boldsymbol{L}_{kg} \begin{bmatrix} 0 \\ 0 \\ \dot{\Psi}_a \end{bmatrix} + \begin{bmatrix} 0 \\ \dot{\theta}_a \\ 0 \end{bmatrix} = \begin{bmatrix} -\dot{\psi}_a \cos\theta_a \\ \dot{\theta}_a \\ \dot{\Psi}_a \sin\theta_a \end{bmatrix}$$

将上述诸力、速度和角速度在航迹轴系中的分量表达式带入式(2-8),经整理可得

$$\left. \begin{aligned} m\frac{\mathrm{d}V}{\mathrm{d}t} &= T\cos(\alpha + \varphi_T)\cos\beta - D - mg\sin\gamma \\ mV\cos\gamma\frac{\mathrm{d}\chi}{\mathrm{d}t} &= T[\sin(\alpha + \varphi_T)\sin\mu - \cos(\alpha + \varphi_T)\sin\beta\cos\mu] + C\cos\mu + L\sin\mu \\ -mV\frac{\mathrm{d}\gamma}{\mathrm{d}t} &= T[-\sin(\alpha + \varphi_T)\cos\mu - \cos(\alpha + \varphi_T)\sin\beta\sin\mu] + C\sin\mu - L\cos\mu + mg\cos\gamma \end{aligned} \right\}$$

$$(2-9)$$

注意:式中,航迹偏转角 Ψ_a、航迹倾角 θ_a、速度滚转角 φ_a 已用 (χ, γ, μ) 表示。

2.4.2　质心运动学方程

为了研究飞机质心在空间的位置变化,仅有质心动力学方程是不够的,还要建立质心运动学方程。飞机质心在空间的位置一般由地轴系的坐标给出。根据速度的定义,在地轴系中,有

$$\begin{bmatrix} \mathrm{d}x_g/\mathrm{d}t \\ \mathrm{d}y_g/\mathrm{d}t \\ \mathrm{d}z_g/\mathrm{d}t \end{bmatrix} = \begin{bmatrix} V_{xg} \\ V_{yg} \\ V_{zg} \end{bmatrix}$$

根据坐标转换原理,地轴系中的速度分量表达式可以由航迹轴系中获得的结果经转换得到,即

$$\begin{bmatrix} V_{xg} \\ V_{yg} \\ V_{zg} \end{bmatrix} = \boldsymbol{L}_k^g \begin{bmatrix} V \\ 0 \\ 0 \end{bmatrix} = (\boldsymbol{L}_g^k)^{-1} \begin{bmatrix} V \\ 0 \\ 0 \end{bmatrix} = \begin{bmatrix} V\cos\gamma\cos\chi \\ V\cos\gamma\sin\chi \\ -V\sin\gamma \end{bmatrix}$$

代入上式,即可得到质心运动学方程

$$\begin{bmatrix} \mathrm{d}x_g/\mathrm{d}t \\ \mathrm{d}y_g/\mathrm{d}t \\ \mathrm{d}z_g/\mathrm{d}t \end{bmatrix} = \begin{bmatrix} V\cos\gamma\cos\chi \\ V\cos\gamma\sin\chi \\ -V\sin\gamma \end{bmatrix} \qquad (2-10)$$

方程右边的参数通过解质心动力学方程得到,此时,只要知道飞机质心的初始空间位置,对方程[式(2-10)]积分即可得到飞机质心在空间位置随时间变化的规律(或称航迹)。

2.4.3　水平面和铅垂面内运动方程的简化

式(2-9)和式(2-10)合称为飞机的质心运动学方程组,是研究飞机飞行性能和飞行航迹的基本方程。显然这是一个三维空间问题。在飞行性能和航迹问题中我们会遇到一些典型的二维平面运动的情况 —— 水平面和铅垂面内的运动,这时飞机运动方程组可大为简化。

1. 飞机在水平面内的运动方程组

飞机在水平面内的运动,指飞机的飞行航迹始终位于与水平面平行的某一平面内的运动,此时有

$$\frac{\mathrm{d}z_g}{\mathrm{d}t} = 0, \qquad \frac{\mathrm{d}\gamma}{\mathrm{d}t} = 0, \qquad \gamma = 0$$

代入式(2-9)、式(2-10),得到

$$
\begin{aligned}
&m\frac{\mathrm{d}V}{\mathrm{d}t}=T\cos(\alpha+\varphi_{\mathrm{T}})\cos\beta-D\\
&T[\sin(\alpha+\varphi_{\mathrm{T}})\cos\mu-\cos(\alpha+\varphi_{\mathrm{T}})\sin\beta\sin\mu]+L\cos\mu-C\sin\mu=mg\\
&mV\frac{\mathrm{d}\chi}{\mathrm{d}t}=T[\sin(\alpha+\varphi_{\mathrm{T}})\sin\mu+\cos(\alpha+\varphi_{\mathrm{T}})\sin\beta\cos\mu]+C\cos\mu+L\sin\mu\\
&\frac{\mathrm{d}x_{\mathrm{g}}}{\mathrm{d}t}=V\cos\chi\\
&\frac{\mathrm{d}y_{\mathrm{g}}}{\mathrm{d}t}=V\sin\chi
\end{aligned}
\tag{2-11}
$$

这就是飞机在水平面内飞行时的质心运动方程组。假如在水平面内的飞行中,保持无侧滑角 $\beta=0$,侧向力 $C=0$,则上述运动方程组可以进一步简化为

$$
\begin{aligned}
&m\frac{\mathrm{d}V}{\mathrm{d}t}=T\cos(\alpha+\varphi_{\mathrm{T}})-D\\
&[T\sin(\alpha+\varphi_{\mathrm{T}})+L]\cos\mu=mg\\
&mV\frac{\mathrm{d}\chi}{\mathrm{d}t}=[T\sin(\alpha+\varphi_{\mathrm{T}})+L]\sin\mu\\
&\frac{\mathrm{d}x_{\mathrm{g}}}{\mathrm{d}t}=V\cos\chi\\
&\frac{\mathrm{d}y_{\mathrm{g}}}{\mathrm{d}t}=V\sin\chi
\end{aligned}
\tag{2-12}
$$

2. 飞机在铅垂面内的质心运动方程组

飞机在铅垂面内飞行,是指飞机对称面始终与某个给定的空间铅垂面重合,且飞行航迹始终在该铅垂面内。这种飞行状态又称对称飞行,此时有

$$
\beta=0,\quad \phi=\mu=0,\quad \frac{\mathrm{d}\chi}{\mathrm{d}t}=0
$$

因此,飞机质心运动方程组可以写为

$$
\begin{aligned}
&m\frac{\mathrm{d}V}{\mathrm{d}t}=T\cos(\alpha+\varphi_{\mathrm{T}})-D-mg\sin\gamma\\
&-mV\frac{\mathrm{d}\gamma}{\mathrm{d}t}=-T\sin(\alpha+\varphi_{\mathrm{T}})-L+mg\cos\gamma\\
&\frac{\mathrm{d}x_{\mathrm{g}}}{\mathrm{d}t}=V\cos\gamma\\
&\frac{\mathrm{d}z_{\mathrm{g}}}{\mathrm{d}t}=\frac{\mathrm{d}H}{\mathrm{d}t}=-V\sin\gamma
\end{aligned}
\tag{2-13}
$$

注意,在现代飞机的质量中燃油质量占有较大的比例。当飞机作长距离、长时间的飞行时,燃油消耗引起的飞机质量变化是不可忽视的。即在这种情况下,应该考虑燃油消耗问题,那么上述动力学方程中应补充关系式:

$$
\frac{\mathrm{d}m}{\mathrm{d}t}=-\frac{C}{g}T
\tag{2-14}
$$

式中,C 为发动机燃油消耗率;T 为发动机的推力值。

课 后 习 题

1. 作用在飞机上的外力有哪些?

2. 简述常规布局飞机的一般操纵方式,以及舵面的偏转情况。

3. 采用全动式平尾的飞机,俯仰操纵中平尾如何偏转?

4. 简述四种常用坐标系的定义及其相互关系。

5. 质心运动方程在水平面和铅垂面内如何简化?

第 3 章　飞机基本飞行性能

飞机的基本飞行性能主要是指飞机在铅垂平面内作定常运动(简称直线运动或定直飞行)的性能,包括平飞最大速度、平飞最小速度、最大上升率和升限等,它们是决定飞机战术、技术性能的基础。

3.1　定常直线运动方程

飞机在铅垂平面内作定常运动时,$\dfrac{\mathrm{d}V}{\mathrm{d}t}=0$,$\dfrac{\mathrm{d}\theta}{\mathrm{d}t}=0$。根据飞机在铅垂面内的质心动力学方程,可得

$$\left.\begin{array}{l} T\cos(\alpha+\varphi_{\mathrm{T}})-D-mg\sin\theta=0 \\ T\sin(\alpha+\varphi_{\mathrm{T}})+L-mg\cos\theta=0 \end{array}\right\} \tag{3-1}$$

如图 3 - 1 所示,假设发动机推力与机体纵轴重合,则定常运动方程为

$$\left.\begin{array}{l} T\cos\alpha=D+G\sin\theta \\ L+T\sin\alpha=G\cos\theta \end{array}\right\} \tag{3-2}$$

在迎角 α 和航迹俯仰角 θ 不大的情况下,式(3 - 2)可近似地写为

$$\left.\begin{array}{l} T=D+G\sin\theta \\ L+T\sin\alpha=G \end{array}\right\} \tag{3-3}$$

如果考虑飞机推重比较小的情况,则可进一步近似地写为

$$\left.\begin{array}{l} T=D+G\sin\theta \\ L=G \end{array}\right\} \tag{3-4}$$

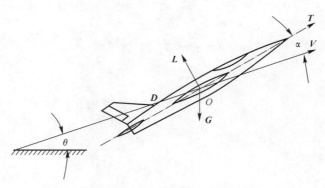

图 3 - 1　定直飞行中力的平衡

式(3 - 1) ～ 式(3 - 4)以不同近似程度描述了飞机作等速直线飞行的情况,称之为飞机等速直线运动方程,其中以式(3 - 4)最为简单,其第一个式子为保持等速飞行的条件,第二个式

子为飞行航迹保持不变的条件。在给定飞行高度、速度的情况下,对于给定的航迹俯仰角 θ,上述方程中只有两个未知量,即推力 T 和迎角 α(升力 L 和阻力 D 都是迎角 α 的函数),因而方程是封闭的。但是,考虑到升力 L 和阻力 D 都是迎角 α 的非线性函数,要精确地求得解析解是困难且麻烦的,所以一般都采用"简单推力法"来确定飞机的基本性能。

3.2　简单推力法确定飞机的基本性能

简单推力法是以飞机水平等速直线飞行所需发动机推力曲线和可用发动机推力曲线为基础,根据定常直线飞行运动方程近似式[式(3-4)]确定飞机基本性能的一种工程算法。

3.2.1　平飞所需推力

飞机作等速直线水平飞行叫平飞。平飞时,$\theta = 0$,式(3-4)可写为

$$\left. \begin{array}{l} T = D \\ L = G \end{array} \right\} \tag{3-5}$$

平飞中为使飞行速度保持不变,必须使发动机推力等于飞行阻力。平飞中为克服飞行阻力所需的发动机推力就称为平飞所需推力,记为 T_R,即

$$\begin{cases} T_R = D = C_D \dfrac{1}{2} \rho V^2 S \\ G = L = C_L \dfrac{1}{2} \rho V^2 S \end{cases}$$

上述两式左、右分别相除,有

$$\frac{T_R}{G} = \frac{D}{L} = \frac{C_D}{C_L} = \frac{1}{K}$$

得到

$$T_R = \frac{G}{K}$$

其阻力系数为

$$C_D = C_{D0} + C_{Di} + \Delta C_{Dh}$$

式中,C_{D0} 为零升阻力系数,一般是飞行马赫数 Ma 的函数(见图3-2);C_{Di} 为诱导阻力系数,一般当迎角较小时($C_L \leqslant 0.3$),$C_{Di} = AC_L^2$,诱导阻力系数因子 A 为 Ma 的函数;当迎角较大($C_L > 0.3$)时,C_{Di} 除随 Ma 变化外,还是迎角(即 C_L)的复杂函数,在某些飞机说明书中以诱导阻力曲线的形式给出(见图3-3);ΔC_{Dh} 是考虑到不同高度的雷诺数影响系数。

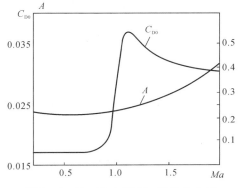

图 3-2　C_{D0} 和 A 随 Ma 变化的曲线

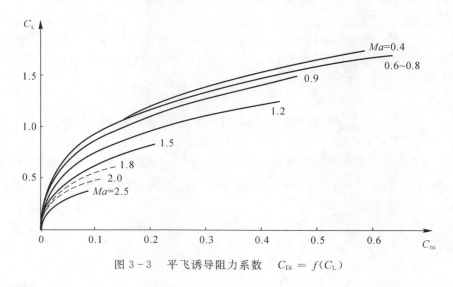

图 3-3　平飞诱导阻力系数　$C_{Di} = f(C_L)$

典型的平飞所需推力曲线如图 3-4 所示。由图中可以看出,在一定的高度上,T_R 开始时随平飞 Ma 增大而减小,并在 $Ma = Ma_{opt}$ 处达到最小值;最后 T_R 随着平飞 Ma 的增大而增大。原因是:在小 Ma 下,平飞迎角很大,诱导阻力系数很大,因而诱导阻力很大,诱导阻力是构成平飞所需推力的主要成分。

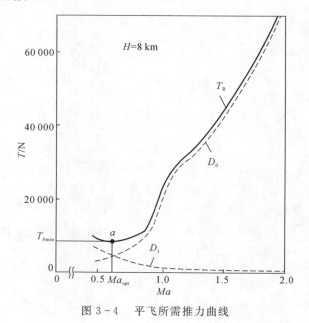

图 3-4　平飞所需推力曲线

随着平飞 Ma 增大,飞机飞行迎角减小,升力系数减小,诱导阻力系数减小,因而诱导阻力减小,从而使 T_R 随 Ma 增大而减小。但是,当平飞 Ma 增大到一定值之后,零升阻力逐渐成为 T_R 的主要成分时,随着平飞 Ma 增大,零升阻力增大,从而引起 T_R 增大。T_R 最小值对应的马赫数一般叫做平飞有利 Ma_{opt},对应的速度叫做平飞有利速度,记为 V_{opt}。

图 3-5 所示为某超声速飞机平飞所需推力曲线随高度变化的情况。由图中可以看出,随

着高度增大，Ma_{opt} 将逐渐增大，T_R 曲线将变得越来越平缓。原因是：高度增大，大气压力下降，零升阻力明显下降。零升阻力减小，诱导阻力增大，因此 Ma_{opt} 将随高度增大而增大。

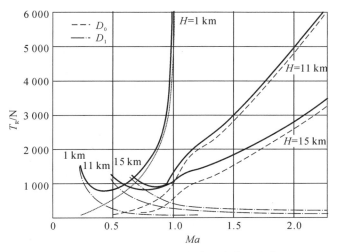

图 3-5　平飞所需推力曲线随高度的变化

3.2.2　可用推力

可用推力是指安装在飞机上的发动机实际提供给飞机用于飞行的推力，即考虑飞机进气道损失、尾喷管增益和功率提取、引气等修正后的发动机推力。

图 3-6(a) 给出了涡喷发动机的可用推力随 Ma 的变化规律，即发动机的速度特性；图 3-6(b) 给出了涡喷发动机的可用推力随高度的变化规律，即发动机的高度特性。图 3-7 为涡扇发动机可用推力随速度和高度的变化特性。

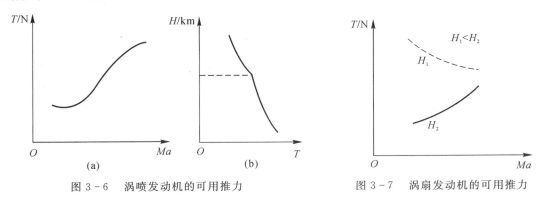

图 3-6　涡喷发动机的可用推力　　　　　图 3-7　涡扇发动机的可用推力

3.2.3　平飞性能的确定

平飞性能主要是指平飞最大速度、最小速度和有利速度。

为确定飞机的平飞性能，首先应将不同高度上的平飞所需推力曲线和相应飞行高度满油门状态下的可用推力曲线绘制在同一张曲线图上，称之为推力曲线图。图 3-8 所示为某超声速飞机推力曲线图。

平飞最大速度是指在给定飞行高度上,发动机满油门状态下,飞机所能获得的最大平飞速度。飞机以此速度飞行时,平飞所需推力与可用推力 T_{av} 相等,即

$$T_R = T_{av} \qquad\qquad (3-6)$$

平飞所需推力曲线和可用推力曲线的右交点所对应的飞行状态满足式(3-6)。当飞行 Ma 超过此交点对应的 Ma 时,T_R 将大于 T_{av},飞机将不能保持平飞;相反,当飞行 Ma 低于交点处 Ma 时,飞行虽然可以通过收油门满足条件 $T_R = T_{av}$,但飞行 Ma 不是最大。所以,给定高度上的平飞最大速度应是满油门状态下可用推力曲线与平飞所需推力曲线的右交点所对应的飞行速度。

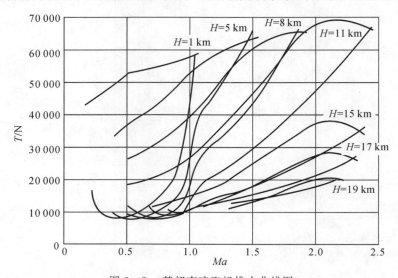

图 3-8　某超声速飞机推力曲线图

(注:在对应的飞行高度上,上方曲线表示可用推力曲线 T_{av},下方曲线表示所需推力曲线 T_R)

由图 3-8 可以看出,不同高度上的平飞最大速度是不同的。从推力曲线图上可以找出各飞行高度上的平飞最大速度,作出 V_{max}(或 Ma_{max})随飞行高度变化的曲线(见图 3-9 和图 3-10)。

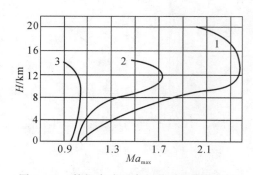

图 3-9　某超声速歼击机的平飞最大速度

1— 全加力状态;　2— 最小加力状态;　3— 最大状态

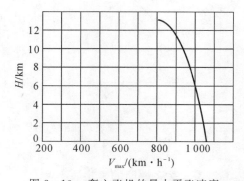

图 3-10　轰六飞机的最大平飞速度

平飞最小速度是指,在一定高度上飞机能作等速直线水平飞行的最小速度。现代超声速战斗机中低空飞行时的平飞最小速度,一般由最大允许升力系数 C_{Lmax} 决定。根据式(3-5)有

$$C_{\mathrm{Lmax}} \frac{1}{2} \rho V_{\min}^{2} S = G$$

可得

$$V_{\min} = \sqrt{\frac{2G}{C_{\mathrm{Lmin}} \rho S}}$$

需要注意,现代超声速战斗机的最大允许升力系数 C_{Lmax} 一般随 Ma 变化而变化,不是一个常数(见图 3 - 11)。

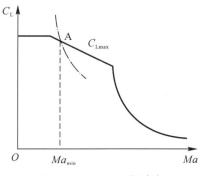

图 3 - 11　$Ma_{\min}$ 的确定

确定 $Ma_{\min}$,必须求解下述联立方程

$$\begin{cases} C_{\mathrm{Lmax}} \dfrac{1}{2} \rho a Ma^{2} S = G \\ C_{\mathrm{Lmax}} = f(Ma) \end{cases}$$

为此,应该在最小平飞速度附近适当选取一系列 $Ma_i (i=1,2,3,\cdots)$,根据升力等于重力的条件算得一系列升力系数,即

$$C_{\mathrm{L}i} = \frac{2G}{\rho a S Ma^{2}}$$

并在 $C_{\mathrm{Lmax}} - Ma_i$ 图上作 $C_{\mathrm{L}i} - Ma_i$ 曲线,求得它们的交点(见图 3 - 11 中的 A),则此交点对应的 Ma 即为所求的 $Ma_{\min}$。

随着高度增大,发动机推力迅速下降,由上述方法求得的 $Ma_{\min}$ 平飞时,发动机可用推力可能不足以克服平飞阻力。此时应根据满油门状态可用推力与平飞所需推力曲线的左交点求得另一最小平飞速度 $Ma_{\min}$,并与上述求得的 $Ma_{\min}$ 比较,取其中较大的一个作为平飞最小速度($Ma_{\min}$)。

平飞有利速度可以根据其定义取为平飞所需推力曲线最低点对应的速度。

例 3 - 1　某轻型喷气飞机重力 $G = 30\,000$ N,翼载荷 $G/S = 1\,000$ N/m^2。在某高度($\rho = 0.75$ kg/m^3) 可用推力 $T_{\mathrm{a}} = 4\,000$ N。若 $C_D = 0.015 + 0.024 C_{\mathrm{L}}^{2}$,$C_{\mathrm{Lmax}} = 1.4$,试确定该高度上最大和最小速度。

解　升阻比为

$$K = \frac{C_{\mathrm{L}}}{C_D} = \frac{L}{D} = \frac{G}{T_{\mathrm{a}}} = \frac{30\,000}{4\,000} = 7.5$$

代入题目条件,得

$$C_D = 0.015 + 0.024 C_{\mathrm{L}}^{2}$$

解得

$$C_D = 0.015\,3 \quad (限制最大速度)$$

或 $C_D = 0.725\,4$ （条件：以可用推力飞行。对应的升力系数 $C_L = KC_D = 5.44 > C_{Lmax}$，所以不可能出现。最小速度由 C_{Lmax} 限制）。

$$V_{max} = \sqrt{\frac{2T_a}{C_D \rho S}} = \sqrt{\frac{2 \times 4\,000}{0.015\,3 \times 0.75 \times 30}} \ \text{m/s} = 152.4 \ \text{m/s}$$

$$V_{min} = \sqrt{\frac{2G}{C_{Lmax} \rho S}} = \sqrt{\frac{2 \times 30\,000}{1.4 \times 0.75 \times 30}} \ \text{m/s} = 43.6 \ \text{m/s}$$

3.2.4　最大上升率和升限的确定

上升率（rate of climb）V_v 是指飞机在等速直线飞行中每秒内上升的高度，即

$$V_v = \frac{\mathrm{d}H}{\mathrm{d}t} = V\sin\gamma$$

其中，γ 为航迹倾斜角，在上升的飞行中也叫上升角（见图 3-12）。

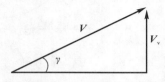

图 3-12　上升速度和上升率

在式（3-4）中，以 T_R 代替阻力 D，可得

$$T - T_R = G\sin\gamma$$

可以看出，只有当 $T > T_R$ 时，飞机才能作等速直线上升飞行。可用推力和平飞所需推力之差叫剩余推力。显然 $\sin\gamma = \dfrac{\Delta T}{G}$ 或 $\gamma = \arcsin\left(\dfrac{\Delta T}{G}\right)$。在一定的高度上，剩余推力 ΔT 随飞行速度变化。当 ΔT 在某飞行速度下取得最大值时，上升角将取得最大值，即

$$\gamma_{max} = \arcsin\left(\frac{\Delta T_{max}}{G}\right)$$

取得最大上升角的速度，称之为**陡升速度**，记为 V_{deep}。

陡升速度 V_{deep}，并不是取得最大上升率的速度。根据上升率的定义：

$$V_v = \frac{\mathrm{d}H}{\mathrm{d}t} = V\sin\gamma = \frac{\Delta T \cdot V}{G} \tag{3-7}$$

在飞行质量 G 一定的条件下，$(V_v)_{max} = \dfrac{(\Delta TV)_{max}}{G}$。某飞行高度的最大上升率 $(V_v)_{max}$ 可以通过图解求得。步骤如下：

（1）给定一系列 $Ma_i(i = 1, 2, 3, \cdots)$，计算 $V_i = Ma_i$。

（2）由推力曲线上求得各 V_i（即 Ma_i）对应的剩余推力 ΔT_i，并算出 $\Delta T_i \cdot V_i$。

（3）以 $(\Delta T \cdot V)$ 为纵坐标，速度 V 为横坐标，作 $(\Delta T \cdot V) \sim V$ 曲线，从曲线的最高点（见图 3-13）求得 $(\Delta T \cdot V)_{max}$ 并计算，有

$$(V_v)_{max} = (\Delta T \cdot V)_{max}/G$$

通常将最大上升率的速度称为快升速度，并记为 V_{quick}。一般 $V_{quick} > V_{deep}$。值得指出的是，超声速战斗机一般有两个快升速度，一个是亚声速快升速度，另一个是超声速快升速度。

原因是:超声速飞机的剩余推力有两个极值,其中一个极值点在亚声速区有利速度右侧附近,一个极值点在超声速区的最大可用推力 Ma 附近。这使超声速战斗机在高空具有两个上升率极值点(见图 3-14),而且超声速的最大上升率比亚声速的最大上升率要大。

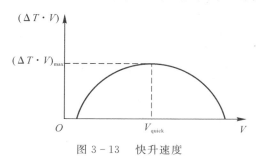

图 3-13 快升速度

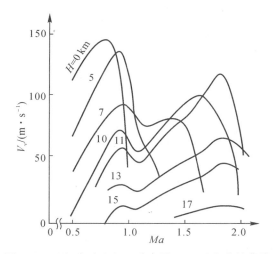

图 3-14 超声速飞机上升率随 Ma,H 变化的曲线

因此,对于超声速飞机,为了充分发挥其上升性能,争取以最短的时间上升到规定高度,一般在中、低空使用亚声速快升速度飞行,并在达到一定高度后加速到超声速快升速度,再以超声速快升速度上升,直至爬高到所希望达到的高度。例如某超声速歼击机规定,在 8 000 m 以下用亚声速快升速度上升;在 13 000 m 以上,改用超声速快升速度上升。为了从亚声速上升转为超声速上升,飞机必须在 8 000 ~ 13 000 m 范围内进行小角度加速上升。

升限(ceiling)通常是指静升限(absolute ceiling),也叫理论升限,是飞机能保持等速直线水平飞行的最大高度,也就是最大上升率为零的高度。

飞机在上升过程中,随着飞行高度增加,推力曲线图上的可用推力曲线逐渐下移,而平飞所用推力曲线逐渐右移并愈来愈平缓,使剩余推力逐渐减小,最大上升率逐渐降低(见图 3-15)。当飞机上升到某一高度时,可用推力曲线与平飞所需推力曲线恰好切于某一点。此时飞机只能以该切点对应的唯一速度平飞,大于或小于该速度飞行,都会因为 $T_{av} < T_R$ 而不能保持等速直线水平飞行。

飞机静升限可以通过作最大上升率随高度变化的曲线图的方法确定。如图 3-16 所示,最大上升率曲线与纵坐标的交点即为飞机的静升限。

值得指出的是,静升限多少只有理论上的意义。实际使用一般都在稍低于静升限的高度上飞行。**实用升限**(service ceiling)应是:在给定飞行重力和发动机工作状态(最大加力、最大或额定状态)下,在垂直平面内作等速爬升时,对于亚声速飞行,最大上升率为0.5 m/s时的飞行高度,对于超声速飞行,最大上升率为5 m/s时的飞行高度。

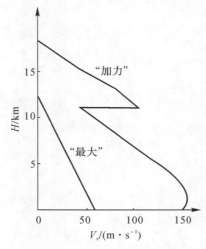

图 3-15 最大上升率曲线及静升限的确定

3.2.5 螺旋桨飞机平飞和上升性能

与螺旋桨飞机配套的发动机包括活塞式发动机、涡桨发动机和电动机,其特性都是用功率(单位 W)表示。计算此类飞机性能时,平飞所需动力用平飞所需功率表示,即

$$P_R = T_R V$$

发动机能够提供给飞机的动力,用可用功率 P_a 表示。可用功率是发动机折算功率 P_c 乘以螺旋桨效率 η 和发动机台数 n,即

$$P_a = n \eta P_c$$

发动机折算功率 P_c 是将涡轮螺桨发动机产生的喷气推力 T 折合进去后的总功率。

$$P_c = P + T V/\eta$$

活塞式发动机没有喷气推力,其折合功率就是其功率。

接下来就可以用可用功率曲线和平飞需用功率曲线,采用类似 3.2.3 节的简单推力法确定飞机的基本性能。

3.2.6 基本飞行性能的影响因素

根据前面的推导,有

$$T_R = D = (C_{D0} + A C_L^2) \cdot \frac{1}{2}\rho V^2 S = C_{D0} \cdot \frac{1}{2}\rho V^2 S + A \cdot \frac{G^2}{\frac{1}{2}\rho V^2 S} = \frac{G}{K}$$

可知,升致阻力与重力的平方成正比。重力增加,升致阻力增大,而零升阻力不变。可见,重力增加主要影响所需推力的低速部分,对 V_{max} 影响不大,但使 ΔT 减少,从而飞机上升率减小,静升限降低,爬升到预定高度的时间增加。

机翼面积 S 增加时,零升阻力增加,升致阻力减小,这对平飞所需推力的影响见图 3−16。曲线向左移动,S 增加,飞机 V_{max} 降低。

一方面由于高速飞行的需要,超声速飞机要有较小的机翼面积,另一方面由于燃油消耗量大,燃油携带量增加,飞机重力增大,翼载荷 G/S 增加(低速飞机 $50 \sim 60$ kg/m²,超声速飞机 300 kg/m² 以上)。翼载荷对飞行性能的影响,可以从重力和机翼面积对飞行性能的单独影响中综合分析得出。

翼载荷减小会造成:最小速度可能会减小,下滑时间增大,离地速度减小,接地速度减小。翼载荷对阻力的影响取决于其减小是通过增大机翼面积还是减重实现的。

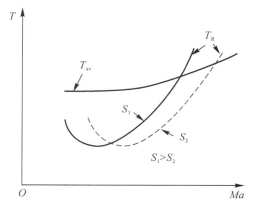

图 3−16　机翼面积变化对平飞所需推力的影响

发动机推力增加,可用推力曲线向上移动(见图 3−17),剩余推力 ΔT 增加,V_{max} 和上升率都会增加,对改善飞行性能有利。特别是超声速飞机,由于高空时平飞所需推力曲线比较平坦,故推力增大对 V_{max} 的增加效果明显。

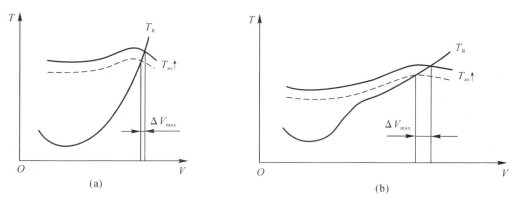

图 3−17　可用推力增加对飞行性能的影响

然而,增加推力可能增加发动机重力,所以应考虑推重比是否增加。增大推重比会造成:起飞距离减小,最大速度增大(亚跨声速飞机增加不多,超声速可能增加较多),最小速度可能减小,爬升率增大,爬升时间减少。

3.3 平飞包线与飞行限制

在高度-速度平面上常常用最大平飞速度和最小平飞速度随高度的变化曲线给出飞机作等速直线水平飞行高度-速度范围(见图 3-18 中的虚线)。飞机的平飞高度-速度范围叫做平飞包线(flight envelope)。

飞机的速度范围是最小平飞速度到最大平飞速度之间,其左边界线是最小平飞速度线,右边界线是最大平飞速度线。在此边界之内飞机可以做平飞、等速直线上升和下滑飞行,或作加、减速飞行,在边界线上则只能作等速直线水平飞行、下滑或减速飞行。

由于最大和最小平飞速度随高度变化,所以飞机的平飞速度范围也随高度变化。接近升限时速度范围急剧缩小,其左、右边界线最终在理论升限上相接于一点。此时飞机只能以与该点对应的唯一速度做平飞、下滑或减速飞行。

从海平面到飞机能保持平飞的最大高度,即理论升限之间的飞行范围,称为飞机的平飞高度范围。

飞机的平飞包线直观地反映出飞机飞行性能的概貌。一般它所包围的高度-速度范围越大,飞机所具有的战斗能力也越强。然而,由于受到飞机结构强度和刚度条件、稳定性和操纵性等的影响,仅仅根据简单推力法确定的平飞包线还不是飞机的实际适用范围。这首先表现在对最大平飞速度线的限制上。

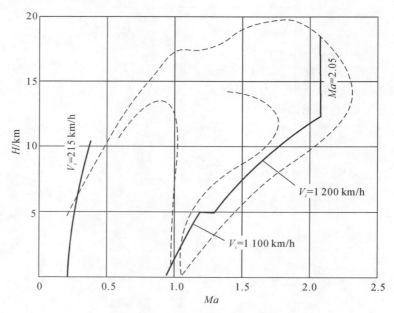

图 3-18 歼击机的平飞包线和限制

现代高性能战斗机,由于气动外形的改进和大推重比发动机的采用,按简单推力法确定的最大平飞速度,可能会超过飞机结构刚度、强度、飞机稳定性和操纵性能容忍的范围。因此,为了确保飞行安全,必须根据实际情况限制其最大平飞速度。下面主要介绍动压、温度、稳定性和操纵性对最大平飞速度的限制。

3.3.1　动压限制

动压限制（q_{max}）属于飞机结构强度和刚度限制。过大的动压,可能会使机体受到过大的空气动力作用,从而引起蒙皮铆钉松动,变形过大,甚至结构破坏。

中、低空飞行时,空气密度较大,表速较大,动压比较容易超出规定的数值。因此,动压限制对飞行员来说就是最大允许表速限制。例如,某超声速歼击机的最大允许表速在低空 5 000 m 以下为 1 100 km/h,在 $H \geqslant 5\ 000$ m 高度上为 1 200 km/h[在平飞包线（图 3 - 18）的右下方]。

3.3.2　温度限制

现代高速飞机以高速飞行时,其最大速度不但受到动压的限制,还要受到温度的限制。当飞机高速飞行时,在边界层的底层气流温度急剧升高,产生气动增温现象,即对机体表面进行加温。当机体表面温度过高时会引起机体结构材料的机械性变坏,座舱有机玻璃发软而模糊不清。用铝合金制成的飞机一般只能在短时间内（不大于 5 min）承受 468 K 的温度,其最大可承受的温度为 493 K;用钛合金制成的飞机能承受的温度为 673 K 左右。

由空气动力学知道,空气动力增温的数值与 Ma 直接有关,限制温度 T_{lim}、大气温度 T_{at} 和限制 Ma_{lim} 的关系为:

$$T_{lim} = T_{at}(1 + 0.2Ma_{lim})$$

在环境温度一定的情况下,机体表面的气流滞止温度仅由 Ma 决定。因此温度限制在飞机包线上往往以 Ma_{lim} 给出（见图 3 - 19）。

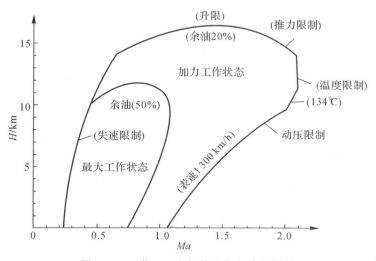

图 3 - 19　苏 - 20 飞机的飞行包线和限制

例如苏 - 20 飞机的限制温度为 407 K,在高度 $H \geqslant 11$ km 飞行时,$T_{at} = 216.5$ K,由上式可得

$$Ma_{lim} = \sqrt{5\left(\frac{T_{lim}}{T_{at}} - 1\right)} = 2.236\sqrt{\frac{407}{216.5} - 1} = 2.1$$

即在 $H \geqslant 11$ km 高度飞行时,温度限制苏 - 20 飞机的最大 Ma 不应超过 2.1（由于机体表面传热的影响,表面结构的温度将低于由上式计算得到的滞止温度,因此这个结果偏于保守）。

3.3.3 稳定性和操纵性限制

当飞机作超声速飞行时,其舵面效率将降低,方向静稳定性变差,严重的还可能使副翼操纵失效或失去方向静稳定性。为了防止出现这种现象,保证飞机具有足够的方向静稳定性和操纵性,有必要限制最大飞行 Ma。例如歼 - 7 飞机,为了保证飞行中具有足够的方向静稳定性,规定了最大允许使用 Ma 不得超过给定值 2.05。

应当指出,除上述几种限制外,其他许多因素也可能对飞机实际使用的最大速度提出限制。例如,幻影 Ⅲ 战斗机就曾因为助力器功率不足而不得不限制它的最大速度。

3.4　使用维护和气温对飞机性能的影响

飞机技术说明书提供的飞机基本性能都是在一定的标准条件下计算得到的。外场实际使用条件及机务维护质量情况将会使飞机基本性能发生偏离或变化。

3.4.1 维护质量对飞机性能的影响

维护质量的好坏对飞机的基本性能具有明显的影响。不良的维护可以引起发动机推力降低,导致蒙皮漆层脱落,飞机表面积垢、划伤、压坑或变形,以及舱口盖不严或密封装置损坏等。这将使飞机零升阻力增加,平飞所需推力增大。结果导致飞机的最大平飞速度减小,平飞速度范围缩小;平飞剩余推力减小,飞机最大上升率减小,升限降低。

因此,为了保持飞机具有良好的飞行性能,严格遵守各种条令和维护规程是十分必要的。

3.4.2 飞行重量对飞机性能的影响

平飞中飞机升力必须等于重力,否则飞机将不能做水平直线飞行。飞机重量增加,飞机升力必须随之增大。这要求飞机必须以较大迎角,即较大升力系数飞行,结果必然导致诱导阻力系数 C_{Di} 增大,平飞所需推力增大,飞行性能降低(见图 3 - 20)。

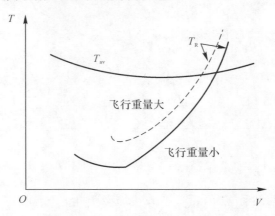

图 3 - 20　飞行重量对 T_R 的影响

考虑到高速飞行时,构成平飞所需推力的主要成分为零升阻力,因此飞行重量增加对平飞最大速度影响是不大的。但是,因为诱导阻力是构成低速飞行平飞所需推力的主要成分,飞行重量增加将明显增大低速飞行时的平飞所需推力。当飞机最小平飞速度由推力曲线决定时,将使飞机的最小平飞速度增大。当然,当飞机的最小平飞速度由 C_{Lmax} 决定时,飞行重量的增加也必然要引起最小平飞速度增大。

此外根据式(3-7),上升率与剩余推力成正比,与飞行重量成反比。飞行重量增加将使飞机的上升率明显减小,从而使飞机的升限降低。

3.4.3　气温的影响

气温对航空运营的影响是多方面的。飞机发动机推力的设定、机场跑道的设计与建设、飞机载重量与油量的配置等都受气温的影响。首先,气温影响飞机发动机的推力和燃油的燃烧率,气温越高,空气密度越小,在发动机转速不变的情况下,单位时间内进入飞机发动机的空气量减少,增压比相应变小,发动机的可用推力就会减小,飞机加速和升力也相应减小。绝对温度增加 10%,发动机推力减小 20%~25%。

在飞机载重量不变的条件下,对大多数喷气式飞机而言,当发动机转速保持一定时,气温每升高 10℃,起飞滑跑距离要增加 13%。气温影响飞机载重量。对于某一机场而言,在跑道长度不变的情况下,设计起飞全重为 120 t 的飞机,在气温为 30℃时,质量必须减少 7 t(相对标准大气时的载重量)。在海拔 1 947.2 m 的兰州中川机场,夏季气温对飞机载重量的影响极为显著。波音 737-300 型客机,当气温从 20℃上升到 30℃时,必须减载 24 t。2002 年 8 月 24 日,由于客载和货载不能有效减少,WH2816 航班只能等到气温降低到规定值后才起飞,致使该航班在兰州中川机场延误 6 小时,成为当年因天气原因延误时间最长的一个航班。气温还影响飞机的载油量。对于喷气式飞机而言,温度每升高 10℃,就需增加约 2 t 的燃油,所载燃油增加,就必须减少客载和货载。

气温的变化对发动机推力影响较大,但对平飞所需推力基本上没有影响(在气压高度和 Ma 不变的条件下)。气温降低使发动机可用推力增加。因此,最大平飞 Ma、最大上升率以及静升限都将随气温的降低而增大;反之,气温升高,则发动机可用推力减小,平飞最大 Ma、最大上升率及升限将随之下降。

应当指出,气温降低、平飞最大 Ma 增大并不一定意味着最大平飞速度会有明显增大。当最大平飞速度处于跨声速范围内时,最大平飞速度附近的阻力系数由于激波的变化发展而发生急剧变化。气温降低使发动机可用推力增大产生的最大平飞 Ma 增加不多,而气温降低则会导致声速减小,从而使最大平飞速度不能明显增加,甚至会减小。当然,如果最大平飞速度处于阻力系数变化比较平缓而且随 Ma 增大而减小的超声速范围内,气温降低引起最大平飞 Ma 增大较多时,最大平飞速度的增加是会比较明显的。

课 后 习 题

1.简述用"简单推力法"确定飞机基本飞行性能的原理和步骤。
2.上升角和上升率有什么区别和联系?快升速度与陡升速度有什么区别?
3.如何用简单推力法计算螺旋桨飞机的基本性能?
4.什么是平飞包线?其边界是如何确定的?
5.简述使用维护和气温对飞行性能的影响。

6.某飞机质量为 5 100 kg,在某一飞行状态下的可用推力为 2 500 kgf(1 kgf＝9.8 N),升阻比为 6。请分析该飞行状态下飞机能否作定直平飞? 如果能,则能以多大上升角作定直爬升? 如果作平飞加速运动,加速度有多大?

7.已知某飞机以 500 km/h 的速度平飞,升阻比为 1.2,飞行质量为 6 960 kg,可用推力为 68 600 N,试问:

(1)平飞所需推力是多少?

(2)当发动机推力为可用推力时,若飞机以 500 km/h 的速度等速上升,上升角是多少? 上升率又是多少?

(3)当发动机推力为可用推力时,飞机平飞加速度是多少?

第4章　飞机机动飞行性能

4.1　飞机的机动性和过载

飞机的机动性(maneuverability),是指飞机在飞行过程中改变飞行速度、高度以及飞行方向的能力。飞机能在越短的时间间隔内,根据飞行员的意愿和操纵,迅速改变飞行速度、高度和方向,则飞机的机动性越好。

根据要改变的运动参数,飞机的机动性可分为速度机动性、高度机动性和方向机动性。它们分别表征飞机迅速改变飞行速度、高度和方向的能力。飞机的机动飞行按其航迹的特点可分为水平面内的机动飞行、铅垂面内的机动飞行和空间的机动飞行。

在完成飞行任务、夺取空中作战优势的飞行中,飞机的机动性起着十分重要的作用,是军用飞机战术技术性能指标的重要组成部分。

飞机的机动性可以利用飞机在飞行中能产生的加速度来评定。

飞机的质量为 m,加速度为 a,外力为 $\sum F$,则有

$$a = \frac{1}{m} \sum F$$

式中,$\sum F = T + R + G$。

如果考虑到机动飞行时间不长,发动机消耗的燃油质量与飞机质量相比可以忽略不计,则重力矢量 G 可以看成是一个常矢量,因此飞机加速度大小和方向的变化完全取决于发动机推力 T 和空气动力 R 的合力的大小和方向。则有

$$N = T + R$$

把上式写成

$$a = \frac{1}{m}(N + G)$$

如果以重力加速度 g 作为飞机质心加速度的度量单位,则有

$$\frac{a}{g} = \frac{N}{mg} + \frac{g}{g} = n + \frac{g}{g} \tag{4-1}$$

矢量 n 的大小是除重力以外,作用于飞机上的一切外力的合力与飞机重量之比,称为飞机的**过载**。n 的方向沿着发动机推力和空气动力的合力的方向。飞行中飞行员就是通过改变发动机推力 T 或空气动力 R 的大小和方向,来改变过载矢量的大小和方向的。因此可以利用过载矢量 n 来研究飞机的机动性。

在航迹坐标系中,过载矢量 n 可以写为

$$\begin{bmatrix} n_{x_k} \\ n_{y_k} \\ n_{z_k} \end{bmatrix} = \frac{1}{mg} \begin{bmatrix} T_{x_k} + R_{x_k} \\ T_{y_k} + R_{y_k} \\ T_{z_k} + R_{z_k} \end{bmatrix} =$$

$$\frac{1}{mg} \begin{bmatrix} T\cos(\alpha + \varphi_T)\cos\beta - D \\ T[\sin(\alpha + \varphi_T)\sin\mu - \cos(\alpha + \varphi_T)\sin\beta\cos\mu] + L\sin\mu + C\cos\mu \\ T[\cos(\alpha + \varphi_T)\sin\beta\sin\mu + \sin(\alpha + \varphi_T)\cos\mu] + L\cos\mu - C\sin\mu \end{bmatrix} \quad (4-2)$$

当飞机作无侧滑飞行时,侧滑角 $\beta = 0$,侧向力 $C = 0$,式(4-2) 可写为

$$\begin{bmatrix} n_{x_k} \\ n_{y_k} \\ n_{z_k} \end{bmatrix} = \frac{1}{mg} \begin{bmatrix} T\cos(\alpha + \varphi_T) - D \\ T\sin(\alpha + \varphi_T)\sin\mu + L\sin\mu \\ T\sin(\alpha + \varphi_T)\cos\mu + L\cos\mu \end{bmatrix} \quad (4-3)$$

如果 φ_T 和 α 不大,$\cos(\alpha + \varphi_T) \approx 1$,$\sin(\alpha + \varphi_T) \approx 0$,则得到

$$\begin{cases} n_{x_k} = \dfrac{1}{G}(T - D) \\[2mm] n_{y_k} = \dfrac{1}{G}L\sin\mu \\[2mm] n_{z_k} = \dfrac{1}{G}L\cos\mu \end{cases} \quad (4-4)$$

这是过载矢量沿航迹轴系的三个分量计算公式。

将式(4-3) 代入飞机质心动力学方程式(2-9),有

$$\left. \begin{aligned} \frac{\mathrm{d}V}{\mathrm{d}t} &= g(n_{x_k} - \sin\gamma) \\ V\cos\gamma\frac{\mathrm{d}\chi}{\mathrm{d}t} &= gn_{y_k} \\ V\frac{\mathrm{d}\gamma}{\mathrm{d}t} &= g(n_{z_k} - \cos\gamma) \end{aligned} \right\} \quad (4-5)$$

注意到参数 V 指速度的大小,而 γ、χ 指飞行方向,根据导数的意义,可以看出过载矢量 $\boldsymbol{n}$ 的三个分量实际上起着决定飞机改变飞行速度大小和方向能力的作用。

令

$$n_n = \sqrt{n_{y_k}^2 + n_{z_k}^2}$$

由式(4-4) 可得

$$n_n = L/G \quad (4-6)$$

通常把 n_n 叫做法向过载,而把 n_{x_k} 叫做切向过载。切向过载又叫纵向过载。

飞行中当 $n_n > 1$ 时,飞行员会感觉到相当于他本身所受重力 n 倍的压力,形成超重现象。这时人体内的血液会由于惯性向下肢积聚,时间久了会感到晕眩。一般情况下,如果飞行员坐姿正确,他在 $20 \sim 30$ s 内能承受的极限过载为5,在 $5 \sim 10$ s 内能承受的极限过载为8。

飞行中,当 $n_n < 1$,甚至 $n_n < 0$ 时,飞行员会感觉到失重。这时血液向头部集中,飞行员更难以忍受,因此通常很少在负的过载下飞行。某些飞行中,为避免负的法向过载,可使飞机倾斜甚至倒飞,例如在退出跃升或进入俯冲时。

飞机设计中要考虑到飞机能承受的过载。飞机的结构强度一般用飞机可以承受的最大过

载来加以限制。美国联邦航空条例 FAR23.305 对飞机强度的规定中,定义了两个最大载荷因数的概念:限制载荷因数和极限载荷因数。限制载荷因数是飞机服役期中正常使用下的最大允许过载,飞机结构必须能够承受限制载荷因数而无有害的永久变形。极限载荷因数是飞机结构必须能够承受至少 3 s 而不被破坏的过载,为前者的 1.5 倍。飞机规定的载荷因数均为限制载荷因数。民用飞机的限制载荷因数见表 4-1。

表 4-1　民用飞机的限制载荷因数

类别		限制载荷因数	
		正过载	负过载
FAR23	正常类	3.8	1.5
	实用类	4.4	1.8
	特技类	6.0	3.0
FAR25	运输类	2.5	1.0

4.2　飞机在水平面内的机动飞行性能

飞机在水平面内的机动飞行是一种在高度保持不变情况下连续改变飞行方向的曲线运动。最常见的水平面内机动飞行是**转弯**(turn)。连续转弯航向变化等于 360°的,称为**盘旋**(circle)。通常把坡度(即滚转角)小于 45°的盘旋称为小坡度盘旋,坡度大于 45°的盘旋称为大坡度盘旋。把速度、迎角、倾斜角和侧滑角保持不变的盘旋称为定常盘旋(steady turn),否则叫非定常盘旋。把不带侧滑的盘旋称为**正常盘旋**。下面着重介绍正常盘旋。

根据方程式(2-12),令 $\dfrac{\mathrm{d}V}{\mathrm{d}t}=0$,得到

$$\begin{cases} T\cos(\alpha+\varphi_{\mathrm{T}})=D \\ [T\sin(\alpha+\varphi_{\mathrm{T}})+L]\cos\mu=mg \\ mV\dfrac{\mathrm{d}\chi}{\mathrm{d}t}=[T\sin(\alpha+\varphi_{\mathrm{T}})+L]\sin\mu \end{cases}$$

如果 α 和 φ_{T} 不大,近似地认为 $\cos(\alpha+\varphi_{\mathrm{T}})\approx1$,$\sin(\alpha+\varphi_{\mathrm{T}})\approx0$,并且注意到在正常盘旋中 $\left|\dfrac{\mathrm{d}\chi}{\mathrm{d}t}\right|=\omega=V/R$,则上式可写为

$$\left.\begin{aligned} T&=D \\ L\cos\mu&=G \\ m\frac{V^2}{R}&=L\sin\mu \end{aligned}\right\} \tag{4-7}$$

由式(4-7)可见,飞机作正常盘旋时,发动机推力 T 必须等于阻力 D,这样才能保持盘旋飞行速度大小不变;升力的垂直分量 $L\cos\mu$ 必须等于飞机的重量,以保持飞行高度不变;而升力的水平分量 $L\sin\mu$ 则起着水平曲线飞行向心力的作用(见图 4-1)。

注意到

$$\sin|\mu| = \sqrt{1-\cos^2\mu} = \sqrt{1-\left(\frac{G}{L}\right)^2}$$

代入式(4-7)中的第三式,可以得到正常盘旋的半径为

$$R = \frac{G}{g}\frac{V^2}{L\sin|\mu|} = \frac{G}{g}\frac{L}{G}\frac{1}{\sqrt{(L/G)^2-1}}\frac{V^2}{L} = \frac{V^2}{g\sqrt{n_n^2-1}} \tag{4-8}$$

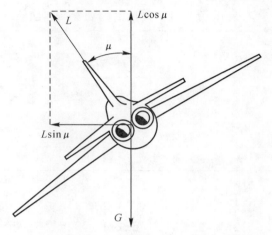

图 4-1   盘旋中力的关系

飞机正常盘旋一周的时间应为

$$T = \frac{2\pi R}{V} = \frac{2\pi V}{g\sqrt{n_n-1}} \tag{4-9}$$

给定飞行速度 V 和法向过载 n_n,根据式(4-8)和式(4-9)可以方便地算得盘旋一周所需的时间和盘旋半径。正常盘旋半径和盘旋一周所需的时间是衡量飞机方向机动能力的重要指标。正常盘旋的盘旋半径越小,盘旋一周所需的时间越短,飞机方向机动性能越好。

4.3   飞机在铅垂平面内的机动飞行性能

飞机在铅垂平面内的机动飞行具有多种形式,典型的机动飞行动作包括平飞加速和减速、跃升、俯冲和筋斗飞行。

当飞机在铅垂平面内飞行时,其航迹偏转角 ψ_s 和速度滚转角 γ_s 应始终保持为零。因此,根据式(4-3)和式(4-5),有

$$\left.\begin{array}{l} n_{x_k} = \frac{1}{G}\left[T\cos(\alpha+\varphi_T)-D\right] \\ n_{z_k} = \frac{1}{G}\left[T\sin(\alpha+\varphi_T)+L\right] \end{array}\right\} \tag{4-10}$$

和

$$\left.\begin{array}{l} \frac{dV}{dt} = g(n_{x_k}-\sin\gamma) \\ V\frac{d\gamma}{dt} = g(n_{z_k}-\cos\gamma) \end{array}\right\} \tag{4-11}$$

加上运动学方程为

$$\left.\begin{array}{l} \mathrm{d}x_{\mathrm{g}}/\mathrm{d}t = V\cos\gamma \\ \mathrm{d}z_{\mathrm{g}}/\mathrm{d}t = -V\sin\gamma \end{array}\right\} \tag{4-12}$$

式(4-10)为代数方程,由飞行员操纵确定。当驾驶杆和油门的操纵规律确定时,飞机的飞行迎角和发动机工作状态的变化规律也就确定了,因而发动机推力、飞机升力和阻力为已知量,切向过载 $n_{x_{\mathrm{k}}}$ 和法向过载 n_{n} 也就给定了。这样,只要给定初始条件,对微分方程式(4-11)和式(4-12)进行数值积分,就可以计算出飞机在空间机动时的运动参数 V 和 γ,算出飞机的水平飞行距离 x_{g} 和飞行高度 z_{g}。

4.3.1　平飞加速和减速性能

飞机平飞加速和减速性能反映飞机改变速度大小的能力。飞机在平飞中增加或减小一定速度所需的时间越短,则飞机的速度机动性越好。对于亚声速飞机,通常计算由 $0.7\,V_{\max}$ 至 $0.97\,V_{\max}$ 的加速时间和由 $V_{\max}$ 至 $0.7\,V_{\max}$ 的减速时间,并将其作为衡量飞机速度机动性的主要指标。对于超声速飞机,则一般计算其亚声速常用 Ma 至最大使用 Ma 的加(减)速时间作为衡量其速度机动性的主要指标。

飞机作水平直线飞行时,航迹倾角 γ 始终为零,即

$$\gamma = \frac{\mathrm{d}\gamma}{\mathrm{d}t} = 0$$

根据方程式(4-3)和式(4-5),有

$$\mathrm{d}V/\mathrm{d}t = gn_{x_{\mathrm{k}}} = g\frac{T\cos(\alpha+\varphi_{\mathrm{T}})-D}{G}$$

$$n_{z_{\mathrm{k}}} = \frac{1}{G}[T\sin(\alpha+\varphi_{\mathrm{T}})+L] = 1$$

通常 $(\alpha+\varphi_{\mathrm{T}})$ 比较小,在工程计算中,可以近似地认为 $\cos(\alpha+\varphi_{\mathrm{T}}) \approx 1, sin(\alpha+\varphi_{\mathrm{T}}) \approx 0$,上述两式可以写为

$$\left.\begin{array}{l} \dfrac{\mathrm{d}V}{\mathrm{d}t} = g\dfrac{T-D}{G} \\ L = G \end{array}\right\} \tag{4-13}$$

可以看出,飞机平飞加速度完全取决于切向过载或剩余推力的大小和符号。当 $n_{x_{\mathrm{k}}} > 0$,即剩余推力 $\Delta T > 0$ 时,飞机作加速飞行;当 $n_{x_{\mathrm{k}}} < 0$,即剩余推力 $\Delta T < 0$ 时,飞机作减速飞行。显然,提高飞机的升阻比和推重比对提高飞机的加速性将起决定性的作用。为使飞机平飞加速,飞行员应将发动机油门加至最大。

由式(4-13)可得

$$\mathrm{d}t = \frac{G}{g(T-D)}\mathrm{d}V$$

将飞机由给定的初始速度 V_0 平飞加速到终止速度 V_{f} 所需的时间应为

$$t_{\mathrm{f}} = \int_{V_0}^{V_{\mathrm{f}}} \frac{G}{g(T-D)}\mathrm{d}V \tag{4-14}$$

注意到 $\mathrm{d}t$ 时间间隔飞机通过的水平距离为

$$\mathrm{d}L = V\mathrm{d}t$$

在 t_f 时间内飞机飞过的距离应为

$$L = \int_{v_0}^{v_f} \frac{GV}{g(T-D)} dV \qquad (4-15)$$

4.3.2 垂直平面内其他机动飞行简介

跃升(zoom)是飞机以动能换取势能,迅速增加飞行高度的机动飞行,也称急跃升。在作战中,利用这种机动,可以迅速取得高度,占取有利的作战态势,追击高空目标或规避敌机火力。跃升性能的好坏由跃升所增加的高度 ΔH 和完成跃升所需要的时间来衡量。在给定初始高度和速度的情况下,飞机通过跃升所能获得高度增加量 ΔH 越大,完成跃升所需的时间越短,则跃升性能越好(见图 4-2)。

跃升飞行航迹一般可以分进入段、直线上升段和改出段。作为铅垂面内的机动,跃升飞行应按式(4-10)~式(4-12)求解计算。为了使飞机能够在保持足够飞行速度的条件下,尽快地上升到较高的高度,在整个跃升飞行过程中,发动机通常应保持在加力状态或最大状态;跃升进入段的过载 n_{z_k} 应根据跃升进入的高度、速度和跃升角 θ 适当选取,但不得超过对应高度、速度下所允许的最大过载。所谓跃升角就是跃升直线段的航迹倾斜角。在直线段,$d\gamma/dt=0$,由式(4-10)中第二式可知,直线段的法向过载应为直线段结束时推驾驶杆减小飞行迎角,减小航迹倾斜角直至 $\gamma=0$ 时结束跃升飞行。

$$n_{z_k} = \cos\gamma < 1$$

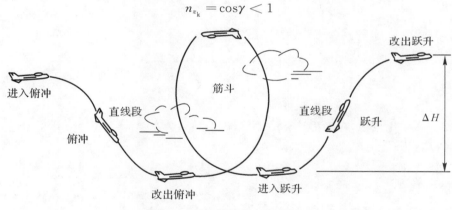

图 4-2 俯冲、筋斗与跃升机动

俯冲(dive)是飞机用位能换取动能,迅速降低高度而增加速度的机动飞行动作。利用俯冲可以追击敌机或攻击地面目标。

俯冲按航迹变化也可以分为三部分:俯冲进入段、俯冲直线段和俯冲改出段(见图 4-2)。

为使飞机从给定的飞行高度和速度进入俯冲,飞行员必须推杆减小迎角,使升力 L 小于重力的升力方向分量 $G\cos\gamma$,从而使飞机航迹向下弯曲。当飞行航迹角减小到预定的俯冲角度时,飞机进入直线段,此时 $n_{z_k}=\cos\gamma$。飞机直线俯冲降低高度到预定值时,飞行员可以通过拉杆增大迎角,使升力 L 大于 $G\cos\gamma$,从而使飞机航迹向上弯曲,以改出俯冲,并在航迹倾角接近零度时推杆,减小迎角,使飞机转入水平飞行。

筋斗(同斤斗,loop,flip)是飞机在铅垂平面内作轨迹近似椭圆、航迹方向改变 360° 的机动飞行(见图 4-2)。筋斗大致由跃升、倒飞、俯冲等基本动作组成,是驾驶员基本训练的科目之一,也是用来衡量飞机机动性的一种指标。完成一个筋斗所需的时间越短,能做筋斗的起始高度越高,机动性越好。飞机完成筋斗机动,必须有向心力。向心力靠飞机升力产生。做筋斗机动时,驾驶员首先加大油门使飞机尽可能地加大速度,同时拉操纵杆增加飞机迎角,使飞机向上跃升,达到筋斗顶点,进入倒飞状态,之后向下转入俯冲,最后拉操纵杆转入平飞,完成整个筋斗机动飞行。

4.4　空间机动、综合机动和过失速机动

4.4.1　空间机动

除了在水平面和铅垂面的机动外,飞机有很多机动是在三维空间内的机动。

(1) **战斗转弯**(combat turn, steep climbing turn)。飞机迅速增加飞行高度同时改变飞行方向 180°的机动飞行称为战斗转弯,如图 4-3 所示。它在使飞机调转机头向反向飞行的同时,把速度优势转化为高度优势,以截击敌机,是战斗机进行空战经常使用的重要飞行动作。

驾驶员在做战斗转弯时,首先要加大油门,把飞机速度加到最大,然后操纵方向舵和副翼,使飞机一面转弯一面向转弯的一侧滚转,与此同时还要向后拉杆,使飞机抬头沿螺旋线向上爬升。在上升转弯进行到大约 3/4 的时候,操纵副翼减小飞机坡度,并向前推操纵杆使飞机转入反向平飞状态。在战斗转弯结束时,现代战斗机的高度可增加 1 500~3 000 m。

空战中为了夺取高度优势和占据有利方位,常用战斗转弯飞行动作。该飞行动作除了采用典型的操纵滚转角的方法外,为了缩短机动时间还可采用斜筋斗方法。战斗转弯时,过载系数可达 $3g$~$4g$。

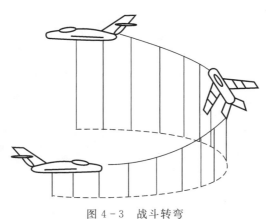

图 4-3　战斗转弯

(2) **横滚**(roll)。飞机保持原运动方向,高度改变很小,绕自身纵轴线滚转的飞行动作称为横滚,如图 4-4 所示。按照滚转角的大小,横滚可以分为半滚(滚转 180°)、全滚(滚转 360°)和连续横滚。横滚的航迹为螺旋线。

全滚时,由于升力方向不断改变,重力得不到升力的平衡,飞机会自动掉高度。为使全滚改出时不掉高度,进入全滚前要先使飞机处于上升状态,使全滚前半段增加一定高度,以弥补后半段所掉高度。

（3）**战斗半滚**（Immelmann turn）。战斗半滚又称半筋斗翻转或殷麦曼（德国飞行员），是在铅垂平面内迅速增加高度同时改变飞行方向180°的机动，如图4-5所示。飞机起始是先按照平飞进入正筋斗来做的，不过实际上仅完成了半个筋斗，在筋斗的顶点，飞机做半滚（绕纵轴滚转180°），转入平飞退出。

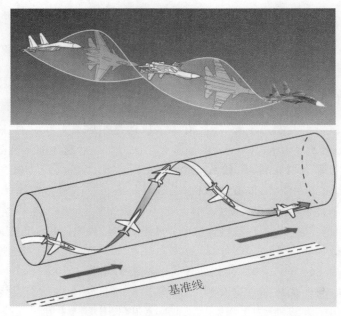

图4-4　横滚

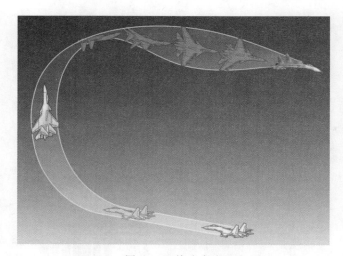

图4-5　战斗半滚

（4）**半滚倒转**（splits）。半滚倒转是在铅垂平面内迅速降低高度同时改变飞行方向180°的机动，跟战斗半滚机动刚好相反。首先使飞机绕纵轴滚转180°（半滚），然后完成筋斗的后半段动作。

4.4.2 综合机动

现代战斗机在空战中除了采用水平机动、垂直机动和空间机动等基本机动方式外,还采用一些水平和垂直相结合的综合性机动方式。这是由于现代战斗机具有较大的推重比、较高的可用过载,以及较大的单位剩余功率(最大为 200～300 m/s)。

空战综合机动的战斗动作大体可分为三类,即攻击机动、防御机动和攻防结合机动。基本战术动作有:攻击机动中的高速哟哟、低速哟哟、减速横滚。防御机动中的急转摆脱、大过载桶滚,攻防结合机动中的剪刀机动、俯冲剪刀机动等。这些典型综合机动动作在未来近距空战中还将继续发挥作用。

1.高速哟哟和低速哟哟

"哟哟"法文 yo - yo 的音译词,原意为"一种用线使小圆盘沿线升降的玩具"(《法汉词典》,上海译文出版社,1979)。这种玩具的原理就是利用机械能守恒定律进行高度和速度互换,如同物理学中的麦克斯威滚摆试验一样。西方人把空间综合机动叫做"哟哟",就是比喻战斗机实施高度和速度的互换。这种动作实际上是在抗美援朝空战中由我国志愿军空军飞行员创造的。我们称之为综合机动。

当敌机以水平急转企图摆脱我机攻击时可采用这类攻击机动。攻击时,当我机接敌速度过大或进入角不合适(从侧方接敌)而敌机向我机急转时,可使用高速哟哟。因我机速度大,如随敌急转,由于半径大,会被敌甩到转弯外侧而丧失攻击机会(敌机会逃逸出我机导弹截获锥之外)。为了保持主动态势,我机应立即作跃升减速,一方面将速度转化为高度,保存能量;另一方面减小水平前进速度,防止冲到敌机前面。当跃升到飞行速度接近角点速度(即快转速度)时,迅速向敌方向回转,以较大的转弯角速度转向敌机,并俯冲增速追击敌机(见图 4 - 6),构成发射条件后立即开火。

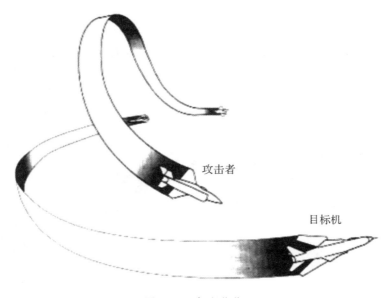

攻击者

目标机

图 4 - 6 高速哟哟

在高速哟哟基础上发展出了低速哟哟。当我机以较小速度接敌时,敌机水平急转,我机先压坡度并下降增速,待速度增至角点速度时,再拉起追踪敌机(见图4-7),争取构成发射导弹的条件。这两种动作都是为了打破在一个平面上大家都做急盘旋,谁也占不上优势的僵局而产生的。

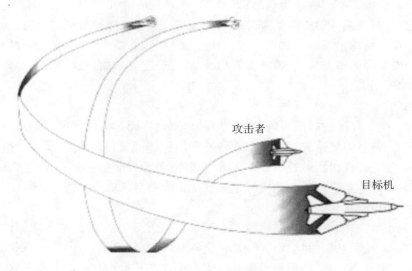

图4-7 低速哟哟

2.追击减速横滚

当我机以较大的速度差追击敌机时,为防止与敌机距离过近,以至小于发射格斗导弹的最近距离时,可采取追击减速横滚战术动作(见图4-8)。在这种态势下,敌机采取向我机方向急转的动作,一方面企图增大相对角速度,逃出我机的截获锥;另一方面迫使我机前冲,破坏发射导弹条件。我机采用划大圈减速横滚机动,减小与敌机相对速度,勿使距离过近,以至小到发射导弹允许的最近距离。划大圈横滚是由于飞机推重比较大才得以实现的一种机动动作。这种横滚机动可依据进入角的大小分为两种,即进入角较小的水平系列的机动和进入角较大的垂直系列的机动。机动中要根据滚转所引起的方向变化和速度减小情况来进行攻击占位。为了便于观察,通常向目标机方向滚转。

横滚机动的优点是,格斗中即使进入角较大,也能攻击占位,这是其他机动做不到的。

3.大过载桶滚

大过载桶滚(barrel roll)又称大半径横滚,属于防御性机动,是目标机反守为攻的一种战术动作(见图4-9)。当敌机以较大速度差在我尾后抵近开火位置时,我机突然收油门、放减速板,并拉杆增大过载,作大半径横滚。由于阻力突增,消耗能量,我机速度急剧减小,能迫使敌机超越我机"穿筒"而过,反使我机占据有利态势。我机要想通过此种机动获得优势,必须精心计时,进而抓住有利时机突然机动。滚转的半径要大,尽可能逃逸出敌机导弹截获锥体之外或处于边缘,这样增大敌机发射困难,在滚转中破坏敌机发射导弹的条件。

4.剪刀机动

剪刀机动(scissors)是一种攻防结合机动,分为水平剪刀机动和垂直剪刀机动(见图4-10)。采取下降剪刀机动,一方面使机动过程中速度不至过小,另一方面可使敌机机载雷达处于下视状态,增加其发射导弹的难度。一旦双方进入这种剪刀机动态势,而机动性能相近,则谁先退出机动,谁就容易受到对方攻击。

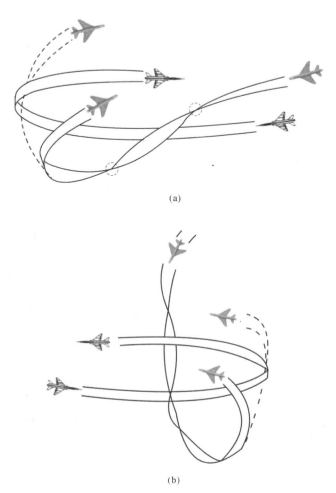

(a)

(b)

图 4 - 8 追击减速横滚
(a)水平系列的机动; (b)垂直系列的机动

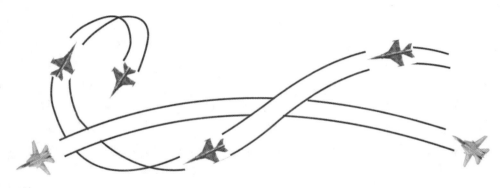

图 4 - 9 大过载桶滚

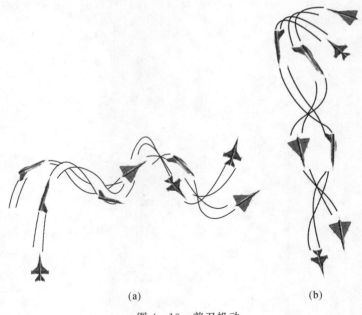

(a)   (b)

图 4 - 10　剪刀机动

(a)水平剪刀机动；　(b)垂直剪刀机动

4.4.3　过失速机动

过失速机动(post-stall maneuver)是指飞机在超过失速迎角之后,仍能按照驾驶员指令完成的战术机动。此时飞机飞行速度低,迎角大,气动舵面操纵效率下降,甚至失效。采用推力矢量控制技术,可以满足过失速机动操纵要求,使飞行包线向过失速区大大扩展。如再引入直接力控制模式,可以将飞机的姿态运动和轨迹运动解耦,就可增加飞机机头瞄准能力,或减速以获得高转弯率,或用以逃避敌方的攻击。

例如,具有过失速机动能力的 X-31 A 进行近距空战评估飞行试验时,在与 F/A-18 的 66 次交锋中,初始双方处于均等态势,X-31 A 通过实施过失速机动,获得了 64 次胜利,X-31A 获得交换比 1∶32。即使空战开始时 X-31 A 处于防守态势,大多数情况下胜利者仍是 X-31 A。由此可见,过失速机动技术、推力矢量控制技术和主动控制技术等都是提高敏捷性的有效措施。

20 世纪 70 年代,德国 MBB 公司的 Wolfgang Herbst 博士首先提出"过失速机动"理论,并进行了大量研究。过失速机动(又称超机动)将使战斗机更为敏捷灵活,但是,它一直以来只是一个概念。直到 1989 年 6 月,苏联飞行员普加乔夫驾驶苏-27 飞机于巴黎航展上第一次在全世界面前驾驶苏-27 战斗机表演了眼镜蛇机动,震惊全场,过失速机动的概念开始进入人们的视野。著名的过失速机动动作主要有眼镜蛇机动、尾冲机动、Herbst 机动等。

眼镜蛇机动也称普加乔夫眼镜蛇机动(见图 4-11)。眼镜蛇机动时,飞机在进入平飞后,驾驶员急速拉杆到底,飞机抬头,随后迎角迅速增大,速度减小;超过失速迎角后,进入过失速区,飞机开始自动低头,迎角减小,再推杆操纵,退出机动。整个机动过程中飞机高度变化不大。

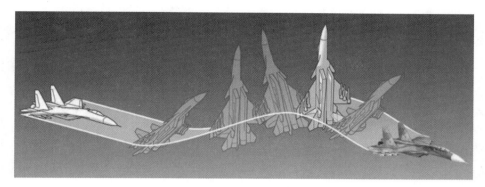

图 4 - 11　眼镜蛇机动

　　尾冲机动又叫"倒挂金钟"(见图 4 - 12)。其过程是：飞机以大速度拉起，控制在小迎角下接近垂直爬升，飞行高度增加，速度不断减小；当飞机俯仰角在 60°～70°时，收油门到慢车状态；当仰角达到 90°左右，飞机急剧向上爬升一段后，空速表指 0(实际速度并不为 0)，接着飞机作机头向上尾翼朝下的垂直下降运动，速度矢量急剧变化，迎角达到失速迎角，进入过失速状态；然后飞机开始自动低头，迎角迅速减小；进入小迎角区后，驾驶员操纵退出机动。

　　Herbst 机动(也称 J - turn，见图 4 - 13)时，飞机从高速进入，急拉杆至迎角超过失速迎角(70°)，并伴随速度骤减；随后在过失速状态下进行绕速度矢量滚转，力图以最小半径、最快速度使机头指向 180°；再推杆卸载和利用重力下滑加速，最后返回小迎角飞行。该机动的最大特点是其转弯半径较常规机动显著减小，从而能使飞机迅速占据有利位置或迅速将机身指向目标，获得抢先开火的机会，在空战中占有明显优势。攻击完后，飞机恢复到原始速度/能量状态较快，具备了准备再次进攻或躲避敌机进攻的能力。

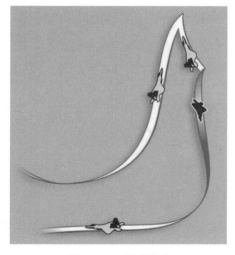

图 4 - 12　尾冲机动

图 4 - 13　Herbst 机动

　　实现这类过失速机动，关键是飞机要有较大的上俯加速度和防止飞机在大迎角下的航向偏离。美国 X - 31A 机采用俯仰和偏航方向推力矢量控制和引入防偏离装置，解决了这个关键问题。当然，Herbst 机动也存在问题，飞机在机动中由于短时间呈现一种"悬挂"或"滞止"

状态,在多机空战时,容易受到其他敌机的攻击。因此,驾驶员必须谨慎地决定是否作 Herbst 机动。

4.5 飞机的敏捷性

4.5.1 敏捷性概念

敏捷性(agility)概念的提出,主要是由于出现了全方位离轴发射的近距格斗空空导弹,改变了传统的尾随攻击方式,空战特点由"占位"转为"指向",飞机抢先对准攻击敌机的重要性变得越来越重要。因此,可以认为敏捷性是航空技术发展到现阶段的必然结果,是飞机固有的一种属性。

严格地讲,敏捷性不仅是飞机本体的特性,还应该包括航空电子设备、武器系统和飞行员操纵特性等因素。不过,目前比较一致的看法是将敏捷性定义为飞机在空中迅速、精确地改变机动飞行状态的能力。

敏捷性的这一定义,实际上包含两层意思。其一,无论飞机在超视距作战还是近距格斗,要求飞机航迹迅速变化,从一个机动动作转为另一个机动动作;其二,在捕获目标后,要求飞机姿态快速变化,以形成导弹发射条件,使飞机的机动平面(即机动飞行中飞机质心运动轨迹所在的平面,在无侧滑条件下,机动飞行平面就是飞机的对称平面)与瞄准平面(由飞机速度矢量和飞机质心与目标连线即瞄准线构成的平面)重合,并满足导弹导引规律要求,如图 4 - 14 所示。因此,德国人 W. B. Herbst 又定义敏捷性为飞机转动机动平面和改变机动飞行状态的能力。

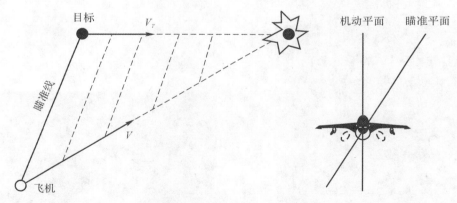

图 4 - 14 瞄准平面和机动平面

可见,飞机的敏捷性与机动性和操纵性密切相连,但又不是机动性和操纵性所能概括的。敏捷性更重视飞机运动的瞬态性能,与空战效果的联系更加紧密、更加直接。

4.5.2 敏捷性分类

从敏捷性概念的含义来看,可以用两个属性,即状态变化和时间来描述飞机的敏捷性,也就是达到某预期状态所需要的时间、单位时间内状态变化的多少和机动能力改变量的大小等。

因此,敏捷性按时间尺度和飞机运动形式来分类较为合适。

(1)按时间尺度,敏捷性大致分为三类:瞬态敏捷性、功能敏捷性和潜力敏捷性。

瞬态敏捷性反映飞机机动状态转换的快速性。它表示飞机产生可控制角运动和最大、最小单位剩余功率之间快速转换的能力。其用时间度量一般为 1~5 s 的量级。

功能敏捷性反映飞机空战中各飞行阶段转换的快慢。它表示飞机航向或绕速度矢量快速旋转的能力,重点为飞机大迎角转弯中的能量损失和卸载到零过载后的能量恢复能力。其用时间度量一般为大于 5 s 的量级。

潜力敏捷性是与时间无关的敏捷性,主要是用飞机的气动、构型等参数来体现飞机的敏捷性。

瞬态敏捷性和功能敏捷性的含义,还可以由图 4-15 表示。图中纵轴代表飞机飞行状态,横轴代表时间。从 t_0 开始,飞机飞行状态加速变化,到 t_1 时达到稳态的状态变化率,t_2 以后飞行状态开始减速变化,到 t_3 时飞机达到所期望的状态,状态变化率为零。瞬态敏捷性即对应状态变化的加速段 $t_0 \sim t_1$ 和状态变化的减速段 $t_2 \sim t_3$;而功能敏捷性则表示飞机获得最终状态的能力,用 $t_0 \sim t_3$ 段总时间度量。

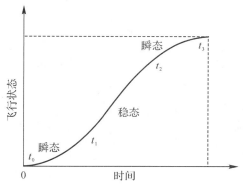

图 4-15 瞬态敏捷性和功能敏捷性的含义

(2)按飞机运动形式,敏捷性可以分为轴向敏捷性、纵向(俯仰)敏捷性和横向(滚转)敏捷性。

4.6 能量机动性

第二次世界大战后,一些经验丰富的飞行员先后总结出一些空战规律,最经典的如空战制胜 4 要素——高度、速度、火力、机动,但这并不是空战的本质和全部。直到 20 世纪 60 年代后期,美国人 John Boyd 和 Tom Christie 提出**能量机动理论**(energy-maneuverability theory),从此改写了空战历史。这一理论的影响深远,发展到后来已经不仅仅是一种空战战术理论,而是更直接影响到战斗机的设计思想,可以说是自然科学理论解决作战难题的成功之作。

空战机动的实质是迅速地变换飞行状态(以飞机的飞行高度和速度来表示),而能量正是状态的参数。由牛顿运动第二定律可知,力(F)等于质量(m)乘以加速度(a)。所以力是反映物体加速度的,而能量却能直接反映状态。例如,动能(E_k)等于 $mV^2/2$,反映了物体的速度;势能(E_p)等于物体重力 G 乘以高度 H,它直接反映飞行高度。

解决飞机运动问题可以从飞机运动方程入手，而解算运动方程组较为复杂。利用能量分析法，即利用动能势能必须平衡，以及克服阻力所消耗的能量需与燃油产生的能量取得平衡等关系，可把一般的非静态加速问题转变为静态问题，分析起来就方便得多。

空战机动灵活多变，如果分别分析机动动作，就会十分复杂。用能量法，根据空战机动中的能量关系抽出共性，概括其能量机动的类型，就能在概括的基础上研究战术，抓住核心。空战机动的目的，在于通过飞行员的能动作用，把飞机的能量优势发挥出来，并适时地转化为战术位置优势，这就要求飞行员能正确地运用能量、合理地支配能量。了解飞机能量关系，掌握用能量方法分析问题的思路，对于深入理解空战战术机动、开展战术研究很有益处。

4.6.1　有关概念

1. 飞机能量高度

空中飞行的飞机具有的机械能(E)包括动能($mV^2/2$)和势能($G \cdot H$)。不同的飞机具有不同的质量，为了便于比较，引入单位质量飞机能量的概念，因为其单位是米，故又称为能量高度(H_E)，即

$$H_E = \frac{E}{G} = H + \frac{V^2}{2g} \qquad (4-16)$$

能量高度的物理意义：如果飞机全部的动能可以无损失地转化为势能（机械能守恒定律），能量高度就是理论上飞机跃升到速度为零时所能达到的最大高度，能量高度代表了飞机在该瞬时所具有的总能量水平。

根据式(4-16)求得的飞机能量高度曲线如图4-16所示，该图适用于任何飞机。图中每一点（某一高度和速度）代表某一飞行状态具有一定的能量高度。每一条曲线表示一个等能量高度线。在同一条曲线上移动，表示飞机的高度和速度按机械能守恒定律互相转化，即理想化的跃升和俯冲。

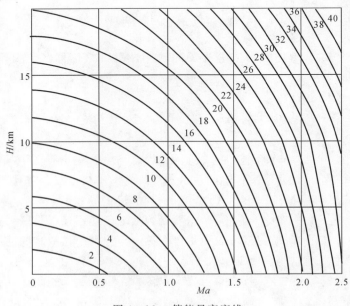

图4-16　等能量高度线

2.飞机能量变化率

能量的变化(ΔE)是外力(F)做功($F \cdot \Delta S$)的结果,所以能量变化率取决于单位时间做功的多少,即等于功率($F \cdot V$)。飞机能量变化率取决于剩余推力做功的快慢,即剩余功率。飞机能量高度变化率就等于**单位重量剩余功率**(Specific Excess Power,SEP),即

$$\frac{\Delta H_E}{\Delta t} = \frac{(T-D)}{G} \cdot V = \text{SEP} \qquad (4-17)$$

式中,$(T-D)$ 为剩余推力;SEP 为剩余功率与重量的比值,单位是 m/s。

SEP 的物理意义是:飞机每千克重量所具有的剩余功率,表示飞机获得补充能量的能力,反映飞机能量高度变化的快慢。飞机发动机的作用是通过燃烧燃油释放出热能,并转化为机械能,形成发动机的推进功率。这个推进功率一部分消耗在克服阻力使飞机前进,而剩余功率(如果还有剩余的话)就可以用来不断补充能量,这部分剩余功率除以飞机重量就是 SEP,数值等于稳定上升时的上升率(V_v)。

对应飞机每一个高度与速度都可根据式(4-17)求出一个 SEP 值,也即在飞行包线内每一点都有一个相应的 SEP 值。把相同数值的 SEP 各点连成一条曲线,就组成等 SEP 曲线。图 4-17 是歼-6 飞机平飞($n_n = 1$)的 SEP 曲线,图 4-18 为米格 23 飞机平飞 SEP 曲线。

从 SEP 曲线中可以看出飞机在什么高度和速度范围内飞行时 SEP 较大。比较两架飞机的 SEP 曲线图,就可找出它们各自的有利空战区域(即 SEP 比对手较大的区域)。

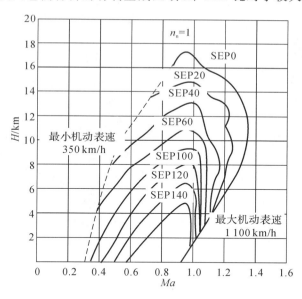

图 4-17 歼 6 飞机 SEP 曲线

4.6.2 空战中能量的支配和运用

从能量观点看,飞机是一种能量转化的机器,飞行员实际上是能量的管理者和支配者。一个飞行员飞行技术是否高超,就表现在他能否合理地支配能量和正确地运用能量,是否比敌手具有更高的运用能量的技巧,能否发掘较大的能量潜力。有了能量优势,就有比敌手更多的机会去选择战术机动,实现追逐或摆脱,取得战术主动权。

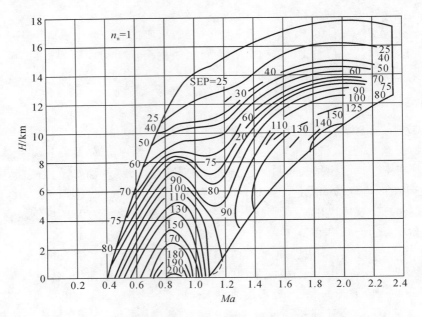

图 4-18 米格 23 飞机平飞 SEP 曲线

空战中怎样运用和支配能量,可以从以下四方面考虑:

1. 节约能源,保存机内有较多的燃油用于空战

例如,飞机起飞后爬高进入战区有两种最佳上升方式,一是最短时间上升,二是最少油耗上升。如要尽多地保存燃油用于空战,就要采用最小油耗上升程序;如要最快到达预定高度,则要用最短时间上升程序。这些最佳上升程序,可以用能量法分析得出,并在驾驶守则上作出明确规定。

又如,快速出航时应用多大速度? 为了节约能源,显然在没有发现敌机时不应开加力,只能用不开加力的平飞最大巡航速度。虽然这个速度并不是飞机的最大速度,却是一项很值得重视的技术指标。空战中有这种情形:进攻者的飞机速度性能虽然很高,但出航时由于携带较多的武器和外挂,加上不开加力,巡航速度并不大;防御者的飞机,虽然速度性能处于劣势,但出航时由于外挂少,先敌发现,即启动加力,因而接敌的速度可能大于对方,这样,劣势装备一方却在具体战斗态势中在能量上占了优势。

2. 积极积聚能量,使自己能量水平大于对手,便于追击或摆脱

例如,当我机加速性能优于敌机时,常可采用加大油门直线下降增速来追击或摆脱敌机。这一动作是积聚能量的过程。飞机速度的增加,一部分来源于 SEP,一部分来源于高度的转换。因此,速度增量可按下式计算:

$$\Delta V = \frac{g}{V} \cdot \text{SEP} \cdot \Delta t - \frac{g}{V}\Delta H \qquad (4-18)$$

当我机的垂直机动性能优于敌机时,常可采取加力跃升或加力筋斗动作来聚积能量,从而进行追击或摆脱。飞机高度增加,一部分来源于 SEP,一部分来源于速度的转换,高度增量可按下式计算:

$$\Delta H = \text{SEP} \cdot \Delta t - \frac{V}{g}\Delta V \qquad (4-19)$$

3.灵活地转换能量,利用飞机在垂直面内比水平面内旋转快的特点,积极实施机动

在同一速度、过载条件下,飞机在垂直面内(倒飞状态)比水平面内可得到更大的向心力,如图 4-19 所示。

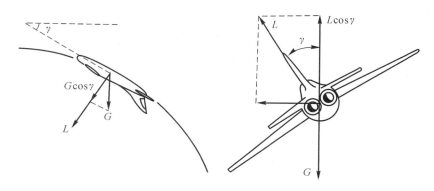

图 4-19　垂直和水平面内向心力

在水平面内向心力为 $L\sin\gamma$,在垂直面内向心力为 $L+G\cos\gamma$,因此在垂直面内的旋转角速度 ω_h 为

$$\omega_h = \frac{g}{V}(n_n + \cos\gamma) \qquad (4-20)$$

在水平面内的旋转角速度 ω_l 为

$$\omega_l = \frac{g}{V}\sqrt{n_n^2 - 1}$$

在垂直面内旋转也存在角点速度。所谓角点速度,即在此速度下飞机旋转角速度达到限制值。从式(4-20)看出,在一定的载荷限制下,速度越大,旋转越慢,ω_h 与 V 成反比;但速度太小,受到最大可用升力的限制,能产生的过载也将减小,因而,ω_h 反而随 V 的减小而减小。所以,只有飞机抖动的同时,又达到载荷极限时的速度,其旋转角速度才是最大的。

例如,歼 6 飞机在 5 000 m 高度,垂直面内角点速度为 900 km/h,这时如 $n_n = 6$,对应的 ω_h 为 15.7(°)/s(倒飞状态),而加力盘旋的最大稳定角速度只有 11.6(°)/s。高度越高,两种情况的角速度差值越大。

因此,空战机动中可利用垂直面内速度与高度的转换,来调整飞机速度接近角点速度,并在垂直面内实施快速旋转,达到有利态势。此类机动的典型代表即高速哟哟和低速哟哟。

4.合理消耗能量,以换取位置优势

空战中消耗能量的机动必须慎重使用,否则,失去了能量更易被动挨打。但是,处于被动态势下,如能通过消耗能量迫敌冲前,换取到位置优势,也是一种很好的战术手段。通常,在敌机已抵近射击距离,为了摆脱,急剧减速,利用敌手只顾瞄准反应迟缓的机会,迫其冲前。大过载桶滚(又称大半径横滚)就是此类机动的一个典型。

以上所述说明了空战中运用和支配能量的基本原则。飞行员真正要做到是成为飞机能量的优秀管理者和支配者,不仅要能正确理解上述原则,还要能在空战中灵活地运用这些原则。

课 后 习 题

1. 飞机的机动飞行性能主要有哪些指标?
2. 从平面、空间和综合等角度考虑,飞机有哪些机动动作?
3. 什么是敏捷性,它有哪些类型?
4. 从能量机动的角度简述战斗机该如何进行空战机动。

第5章 飞机续航性能

上述所讲的飞机性能,如最大上升率、最大稳定盘旋角速度等,只是描述飞机在速度-高度平面上某一点(飞行状态)所具有的特性或能力,通常称为点性能。起飞、着陆是飞机完成任一飞行任务都要经历的一个阶段,因而起飞、着陆性能属于任务阶段性能。飞机的跃升性能等也属于任务阶段性能。本章主要介绍飞机任务性能的概念及航程、航时的计算。

5.1 飞机航程、航时计算的基本知识

为了完成一次飞行任务,飞机一般要经历起飞、上升、巡航、战斗、下降和着陆等飞行阶段。飞机的任务性能,是指飞机根据任务要求完成上述各飞行阶段(即任务段)的综合能力。

飞行任务一般通过飞行任务剖面形象地表示出来。飞行任务剖面(mission profile),也称飞行剖面(flight profile),是指飞机执行任务的飞行航迹在水平面内的投影和在某一垂直平面内的投影。前者称为水平任务剖面,后者称为垂直任务剖面。对于空间机动动作少的任务,一般用一个垂直飞行任务剖面即可表明飞机执行该任务飞行的航迹特点。图5-1给出了一架强击机的执行对地攻击任务的任务剖面略图。

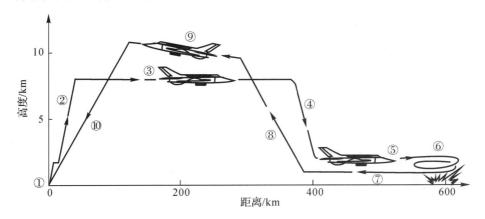

图5-1 强击机低空攻击任务剖面

①起飞加速到规定的爬升速度; ②沿预定航向爬升到巡航高度; ③巡航到突防开始; ④下降到海平面;
⑤在海平面指定距离进入目标区; ⑥攻击目标; ⑦在海平面规定距离退出目标区;
⑧沿预定航向上升到巡航高度; ⑨巡航返回基地上空; ⑩下滑及着陆

飞机的航程(range)是指飞机在上升、下滑和巡航飞行阶段所飞过的水平距离;而飞机的航时(endurance)则是指飞机在上升、下滑和巡航阶段飞行所需的时间。飞机航程、航时计算也叫飞机续航性能计算。飞机航程、航时的长短,取决于可供飞机使用的燃油量和燃油消耗的速率。

　　显然,飞机在地面装载的燃油不能全部用于续航飞行。其中一部分要用于地面试车、滑行、着陆航线飞行和着陆。此外,还有一部分燃油由于油箱和供油系统结构的限制而不能使用。通常把扣除上述各种燃油量后,可供飞机在上升、下滑和巡航飞行阶段使用的燃油量,叫做可用燃油量。

　　飞机携带有效装载(包括货物、除空勤人员外的全体成员、炸弹、导弹、火箭、水雷、鱼雷、干扰物、侦察照相机、电子对抗设备吊仓和照相闪光照明弹等),沿预定航线(包括上升、下滑和巡航)飞行耗尽可用燃油的航程叫做飞机的技术航程,相应的续航时间叫技术航时。

　　在实际飞行中,考虑到一些不可预料的意外情况,例如着陆航向保持不准确、气象条件变化或着陆场地没有空等,要求进行复飞,需要在上述可用燃油量中扣除一定比例的燃油量,这部分燃油量称为着陆余油。

　　飞机携带有效装载,耗尽扣除着陆余油后的可用燃油量,沿预定航线飞过的水平距离,叫飞机的实用航程。相应的续航时间叫实用续航时间(或实用航时)。

　　作战半径(radius of action)是指作战飞机携带正常作战载荷,在不进行空中加油,自机场起飞,沿指定航线飞行,执行完任务后,返回原机场所能达到的最远单程距离。它小于二分之一航程,是衡量飞机战术技术性能的主要指标之一。计算作战半径时,应从载油量中扣除地面耗油、备份油量和战斗活动所需油量。作战半径的大小与飞机的飞行高度、速度、气象条件、编队大小、战斗任务和实施方法等因素有关。

　　飞机中燃油消耗的速率一般用小时燃油消耗量 C_h 和千米燃油消耗量 C_k 表示。小时燃油消耗量,是指飞机每飞行一小时所消耗的燃油量;而千米燃油消耗量则是指飞机每飞行一千米所消耗的燃油量。

　　由发动机原理知道,发动机产生一牛顿推力,一小时消耗的燃油量叫发动机的单位燃油消耗率,记为 sfc。其单位为 kg/(h·N)。因此小时燃油消耗量和千米燃油消耗量可以分别表示为

$$\begin{cases} C_h = \text{sfc} \cdot T \\ C_k = \dfrac{\text{sfc} \cdot T}{V} \end{cases}$$

式中,T 为发动机推力,单位为 N;V 为飞行速度,单位为 m/s。

5.2　巡航段的航时、航程计算

　　大量的航程、航时计算经验和飞行实践表明,在绝大多数任务飞行中,巡航阶段的航程一般占总航程的主要部分,航时情况也是如此。表 5-1 为某歼击机一次典型算例的航程、航时分配情况。显然,计算过程中巡航段的可用燃油量应扣除上升飞行和下滑飞行消耗的燃油量。

表 5-1　某歼击机续航性能表(带导弹、起飞质量 7 370 kg,总燃油量 2 080 kg)

飞行阶段	上升段	巡航段	下滑段	总量
航程 L/km	110	1 190	100	1 400
航时/min	0～8.6	2～17.0	0～8.0	2～33.6

除少数任务剖面（如最短时间截击）外，巡航飞行一般以最大航程的速度和高度（或指定的高度）完成。但是，严格地说巡航飞行一般不是定常飞行。随着燃油的消耗，飞机质量不断减小，即使是等高度、等速飞行，其迎角也将随时变化。然而，由于飞机质量变化较缓慢，在很短的一段时间或距离内，飞机的运动仍可以看成是等速直线飞行，要满足下述方程

$$\begin{cases} T\cos\alpha - D = 0 \\ T\sin\alpha + L - mg = 0 \end{cases}$$

当迎角较小，$T \cdot \sin\alpha$ 也较小时，上式可以简化为

$$T = D, \quad L = mg$$

则有

$$T = \frac{D}{L}mg = \frac{1}{K}mg$$

式中，K 为飞机的升阻比。

设巡航开始时，飞机的质量为 m_0，巡航结束时，飞机的质量为 m_f。因为

$$dm/dt = -C_h/3\,600$$

这里负号是因为燃油的消耗使飞机质量减小。由此可以得出巡航时间为

$$T_1 = \int_0^T dt = -\int_{m_0}^{m_f} 3\,600 \frac{dm}{C_h} \tag{5-1}$$

飞机在时间 dt 内飞行的距离应为

$$dL = V dt$$

所以巡航段航程为

$$L_1 = -\int_{m_0}^{m_f} 3\,600 \frac{V}{C_h} dm \tag{5-2}$$

注意到

$$C_h = \text{sfc} \cdot T = \text{sfc} \cdot \frac{1}{K}mg$$

可得

$$\left. \begin{aligned} T_1 &= -\int_{m_0}^{m_f} 3\,600 \frac{K}{g \cdot \text{sfc}} \frac{dm}{m} \\ L_1 &= -\int_{m_0}^{m_f} 3\,600 \frac{KV}{g \cdot \text{sfc}} \frac{dm}{m} \end{aligned} \right\} \tag{5-3}$$

当飞机在给定的高度以给定的速度飞行时，随着燃油的消耗，飞机所受重力减小，飞行迎角应减小，使升力系数减小。与此同时，阻力系数也会发生变化。因此，上述积分下的升阻比 K 将随之变化。此外，阻力变化要求发动机推力跟着变化，因此发动机工作状态和燃料消耗率 C 也随飞机质量变化。由式（5-3）可以看出，要确定巡航航程和航时，关键是找到升阻比 K 和发动机燃料消耗率 C 随飞行质量的变化关系。但是，这些参数的变化规律比较复杂，不可能用简单的解析函数给出计算公式，因此必须采用数值积分的方法进行求解。

5.3 飞机巡航性能分析

由式(5-3)可以看出,在飞机质量和巡航可用燃料量一定的情况下,如果不考虑燃料消耗率的变化,则巡航时间主要决定于升阻比 K 或平飞阻力(即平飞所需推力),巡航航程则主要取决于平飞速度 V 与升阻比的乘积或速度 V 与飞行阻力之比。

注意到

$$K/mg = \frac{L}{D}/mg = \frac{1}{D}$$

和

$$KV/mg = \frac{L}{D}\frac{V}{mg} = V/D$$

升阻比 K 最大,即平飞阻力最小,航时积分公式中的被积函数最大。由高等数学知识知道,此时航时最长。这就是说,飞机以最小阻力速度平飞巡航对延长航时最有利。因此,最小阻力速度又称为有利速度或久航速度,记为 V_{me}。与此同时,升阻比和速度乘积最大,即速度与阻力之比最大,航程积分的被积函数最大,航程最长。由平飞阻力随 Ma 的变化规律可以看出,这个飞行状态即为由坐标原点出发的飞机阻力至速度曲线切线的切点所对应的状态。相应的速度,叫做远航速度,记为 V_{mr}。对应于久航速度和远航速度的 Ma 分别称为久航 Ma 和远航 Ma,记为 Ma_{me} 和 Ma_{mr}。

由图 5-2 可以看出,飞机远航速度大于久航速度,并且随着飞行高度增加,远航速度和久航速度逐渐增大。原因是高度升高时,大气密度和大气压力下降,零升阻力随之减小,使最小阻力速度增大。但是,随着高度升高,声速减小,当飞行速度超过临界速度,飞行 Ma 超过临界 Ma 时,由于波阻的产生,飞机的最大升阻比将急剧下降。这使跨声速飞机最大航程速度所对应的远航速度一般在临界速度附近,其对应的 Ma 在临界 Ma 附近。

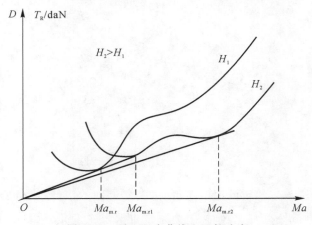

图 5-2 平飞阻力曲线和远航速度

超声速飞机通常有两个远航速度,即跨声速远航速度和超声速远航速度。其原因是:飞机零升阻力系数随 Ma 的变化,使飞机平飞阻力曲线出现两个谷。随着飞行高度增加,平飞阻力随 Ma 变化的谷值逐渐增大,平飞阻力随 Ma 增大而增大的速率越来越缓慢,并出现第二个谷值。由图 5-2 可以看出,此时存在两个切点速度,而第一个切点速度在超声速区。尽管超声速区飞行时单位时间消耗的燃料较多,但飞行速度的增大使飞机飞行单位距离消耗的燃料明显减少,使其远航 Ma 大于 1,即远航速度为超声速。

飞机续航性能除与飞行速度有关外,还与飞行高度有关。高度升高,发动机推力下降。为使发动机能产生足够的推力使飞机保持以久航速度或远航速度平飞,必须增加发动机转速。由发动机转速特性可知,当转速小于额定转速时,转速增加,发动机燃料消耗率减小,使小时燃料消耗量和千米消耗量减小,从而有利于航时和航程的增长。与此同时,由发动机的高度特性可知,当高度 $H \leqslant 11$ km 时,高度增加,发动机燃料消耗率 C 减小。对于降低燃料小时消耗量和千米消耗量,增长航程和航时也是有利的。但是随着飞行高度增加,飞机的久航速度和远航速度增大,根据发动机的速度特性,这将使发动机的燃料消耗率增大,对飞机的续航性能有着不利的影响。

综上所述,飞机巡航航时和航程与飞机速度及高度密切相关。通常,久航速度为飞机的最小阻力速度,久航高度大约在亚声速实用升限附近;飞机的远航速度可能有两个,一个小于临界 Ma,另一个为超声速远航速度,大于临界 Ma。当飞机高度低时,飞机以亚声速远航速度飞行对增长航程较为有利;当飞机高度较高,超过某个高度时,以超声速远航速度飞行,有利于增长航程。图 5-3 某机以亚声速和超声速远航速度飞行时的千米燃料消耗量随高度变化的情况。

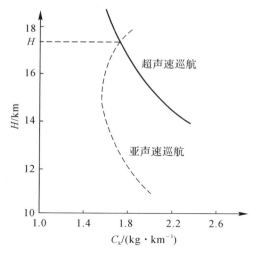

图 5-3　远航速度对应的千米燃料消耗量 C_k

5.4　上升和下滑段航程、航时计算

现代飞机的久航高度和远航高度都较高。飞机上升到该高度或从该高度下滑时,如果选用的飞行速度或发动机转速不合适,不仅会影响上升、下滑段本身的航时和航程,还会影响上升、下滑段的燃油消耗量,使巡航段的可用燃油量减小,导致巡航段航时和航程缩短。

研究上升段应有怎样的续航特性,应兼顾巡航段的巡航特性。一般不一定要求上升的航时或航程最长,而是着眼于适当选取上升段的飞行状态和发动机工作状态,尽可能使总航时和总航程增大。因此,通常把注意力集中在尽量减少燃油消耗,并兼顾上升段航时和航程使之尽可能大一些。下滑段的情况也是如此。实践表明,按照这种方式完成上升和下滑,可使飞机具有较大的航时和航程。

5.4.1　上升段航程、航时计算

当飞机在给定发动机转速 n 以不同速度上升时,上升角 γ 和上升率 V_z 都会随之变化。如果飞机以快升速度上升,则上升率最大,上升时间最短,上升消耗的燃油量较小,因而巡航段可用燃油量增加,巡航段航程和航时增长,总航时和航程增大。实践表明,如果飞机以稍大于快升速度的某一速度上升,虽然一方面对应的上升率要稍小于最大上升率 V_{vmax},消耗的燃油稍有增加;但另一方面使上升轨迹角减小,使上升航程增加,使总航程增加。可见,以快升速度或稍大于快升速度的某一速度上升,对增长飞机的总航程和总航时是有利的。在上升航程和航时计算中一般以快升速度飞行进行计算。

与此同时,如果飞机在不同发动机转速下飞行,仍保持以快升速度上升,则发动机转速愈高,推力愈大,剩余推力也愈大,使上升率 V_z 和上升角 γ 都增大。虽然上升角 γ 增大会使上升航程略有减小,但由于上升率 V_z 增大,减少了上升时间,减少了上升段的燃油消耗量,增加了巡航段的可用燃油量,因此相应增长了巡航段的航程和航时。为了省油,上升段一般使用发动机额定转速或非加力最大状态。

据上所述,有

$$\begin{cases} dH/dt = V_{zmax} \\ dL/dt = V_{quick}\cos\gamma \end{cases}$$

由此积分可得上升段的航时和航程为

$$\begin{cases} T_2 = \int_0^{T_2} dt = \int_{H_0}^{H_f} \dfrac{1}{V_{zmax}} dH \\ L_2 = \int_0^{L_2} dL = \int_0^{T_2} V_{quick}\cos\gamma\, dt \end{cases} \tag{5-4}$$

由于被积函数 $1/V_{zmax}$ 和 $V_{quick}\cos\gamma$ 都随高度或时间变化,上述积分可以通过数值积分的方法求解。

5.4.2　下滑段航程、航时计算

下滑时选用的发动机转速不同,下滑段航程、航时和耗油量也不一样,飞机的总航程和总航时也将随之改变。下滑飞行时发动机可用推力小于平飞所需推力,即剩余推力 $\Delta T < 0$。如保持相同的下滑速度,减小发动机转速时,可用推力减小,剩余推力绝对值增大,使下滑角变大,下滑段航程缩短,下滑段航时减小,下滑段的耗油量减小,因而可以增加巡航段飞行的可用燃油量,增大总的航程和航时。所以下滑段应尽量使发动机处于转速较小而省油的工作状态——慢车状态(见图 5-4)。

当飞机以一定的发动机转速下滑时,飞机的续航性能还与飞行速度有关。

假定下滑中发动机推力 $T \approx 0$,由第 3 章知道

$$\begin{cases} \gamma = \arcsin\dfrac{\Delta T}{G} = -\arcsin\dfrac{T_R}{G} \\ V_z = \dfrac{\Delta TV}{G} = -\dfrac{T_R V}{G} \end{cases}$$

上述二式表明:最小下滑角 γ_{min} 是与最小平飞需用推力,即最小平飞阻力相对应的。当飞机以最小阻力速度,即有利速度下滑时,其下滑段航程最长;最小下降率 V_{zmin} 是与最小 $T_R V$ 相对应的。当飞机以与最小 $T_R V$ 对应的速度下滑时,其下滑段航时最长,通常此速度比有利速度稍小一些,但一般为避免速度不稳定现象均以稍大于有利速度的速度下滑。在航程、航时计算中可把下滑速度取为有利速度。

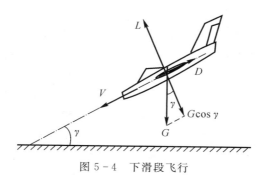

图 5 - 4　下滑段飞行

根据上述讨论,可以认为下滑中发动机处于慢车状态,即 $T \approx 0$,重力和空气动力处于平衡状态,飞机以直线航迹下滑,下滑角不变,且有

$$\gamma = \arctan \frac{D}{L} = \arctan \frac{1}{K}$$

式中,K 取飞机的最大升阻比。

下滑段的航程为

$$L_3 \approx H \cot \gamma \approx HK$$

式中,H 为飞机下滑高度。

下滑段航时为

$$T_3 \approx L_3 / \overline{V}_x$$

式中,$\overline{V}_x = \frac{1}{2}(V_0 \cos \gamma_0 + V_f \cos \gamma_f)$ 为下滑速度水平分量的平均值。

下滑段的耗油量由下式计算,即

$$\Delta m_2 \approx \overline{C}_h \cdot T_3 / 3\,600$$

课 后 习 题

1.什么是任务剖面、航程和航时?

2.飞机巡航段航程、航时和巡航性能如何计算?

第6章 飞机起飞着陆性能

飞机的每次飞行总是以起飞开始,以着陆结束。起飞和着陆是实现一次完整飞行的两个不可缺少的重要阶段。起飞着陆性能的好坏对作战训练飞行任务的完成和飞行安全具有极其重要的影响。

6.1 飞机的起飞性能

起飞前,飞机滑行至起飞线,飞行员把油门杆推到起飞位置,同时使用刹车使飞机停在起飞线上。起飞时,飞行员松开刹车使飞机沿跑道加速滑跑。当飞机滑跑速度达到某一速度时,飞行员拉杆抬起前轮。当滑跑速度达到一个确定的值(叫离地速度)时,飞机开始离开地面,作加速上升飞行。对于歼击、强击类飞机,飞机上升到 15 m 时,起飞过程结束。这个高度,叫做起飞安全高度。

我国军用标准规定,轰炸、运输类飞机的起飞安全高度为 10.5 m。飞机从起飞线滑跑开始到加速上升到起飞安全高度的整个运动过程(见图 6-1),叫做起飞。可以看出,起飞过程大体上可分为两个阶段:起飞滑跑阶段(地面段)和上升加速阶段(空中段)。

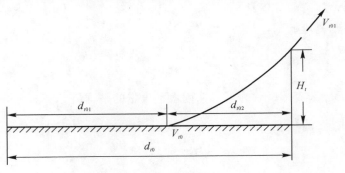

图 6-1 起飞距离

飞机从起飞线滑跑开始到飞机离地瞬间所经过的距离称为飞机的起飞滑跑距离,记为 d_{t01};飞机从离地速度开始至加速上升到起飞安全高度所经过的水平距离称为上升前进距离,记为 d_{t02}。起飞滑跑距离和上升前进距离之和称为飞机的起飞距离(take off distance),记为 d_{t0},即

$$d_{t0} = d_{t01} + d_{t02}$$

起飞距离是飞机起飞性能的一个重要指标。起飞距离的长短,直接关系到需用机场跑道的长短和机场范围的大小。过长的跑道、过大的机场范围,无论从经济或军事作战方面来看都是不利的。起飞距离过长,而机场跑道长度不足或机场范围太小,则飞机不能起飞;勉强起飞容易引起飞行事故。

6.1.1　起飞滑跑距离计算

飞机在地面滑跑时受到发动机推力、空气动力、地面支反力和摩擦力的作用。飞机在开始滑跑时是三轮着地的,只有当速度达到某一速度时,驾驶员拉杆抬起前轮后,飞机有一段两轮滑跑。当速度达到起飞离地速度时,飞机离开地面,结束滑跑过程。由图 6-2 可看出,三轮滑跑和两轮滑跑飞机受力情况是不同的。但是,由于两轮滑跑的距离和时间都很短,作为工程计算,可以不加区分,仍按三轮滑跑处理。

假设发动机推力 T 平行于地面,则根据牛顿第二定律,有

$$\left.\begin{array}{c} \dfrac{G}{g}\dfrac{dV}{dt}=T-D-F \\[2mm] N=G-L \end{array}\right\} \tag{6-1}$$

式中,$F=F_1+F_2$ 为地面对机轮的摩擦力;$N=N_1+N_2$,为地面对机轮的支反力。有

$$F=f \cdot (G-L)$$

式中,f 为地面摩擦因数。

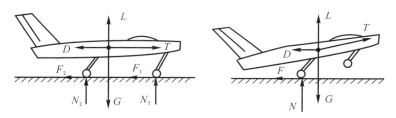

图 6-2　飞机地面滑跑时的受力情况

将上式代入式(6-1)中第一式,且有

$$L=C_L \frac{1}{2}\rho V^2 S, \quad D=C_D \frac{1}{2}\rho V^2 S$$

则有

$$\frac{G}{g}\frac{dV}{dt}=T-\frac{1}{2}\rho V^2 S C_D-f\left(G-\frac{1}{2}\rho V^2 S C_L\right)$$

或写成

$$\frac{1}{g}\frac{dV}{dt}=\frac{T}{G}-f-\frac{1}{2}\frac{\rho V^2 S}{G}(C_D-fC_L) \tag{6-2}$$

注意到

$$V=\frac{dd}{dt}$$

$$dV/dt=\frac{dV}{dd}\frac{dd}{dt}=V\frac{dV}{dd}=\frac{1}{2}\frac{dV^2}{dd}$$

由此可以得到地面加速滑跑距离 d_{t01} 为

$$d_{t01}=\int_0^{d_{t01}}dd=\frac{1}{2}\frac{1}{g}\int_0^{V_{t0}}\frac{dV^2}{\dfrac{T}{G}-f-\dfrac{\rho S V^2}{2G}(C_D-fC_L)} \tag{6-3}$$

其中:发动机推力为速度的函数;C_L 和 C_D 为起飞构型(襟翼在起飞位置、起落架放下等)条件下对应于停机迎角的升力系数和阻力系数;摩擦因数 f 的大小主要取决于跑道表面状况。如

果没有可用的实验数据,可按表 6-1 和表 6-2 适当选取。

表 6-1　干燥硬跑道表面摩擦因数

地面滑跑摩擦因数	刹车摩擦因数
0.025	$0.20 \sim 0.30$

表 6-2　其他跑道表面地面滑跑摩擦因数

跑道表面状况	f 的最小值	f 的最大值
湿水泥跑道表面	0.03	0.05
湿草地面	0.06	$0.10 \sim 0.12$
覆雪或覆草地面	0.02	$0.10 \sim 0.12$
干硬土草地面	0.035	$0.07 \sim 0.10$

由于发动机的推力一般由函数曲线的形式给出,式(6-3)一般要用数值积分的方法求解。

考虑到在起飞滑跑过程中发动机推力变化比较平缓,工程上为了简化计算经常把发动机推力取为某一常量 $\overline{T}$,若取

$$T \approx \overline{T} = \frac{1}{2} \quad (T_{V=0} + T_{V=V_{t0}})$$

此时飞机的起飞地面滑跑距离为

$$d_{t01} = \frac{1}{2g} \int_0^{V_{t0}} \frac{\mathrm{d}V^2}{\dfrac{\overline{T}}{G} - f - \dfrac{\rho S V^2}{2G}(C_D - fC_L)} = \frac{1}{2gK_1} \ln \frac{K_2}{K_2 - K_1 V_{t0}^2} \qquad (6-4)$$

式中

$$K_1 = \frac{\rho S}{2G}(C_D - fC_L), \quad K_2 = \overline{T}/G - f$$

例 6-1　某机起飞时,飞机重力 $G = 7\,800$ N,$\overline{T} = 30\,000$ N,$S = 23$ m^2,$V_{t0} = 300$ km/h,$f = 0.035$,海平面标准大气条件,停机迎角 $\alpha = 0.18°$,对应的 $C_D = 0.05$,$C_L = 0.16$,试计算该机地面加速滑跑的距离。

解
$$V = 300 \text{ km/h} = 83.3 \text{ m/s}$$
$$K_1 = \frac{\rho S}{2G}(C_D - fC_L) = 8.2 \times 10^{-6}$$
$$K_2 = \overline{T}/G - f = 0.35$$

代入式(6-4),有

$$d_{t01} = \frac{1}{2 \times 9.8} \frac{1}{8.2 \times 10^{-6}} \ln \frac{0.35}{0.35 - 8.2 \times 10^{-6} \times 83.3^2} \text{ m} = 1\,104 \text{ m}$$

6.1.2　上升前进距离计算

飞机在起飞滑跑过程中,当加速到离地速度时,其升力等于飞机的重力,则有

$$C_{zt0} \frac{1}{2} \rho V_{t0}^2 S = G$$

即

$$V_{t0} = \sqrt{\frac{2G}{\rho S C_{zt0}}}$$

上升前进距离,即为飞机从离地开始到上升至安全高度的过程中飞过的水平距离。飞机作上升运动时,其运动方程为

$$\left.\begin{array}{l} \dfrac{G}{g}\dfrac{dV}{dt} = T - D - G\sin\gamma \\[2mm] \dfrac{G}{g}V\dfrac{d\gamma}{dt} = L - G\cos\gamma \end{array}\right\} \qquad (6-5)$$

由于上升时 γ 不大,且航迹近似于直线,可以近似地认为:$\cos\gamma \approx 1$,$d\gamma/dt \approx 0$。因此,方程式(6-5)可以简化为

$$\left.\begin{array}{l} \dfrac{G}{g}\dfrac{dV}{dt} = T - D - G\sin\gamma \\[2mm] L = G \end{array}\right\} \qquad (6-6)$$

考虑到角 γ 较小,可以近似认为飞机沿上升航迹所经过的距离即为加速上升段的水平距离。以 d_{t02} 表示这段上升前进距离,有

$$d_{t02} = \int_{d_{t01}}^{d_{t0}} dd$$

因为 dt 时间内飞机飞过的距离为

$$dd = Vdt = V\frac{dt}{dV}dV = \frac{1}{2}\frac{dV^2}{dV/dt}$$

所以

$$d_{t02} = \frac{1}{2}\int_{V_{t0}}^{V_{t01}}\frac{dV^2}{dV/dt} = \frac{G}{2g}\int_{V_{t0}}^{V_{t01}}\frac{dV^2}{T - D - G\sin\gamma} \qquad (6-7)$$

该式中积分一般要用数值方法求解。

6.1.3　影响起飞性能的因素

起飞过程实际上是飞机在发动机推力、空气动力、重力及道面(滑跑段)摩擦力作用下的加速过程。因此,凡是影响作用于飞机的外力的因素都将影响飞机的起飞性能。下面主要从使用维护的观点出发,简要讨论飞机起飞重量、大气条件和跑道坡度对飞机起飞性能的影响。

通常,飞机起飞重量 G 越大,飞机的起飞加速度必然减小,飞机的离地速度和飞机的起飞速度也应增大,这必然导致起飞滑跑距离和上升前进距离增大,从而使起飞距离增大,起飞性能下降。此外,起飞重量增大还使飞机地面滑跑时的地面摩擦力增大,使地面滑跑距离进一步增长。因此,起飞重量对飞机的起飞性能将有明显的影响。

大气条件对飞机起飞性能的影响主要表现为机场海拔高度、气温和风的影响。

飞机在高原机场起飞时,机场海拔高度升高,发动机推力下降,这无论是对飞机的地面加速滑跑还是离地后的加速上升都是不利的。与此同时,机场海拔高度升高,空气密度降低,在同样的起飞重量下,飞机的离地速度必然增大,从而使飞机的起飞性能恶化。类似经验表明,机场高度每增加 1 000 m,飞机的起飞距离约增加 20% ~ 30%。

气温变化将直接影响发动机推力。气温升高会导致发动机推力减小,使起飞滑跑距离增长,起飞性能变坏;反之则使起飞性能变好。有资料指出,对于推重比为 0.6 ~ 0.9 的飞机,气温每升高 30℃,飞机起飞滑跑距离要比标准气温条件下的起飞滑跑距离增长 30% 左右。

在无风的情况下,空速和地速相等;在有风的情况下,空速将与地速不同。逆风会使空速大于地速,顺风则使空速小于地速。考虑风速的影响后,计算起飞距离的式(6-3)变为

$$d_{t01} = \frac{1}{g} \int_{w}^{V_{t0}} \frac{(V-W)\mathrm{d}V}{\dfrac{T}{G} - f - \dfrac{\rho S V^2}{2G}(C_D - f C_L)} \tag{6-8}$$

式中,W 为风速,并以逆风为正,顺风为负。显然,逆风起飞是有利的。由此导出的结果也应作相应的修改,这里不再赘述。

机场跑道表面情况对飞机的滑跑起飞性能也有明显的影响。道面坚硬光滑,摩擦因数小,起飞滑跑距离缩短;道面积水、潮湿,摩擦因数增大,起飞滑跑距离增长。

跑道有坡度时,重力 G 会出现沿发动机推力方向的分量。如图6-3所示,考虑到跑道坡度 γ 一般很小,飞机重力在推力方向的分量为 $G\sin\gamma \approx G\gamma$,它起着增加(下坡时)或减小(上坡时)推力的作用。飞机重力在垂直道面方向的分量为 $G\cos\gamma \approx G$,机轮所受到的法向力基本不变。这样,在计算起飞滑跑距离时,只要以 $T + G\gamma$ 代替跑道无坡度时的发动机推力 T 即可。上坡时,γ 取负值;下坡时,γ 取正值。显然下坡将使飞机起飞滑跑距离缩短,上坡使飞机起飞滑跑距离增长。近似计算经验表明,跑道的每度坡度角可使飞机起飞滑跑距离改变约 2% 左右。

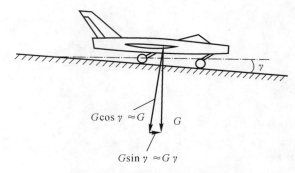

图 6-3 跑道有坡度时的重力分量

6.2 飞机的着陆性能

我国国家军用标准 GJB 34—85 规定,飞机着陆过程包括从安全高度15 m开始的下滑、接地、滑跑减速至完全停止的整个过程(见图6-4)。

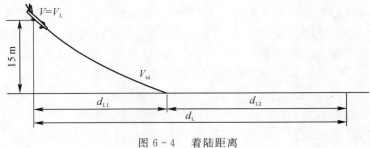

图 6-4 着陆距离

飞机从 15 m 安全高度下滑时,发动机基本上处于慢车工作状态,飞机以着陆速度作直线下滑,至高度 8～10 m,飞行员开始将油门收到慢车位置并拉平飞机,至高度 1 m 左右拉平过程结束,进入平飘,然后飞机平飞减速飘落接地。

飞机着陆性能主要是指着陆距离,也就是整个着陆过程中飞机运动所经过的水平距离。

与起飞距离一样,着陆距离也由两段组成:从着陆安全高度开始到接地瞬间结束的空中段 d_{L1} 和由接地开始至飞机完全停止瞬间的着陆滑跑段 d_{L2},即

$$d_L = d_{L1} + d_{L2}$$

6.2.1　着陆空中段距离的计算

作为工程近似计算,着陆空中段距离 d_{L1} 可以采用能量法进行计算。设飞机下滑到着陆安全高度 15 m 时的总能量为 E_1,飞机接地时的总能量为 E_2,则有

$$\begin{cases} E_1 = \dfrac{1}{2}mV_l^2 + 15mg \\ E_2 = \dfrac{1}{2}mV_{td}^2 \end{cases}$$

飞机在着陆空中段飞行中,发动机基本处于慢车状态,近似计算可取发动机推力等于零。如果将着陆空中段的飞行看成是减速运动,阻力取平均值 $\overline{D}$,则从安全高度至接地期间飞机总能量的变化完全由平均阻力 $\overline{D}$ 引起。注意到着陆空中段轨迹倾角很小(一般为 $-3° \sim -5°$),可用飞机沿航迹运动的距离代替水平距离 d_{L1},则根据功能转换原理,有

$$d_{L1}\overline{D} = E_1 - E_2 = \frac{1}{2}mV_L^2 + 15mg - \frac{1}{2}mV_{td}^2 = \frac{1}{2}m(V_L^2 - V_{td}^2) + 15mg$$

即

$$d_{L1} = \frac{mg}{\overline{D}}\left(\frac{V_L^2 - V_{td}^2}{2g} + 15\right) \tag{6-9}$$

6.2.2　着陆滑跑距离计算

飞机接地后,通常先要经过两点无刹车自由滑跑减速,这段时间一般需 2～3 s;然后放下机头,前轮着地做三点滑跑并使用刹车。在通常的工程计算中,假定使用刹车前的滑跑距离为

$$\Delta d = 3V_{td} \tag{6-10}$$

以 F 表示飞机在三点滑跑并使用刹车时的总摩擦力,以 D 表示飞机受到的气动阻力,则

$$m\frac{dV}{dt} = T - (D + F) \tag{6-11}$$

如果考虑到慢车状态发动机推力很小,可以略去不计,则有

$$m\frac{dV}{dt} = -(D + F) \tag{6-12}$$

由此可以得出飞机三点滑跑距离为

$$d'_{L2} = \frac{1}{2}m\int_0^{V_{td}^2} \frac{dV^2}{D+F} \tag{6-13}$$

和起飞滑跑距离计算一样,着陆滑跑距离计算一般也要使用数值积分的方法进行。显然,整个着陆滑跑距离应为

$$d_{L2} = \Delta d + d'_{L2} = 3V_{td} + \frac{1}{2}m \int_0^{V_{td}^2} \frac{\mathrm{d}V^2}{D+F}$$

在近似计算时,如认为整个滑跑过程为三点滑跑的等减速运动,则地面减速滑距离为

$$d_{L2} = V_{td}^2/2\bar{a}$$

式中 $\bar{a}$ 为平均加速度。

在飞机接地瞬间,地面摩擦力 $F \approx 0$,只有气动阻力 D 起减速作用。应用升力等于重力的条件,即

$$D = T/K = G/K$$

式中,K 为接地迎角条件下的飞机升阻比。当滑跑结束时,气动阻力 $D=0$,且 $L=0$,$F=fG$。

因此,平均减速度应为

$$\bar{a} = \frac{\overline{(D+F)}}{m} = \frac{1}{2}g\left(\frac{1}{K} + f\right)$$

从而可以给出近似计算飞机着陆滑跑距离的公式为

$$d_{L2} = \frac{V_{td}^2}{g\left(\frac{1}{K} + f\right)} \tag{6-14}$$

例 6 - 2 某飞机着陆时,接地速度为 72.2 m/s,接地升阻比 $K=7$,地面摩擦力系数为 0.3,试计算着陆地面滑跑距离。

解 由式(6 - 14)求得

$$L_{td} = \frac{72.2^2}{9.8\left(\frac{1}{7} + 0.3\right)} \text{ m} = 1\,201 \text{ m}$$

6.2.3 使用条件对着陆性能的影响

使用条件的影响主要是指着陆重量、大气条件和跑道道面情况对着陆性能的影响。注意到接地时飞机升力等于重力的条件,有

$$V_{td}^2 = 2mg/\rho S C_{L,td}$$

其中:$C_{L,td}$ 为飞机接地迎角对应的升力系数,则根据式(6 - 14),有

$$d_{L2} = \frac{V_{td}^2}{g(1/K + f)} = \frac{2mg}{g\rho S C_{L,td}\left(\frac{1}{K} + f\right)} \tag{6-15}$$

可以看出着陆重量增大,飞机接地速度增大,必然导致着陆地面滑跑距离增大;反之着陆重量减轻,飞机地面滑跑距离必然缩短。

由式(6 - 15)还可以看出,着陆地面滑跑距离与大气密度成反比。机场海拔高度升高,大气密度减小,必然会使飞机接地速度增大,着陆地面滑跑距离增长,着陆性能变坏。根据大气密度随高度的变化规律,当机场高度在 5 000 m 以下时,可近似认为高度每增高 1 000 m,大气密度下降约 12%,滑跑距离将相应地增长 12%。

考虑到着陆时发动机处于慢车状态,气温的变化对着陆性能的影响一般较小。

着陆过程中的速度也是指相对空速。逆风着陆时的飞机空速等于风速和地速之和,可以改善着陆性能。因此,飞机起飞和着陆一般应逆风进行。

当机场跑道具有上坡角 γ 时,飞机重力的分量 $G\sin\gamma$ 将起着阻止运动的作用,有利于改善

飞机的着陆性能。

课 后 习 题

1. 简述飞机起飞性能的计算方法和影响因素。
2. 简述飞机着陆性能的计算方法和影响因素。

第二篇　飞机飞行品质

　　第一篇中,把飞机看作质点,研究了飞机的各种飞行性能。除了飞机要达到预定的性能外,还要从质点系的角度来研究以下问题:

　　(1)飞机必须在一定条件下能够取得平衡;

　　(2)飞机必须保证这一平衡性质是稳定的,即飞机受扰动,平衡受到破坏后,能自动恢复平衡;

　　(3)飞机必须能够自如操纵,即飞机能够按照飞行员的意图改变飞行状态。

　　通常将飞机能不能在一定条件下取得平衡的能力称为平衡性能;将能不能在受扰动后自动恢复原来状态的能力称为稳定性能(简称"稳定性");而将能不能按照飞行员的意图改变飞行状态的能力称为操纵性能(简称"操纵性")。**飞机的平衡、稳定性和操纵性统称为飞机的飞行品质**。本篇着重从使用维护角度,研究飞机飞行品质及其变化规律和调整原理。

　　为了研究方便,将平衡从品质中单独列出,并将稳定性和操纵性分为静态和动态两部分,前者称为静态飞行品质,后者称为动态飞行品质。

第 7 章　飞机的平衡

飞机的平衡,就是作用在飞机上的外力和外力矩的平衡,即其合外力和合外力矩为零,飞机处于没有转动的等速直线运动状态。此时

$$\left.\begin{aligned}
\sum X &= 0\\
\sum Y &= 0\\
\sum Z &= 0\\
\sum M_x &= 0\\
\sum M_y &= 0\\
\sum M_z &= 0
\end{aligned}\right\}\qquad (7-1)$$

由于飞机左右对称,因此,沿纵轴、竖轴的力和绕横轴的力矩的变化,通常不影响沿横轴的力和绕纵轴、竖轴的力矩变化;而沿横轴的力、绕纵轴和竖轴的力矩变化,通常也可认为基本不影响沿纵轴、竖轴的力和绕横轴的力矩变化。因此,在讨论平衡问题时,为了简化起见,可以把式(7-1)分成两组

$$\left.\begin{aligned}
\sum X &= 0\\
\sum Z &= 0\\
\sum M_y &= 0
\end{aligned}\right\}\qquad (7-2)$$

及

$$\left.\begin{aligned}
\sum Y &= 0\\
\sum M_x &= 0\\
\sum M_z &= 0
\end{aligned}\right\}\qquad (7-3)$$

前者称为纵向平衡,后者称为横航向平衡。

对于横航向平衡来说,考虑到 $\sum Y = 0$ 主要是保证没有横向机动,而横向机动已在第一篇中作了讨论,本篇着重讨论横航向力矩的平衡。因此,横航向平衡又可以分为横向平衡($\sum M_x = 0$)和方向平衡($\sum M_z = 0$)两部分。

7.1 飞机的纵向平衡

7.1.1 飞机的纵向平衡与纵向力矩

纵向平衡,就是指飞机纵向的力和力矩平衡。由图 7-1 可见,此时

$$
\left.\begin{aligned}
&\sum X = 0 \quad T - D = G\sin\gamma \\
&\sum Z = 0 \quad L = G\cos\gamma \\
&\sum M_y = 0 \quad M_{yw} + M_{yb} + M_{yht} = 0
\end{aligned}\right\}
\tag{7-4}
$$

式中,M_{yw},M_{yb},M_{yht} 分别为机翼、机身和平尾的力矩,即飞机的纵向力矩主要由机翼、机身(发动机短舱)和平尾产生。阻力和发动机推力对重心构成的力矩不大,这里不作讨论。

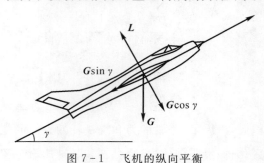

图 7-1 飞机的纵向平衡

7.1.1.1 机翼力矩

(1)矩形机翼力矩和焦点。如图 7-2 所示,矩形机翼升力对重心的力矩可表示为(按压力中心计算)

$$
M_{yw} = L \cdot d
\tag{7-5}
$$

式中,L 为机翼升力;d 为机翼压力中心到飞机重心之间距离。用式(7-5)计算机翼的力矩不方便,因为迎角变化时,升力的大小及作用点均要改变,因此不易找到 M_{yw} 与迎角的一一对应关系。为了解决这一问题,需要引进焦点的概念。

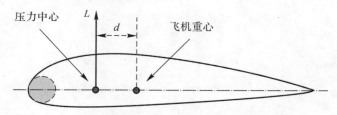

图 7-2 机翼的纵向力矩 —— 按压心计算

所谓**焦点**,是指迎角改变时,升力增量的作用点(见图 7-3)。在迎角小于抖动迎角范围内,焦点位置不随迎角而变化。低速翼型的焦点位置理论值一般在 0.25 弦长处,实验值约在 0.24 弦长处。超声速翼型焦点在 0.5 弦长处。

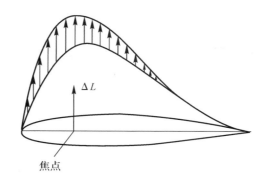

图 7 - 3　焦点

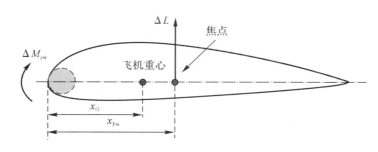

图 7 - 4　机翼的纵向力矩 —— 按焦点计算

引入焦点概念后,迎角改变引起的俯仰力矩增量将完全由升力增量决定。由图 7 - 4 得
$$\Delta M_{yw} = -\Delta L(x_{Fw} - x_G) \tag{7-6}$$
式中,ΔL 为迎角改变而引起的升力增量;x_{Fw} 为机翼焦点到机翼前缘的距离;x_G 为飞机重心到机翼前缘的距离。

对于非对称翼型的机翼,当升力为零时,由于机翼上下气流的不对称性,机翼上仍作用有一力偶矩 M_{y0w}(即零升力矩),这样,整个机翼在任何迎角时的力矩为
$$M_{yw} = M_{y0w} - L(x_{Fw} - x_G) \tag{7-7}$$
如果写成系数形式,则
$$m_{yw} = \frac{M_{yw}}{\frac{1}{2}\rho V^2 Sb} = \frac{M_{y0w}}{\frac{1}{2}\rho V^2 Sb} - \frac{L(x_{Fw} - x_G)}{\frac{1}{2}\rho V^2 Sb} = m_{y0w} - C_L(\bar{x}_{Fw} - \bar{x}_G) \tag{7-8}$$
式中,$m_{y0w} = \dfrac{M_{y0w}}{\frac{1}{2}\rho V^2 Sb}$,为零升力矩系数;$\bar{x}_{Fw} = \dfrac{x_{Fw}}{b}$,$\bar{x}_G = \dfrac{x_G}{b}$,分别代表焦点和重心到机翼前缘的相对位置。

由式(7-8)可见,引入焦点后,机翼的俯仰力矩系数的变化,仅决定于 C_L,并与 C_L 成线性关系。由于在抖动迎角范围内,升力系数斜率不变,因此力矩系数也将与迎角成线性关系。

(2)任意平面形状的力矩和平均空气动力弦。目前,高速飞机绝大多数采用非矩形机翼。对于非矩形机翼的力矩计算,需引进平均空气动力弦的概念。

所谓平均空气动力弦,是一个假想的矩形机翼(有时称当量机翼)的弦长。该矩形机翼和

给定的非矩形机翼面积相等时,空气动力与纵向力矩特性相同(见图 7-5)。平均空气动力弦的弦长称为平均空气动力弦长,常用 b_A 表示。

引进平均空气动力弦的概念后,就可以应用矩形机翼的结果来表达任意平面形状机翼的力矩。此时,只要把重心与机翼焦点位置分别投影到平均空气动力弦上即可。这样,机翼的力矩可表达为

$$m_{yw} = \frac{M_{yw}}{\frac{1}{2}\rho V^2 S b_A} = m_{y0w} - C_L(\overline{x}_{Fw} - \overline{x}_G)$$

式中,$m_{y0w} = \dfrac{M_{y0w}}{\frac{1}{2}\rho V^2 S b_A}$,$\overline{x}_F = \dfrac{x_{Fw}}{b_A}$,$\overline{x}_G = \dfrac{x_G}{b_A}$,分别代表机翼焦点及重心在平均空气弦上的相对位置。

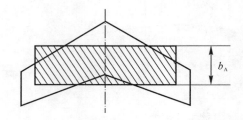

图 7-5　平均空气动力弦

因此,引进平均空气动力弦后,任意形状机翼的力矩系数与矩形机翼相同,只是对应的弦长用 b_A 代替。

7.1.1.2　机身力矩

在一定迎角下,机身也要产生一定的升力,并对飞机重心形成一定的纵向力矩。由于机身升力很小,通常都把机身产生的力矩与机翼合起来考虑,即研究机身对机翼的影响。这种影响包括以下两方面:

(1) 零升力矩增加(Δm_{y0b})。

(2) 焦点向前移动($-\Delta \overline{x}_{Fb}$)。

这样,机翼和机身组合体(称无尾飞机)的纵向力矩系数可写成:

$$m_{ywb} = m_{y0wb} - C_L(\overline{x}_{Fwb} - \overline{x}_G) \tag{7-9}$$

式中

$$m_{y0wb} = m_{y0w} + \Delta m_{y0b} \tag{7-10}$$

$$\overline{x}_{Fwb} = \overline{x}_{Fw} - \Delta \overline{x}_{Fb} \tag{7-11}$$

C_L 应为无尾飞机的升力系数,但在近似计算中,可用机翼的升力系数代替。

7.1.1.3　水平尾翼的力矩

平尾对飞机力矩的贡献亦可分为两部分:

(1) 对零升力矩的贡献(m_{y0ht});

(2) 对飞机焦点位置的影响($\Delta \overline{x}_{Fht}$)。

即

$$m_{yht} = m_{y0ht} - C_L \Delta \bar{x}_{Fht} \tag{7-12}$$

可以推得

$$m_{y0ht} = -K_q A C_{Lht}^{\alpha}(\alpha_0 + \varphi + n\delta_e) \tag{7-13}$$

$$\Delta \bar{x}_{Fht} = K_q A C_{Lht}^{\alpha}\left(\frac{1}{C_L^{\alpha}} - B\right) \tag{7-14}$$

上述两式中，K_q 为速度阻尼系数。由于黏性的影响，通过机翼后气流要损失一部分动能，K_q 代表对平尾处速度的修正量，即

$$V_{ht}^2 = K_q V^2 \quad \text{或} \quad q_{ht} = K_q q$$

$A = \dfrac{S_{ht} L_{ht}}{S b_A}$，为平尾的静矩系数。$C_{Lht}^{\alpha}$ 为平尾的升力系数斜率。φ 为平尾的安装角，如为全动平尾，此项为零。$n = \dfrac{\partial \alpha_{ht}}{\partial \delta_e}$，为升降舵效率，表示升降舵偏转 $1°$ 时相当于平尾迎角的改变量。B 为下洗角随升力系数的变化率。

由式（7-12）可见，平尾的纵向力矩系数也与 C_L 成线性关系，如图 7-6 所示。

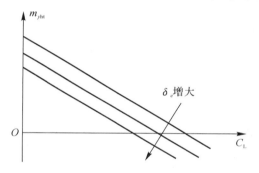

图 7-6　平尾俯仰力矩系数随 C_L 的变化

7.1.1.4　全机的纵向力矩

整架飞机的纵向力矩，应为无尾飞机的力矩和平尾力矩之和。如用系数表示，则为

$$m_y = m_{ywb} + m_{yht} = m_{y0} - C_L(\bar{x}_F - \bar{x}_G) \tag{7-15}$$

式中，m_{y0} 为全机零升力矩系数，其值为

$$m_{y0} = m_{y0wb} + m_{y0ht} = m_{y0wb} - K_q A C_{Lht}^{\alpha_{ht}}(\alpha_0 + \varphi + n\delta_e) \tag{7-16}$$

$\bar{x}_F$ 为全机焦点的相对位置，其值为

$$\bar{x}_F = \bar{x}_{Fwb} + \Delta \bar{x}_{Fht} = \bar{x}_{Fwb} + K_q A C_{Lht}^{\alpha_{ht}}\left(\frac{1}{C_L^{\alpha}} - B\right) \tag{7-17}$$

全机零升力矩系数与 C_L 无关，全机焦点相对位置 $\bar{x}_F$ 由 $\bar{x}_{Fwb}$ 与 $\Delta \bar{x}_{Fht}$ 共同决定。对于常规布局飞机，由于平尾存在，使飞机的焦点后移（见图 7-7）。

由式（7-15）可见：

（1）全机纵向力矩由两部分组成，一是与升力无关的零升力矩（m_{y0}），一是随升力增大而增大的升力力矩 $[-C_L(\bar{x}_F - \bar{x}_G)]$。

（2）全机的纵向力矩系数仍将与 C_L（或 α）成线性关系（见图 7-8，图中 $Ma = 0.7, x_G = 38\% b_A$）。

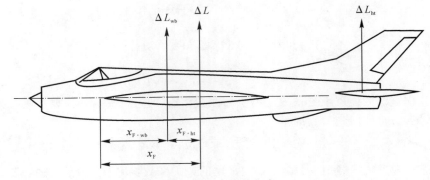

图 7 - 7　飞机的焦点

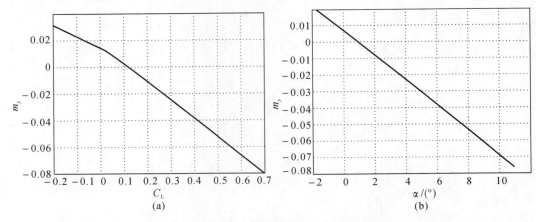

图 7 - 8　纵向力矩系数随 C_L（或 α）的变化

7.1.2　飞机纵向力矩随马赫数的变化规律

Ma 对飞机纵向力矩的影响主要包括两个方面：

（1）引起焦点位置的移动，从而改变纵向力矩系数曲线斜率 $m_y^{C_L} = -(\bar{x}_F - \bar{x}_G)$；

（2）改变零升力矩系数的大小，从而改变该曲线在纵轴上的截距。

　　1.飞机焦点随马赫数的变化规律

　　飞机焦点随 Ma 的变化规律如图 7 - 9 所示。从图中可以看出，在亚声速阶段焦点位置靠前，且不随 Ma 变化而变化。跨声速阶段飞机焦点位置随 Ma 增加而后移。到了超声速阶段，焦点移至最后，且又不随 Ma 变化而变化。

　　飞机焦点位置的上述变化，主要是由机翼焦点位置的移动引起的。亚声速迎角增大引起机翼升力增大的地方，主要位于机翼前部，因此焦点比较靠前，Ma 增大流线谱基本不变，因而升力增量作用点——焦点位置基本不变。跨声速中机翼表面出现了局部激波和局部超声速区，迎角增大时，机翼上表面流速更快，从机翼前缘直到局部超声速区内，吸力都有明显增加，而不像亚声速那样，吸力增大的地方主要位于机翼前端，所以升力增量的作用点——焦点位置比较靠后，并且随着 Ma 的增大，机翼局部激波不断后移，局部超声速区不断向后扩大，焦点位置也就不断向后移动。超声速时，机翼上下表面均为超声速流动，迎角增大时机翼上下表面的压力几乎是均匀增加的,因此焦点位置约在翼弦的 45% ～ 50% 处,而不再随 Ma 变化。

某些飞机,特别是大后掠角机翼的飞机,在超声速飞行时,随着 Ma 的增大,焦点又会稍稍向前移动。这是由于机身和后掠翼弹性变形引起的。

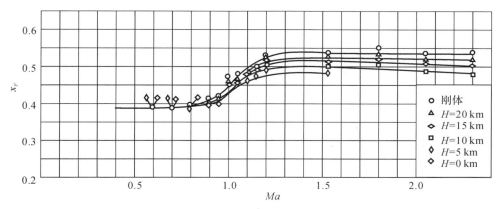

图 7 - 9　全机焦点随 Ma 变化曲线

2. 马赫数对飞机零升力矩系数的影响

由图 7 - 10 可见,亚声速和超声速阶段,零升力矩系数基本不随 Ma 变化,但在跨声速阶段,零升力矩系数随 Ma 变化而急剧变化。其具体数据一般由实验确定。

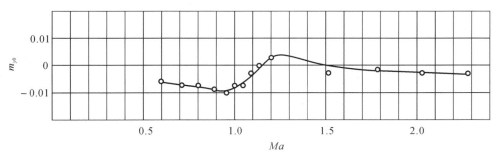

图 7 - 10　全机零升力矩系数随 Ma 的变化

7.1.3　影响纵向平衡的主要因素

根据作用在飞机上的各俯仰力矩的表达式可知:重心位置、气动力作用位置、气动力大小等都会影响飞机的纵向平衡。影响飞机纵向平衡的主要因素有:重心变化、收放襟翼、收放起落架和加减油门等。

(1)重心变化。飞行中燃料的消耗、人员和货物的移动会造成飞机重心位置的变化。飞机重心的前后移动会直接影响到翼身组合体及平尾俯仰力矩的大小。由于翼身组合体的焦点到重心的距离比平尾焦点到重心的距离要小得多,因此重心移动对翼身组合体的俯仰力矩影响较大。

飞机重心如果前移,翼身组合体的上仰力矩将减小,因此原来处于俯仰平衡的飞机将下俯;重心后移时,情况则相反,由于上仰力矩增加,飞机将上仰。

(2)收放襟翼。收放襟翼会引起飞机机翼上的升力及升力作用点发生变化,从而影响到机翼的俯仰力矩(见图7-11)。当襟翼放下时,机翼升力增大,同时由于襟翼部分上下压力差增加较多,升力作用点后移(因机翼后缘襟翼部分上下压力差增加较多)。

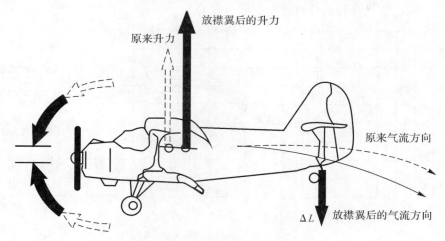

原来升力

放襟翼后的升力

原来气流方向

ΔL 放襟翼后的气流方向

图 7-11 放襟翼对俯仰平衡的影响

一般情况下机翼产生的是下俯力矩,升力作用点在重心之后。因此升力作用点后移会使下俯力矩增加。另外,襟翼放下,会使气流通过机翼后的下洗角增大,平尾负升力增大,使飞机机头的上仰力矩变大。放襟翼后,飞机机头最终是上仰还是下俯,与襟翼的类型、放下的角度以及水平尾翼的安装角、面积的大小等有关。

(3)收放起落架。收放起落架一方面会导致飞机重心前后移动,引起俯仰力矩变化;另一方面起落架放下时增加了附加阻力,对飞机重心产生下俯力矩,从而引起俯仰力矩的变化。收放起落架后,飞机机头最终是上仰还是下俯要综合考虑上述因素的影响。

(4)加减油门。加减油门不仅直接改变了推力大小,使作用在飞机上的俯仰力矩发生变化,从而影响飞机的俯仰平衡;还会改变飞行速度,使作用在机翼和尾翼上的空气动力发生变化,从而改变机翼和尾翼上的俯仰力矩,影响飞机的俯仰平衡。需要注意的是,加减油门后,飞机是上仰还是下俯,不能单看拉力力矩或推力力矩对俯仰平衡的影响,需要综合考虑加减油门所引起的机翼、水平尾翼等力矩的变化。

7.2 飞机的方向平衡

7.2.1 飞机的方向平衡与偏航力矩

方向平衡是指绕 z 轴的方向偏转力矩(称偏航力矩)的平衡,即 $\sum M_z = 0$。此时,飞机保持无侧滑的等速直线飞行。

如果 $\sum M_z \neq 0$,即存在不平衡的偏航力矩时,飞机会产生侧滑。由图7-12可见,飞行员不操纵时,不平衡的偏航力矩主要由左右机翼及左右发动机推力不对称形成。如果垂直尾翼因某种原因发生不对称,也要形成较大的偏航力矩。

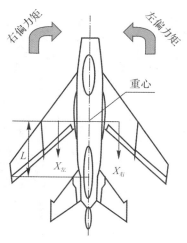

图 7 - 12　飞机的方向平衡

7.2.2　飞机的方向平衡试飞

由于飞机外形及结构左右对称,因此,设计定型的飞机,理论上都有良好的方向平衡性能,即在没有操纵情况下,飞机本身就具有保持无侧滑直线飞行的能力。但是,由于制造上的误差,以及使用维护等因素的影响,对于每一架特定的飞机,甚至是刚出厂的新飞机,会出现方向不平衡的现象。为此,必须用方向平衡试飞,来检查飞机是否具有良好的方向平衡性能。

以歼 8B 为例,飞机说明书中规定方向平衡试飞方法如下:

首先,应保持横向平衡,并应接通助力器。然后检查飞机有无侧滑及侧滑量的大小。在直线飞行中,脚蹬处于自由状态,当 Ma 超过 $0.89 \sim 0.92$ 和表速大于 $1\,000$ km/h 时,以及在打开减速板的各种飞行状态下,侧滑仪(见图7-13)中的"小球"偏移量不能大于 ± 1 倍直径(侧滑仪小球偏离方向代表侧滑方向,偏离距离代表侧滑大小),并不允许有急剧侧滑。否则认为出现方向不平衡 —— 侧滑故障。

飞机出现侧滑时,应记下当时的高度与速度,侧滑仪中小球偏移的方向与量值,以及排除侧滑所需的脚蹬力,以作为排除故障的依据。

7.2.3　侧滑故障原因及调整原理

侧滑故障实际上是由于偏航力矩不平衡引起的,其主要有下述原因:

(1) 两机翼外形不对称而引起两翼阻力差;

(2) 垂尾外形不对称而形成侧力 C_{vt};

(3) 双发或单发飞机左右发动机推力不等或推力轴线偏斜而形成的偏航力矩。

当侧滑故障出现时,应尽力找出具体原因加以排除,但某些原因下,例如垂尾或机翼变形,往往不易找出具体的缺陷部位,即使找到亦不易排除。这时必须通过调整加以排除。

各类飞机侧滑故障的调整部位通常都在垂尾上。这是因为垂尾离重心远,调整效果好。

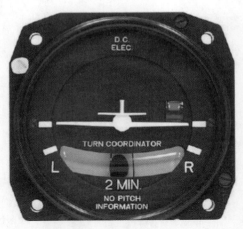

图 7 - 13　侧滑仪（"小球"偏左,表示有左侧滑;"小球"偏右,表示有右侧滑）

　　对于有方向舵助力器的飞机,可调整方向舵的中立位置。调整方向与侧滑相同,左侧滑时,中立位置左调,右侧滑时,中立位置右调。对于没有方向舵助力器的飞机,则选择方向舵修正片作为调整部位,方向舵修正片调整方向与侧滑方向相反。这是因为修正片的作用是带动方向舵,而不是直接用它的偏转来克服侧滑,如图 7 - 14 所示。轰六飞机的方向舵上装有调整片,可以通过调整调整片的中立位置,排除侧滑故障,其原理和修正片基本相似。当飞机有左侧滑时,应将调整片向右调;当飞机有右侧滑时,应将调整片向左调。

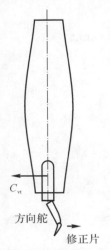

图 7 - 14　修正片的作用

7.2.4　高速飞行时的自动调头现象

　　自动调头是指不经飞行员操作,飞机自动偏转形成侧滑现象。

　　自动调头的主要原因是飞机的外形不对称。外形不对称会造成左右机翼阻力系数不等,垂尾的侧力系数不等于零,从而造成飞机的自动调头。

　　目前,由于工艺条件限制,飞机外形左右完全对称是不可能的,因此,从理论上讲,自动调头现象在各类飞机、各种速度下都是存在的。但是实际上，这种现象只是在高速飞机做大 Ma 或大表速飞行时，才有明显的表现。这是因为，这种不对称量很小，大表速时由于动压大才会造成较大的偏航力矩，造成飞机自动调头；而大 Ma 时，更会由于左右激波发展不同，造成较大的偏航力矩。

由此可见，高速飞机在高速飞行时产生某些程度的自动调头现象是不可避免的。但是，为了保持飞机方向平衡，需要飞行员用蹬舵来修正。如果自动调头现象过于严重，修正量过大，就会分散飞行员精力，并使飞行员产生不必要的疲劳，而且减少了方向舵向一侧的有效偏角，影响飞机的操纵性。为了保证飞机具有良好的方向平衡和操纵性能，对各类飞机自动调头形成的侧滑量作出一定的限制。侧滑量在规定范围内，视为正常的自动调头现象；侧滑量超出规定范围，则视为故障而需要排除。

例如歼 8B 飞机，Ma 超过 $0.89 \sim 0.92$ 和表速大于 1 000 km/h 时，在松杆飞行中，侧滑仪中的"小球"偏移量在 ± 1 倍直径内，为正常的自动调头现象，超过 ± 1 倍直径，则为侧滑故障。

7.3　飞机的横向平衡

7.3.1　飞机的横向平衡与滚转力矩

横向平衡是指绕 x 轴的横向滚转力矩的平衡，即 $\sum M_x = 0$。此时，飞机保持没有滚转或者倾斜（飞行员称为坡度）的等速直线飞行。

由图 7-15 可见，飞机的滚转力矩主要由升力产生，因此横向平衡可以表达为

$$L_R l_R = L_L l_L \qquad (7-18)$$

式中，L_L，L_R 为左右机翼的升力；l_L，l_R 为左右机翼的压力中心至飞机重心的距离。

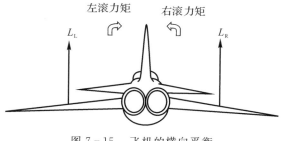

图 7-15　飞机的横向平衡

考虑到左右两翼动压相等，面积相等，上式又可以简化为

$$C_{L_R} l_R = C_{L_L} l_L \qquad (7-19)$$

式中，C_{L_L}，C_{L_R} 分别为左右机翼的升力系数。

7.3.2　飞机的横向平衡试飞

由于飞机外形及结构左右对称，因此，设计定型的飞机理论上都有良好的横向平衡性能，也即在没有操纵的情况下，飞机本身就具有保持无滚转、无坡度的直线飞行能力。但是，由于制造上的误差及使用维护等因素的影响，每一架特定的飞机，甚至刚生产出来的新飞机，都有

可能出现横向不平衡现象。为此,必须用横向平衡试飞,来检验该飞机是否有良好的横向平衡性能。

以歼 8B 为例,飞机说明书中规定横向平衡试飞方法为:首先保持方向平衡。(若有侧滑,允许用脚蹬消除侧滑),然后在整个飞行过程中,检查飞机有无坡度及坡度量的大小。中小速度时不应有坡度;Ma 超过 $0.89 \sim 0.92$ 或表速大于 $1\,000$ km/h,消除坡度的压杆量不应大于 $1/4$ 压杆行程;在起落过程中,起落架放下时,消除坡度的压杆量不应大于 $1/5$ 压杆行程。否则,视为出现横向不平衡现象 —— 坡度故障。

飞机出现坡度故障时,应记下当时的高度、速度、坡度的大小和方向,以及消除坡度所需的压杆量。

7.3.3 坡度故障原因

由式(7-19)可见,坡度故障的根本原因有以下两条:

(1)因制造误差或使用维护不当造成左右机翼升力系数不等;

(2)因飞机装载不对称(重心偏离对称面)而造成左右机翼压力中心至重心距离不等。

具体原因有:机翼变形、副翼变形、副翼中立位置偏离、左右起落架舱盖或襟翼密闭程度不一、两侧副油箱输油速度不同等。

7.3.4 坡度故障调整原理

在维护工作中,有些坡度故障原因,如副翼、襟翼安装位置不正确等比较容易发现和排除;但机翼变性等缺陷则不易发现也不易修复,此种情况只能采用调整的方法来恢复横向平衡性能。

调整部位的选择需掌握调整量小、效率高的原则。具体的要考虑三个影响因素:

(1)涡流区影响。调整部位落入涡流区,调整效果大大下降。涡流主要产生于机翼与机身交界处,对机翼外侧影响小,对机翼内侧影响大。这种影响还与迎角大小直接相关,大迎角时气流分离严重,对调整影响大,但在小迎角时,因为气流分离很小,这种影响就不太显著。

(2)机翼弹性变形的影响。副翼或襟翼调整时,机翼要产生扭转变形而改变机翼的迎角。这种扭转变形降低了调整效果,如图 7-16 所示。扭转变形的大小与表速及调整部位有关。大表速时影响大,机翼外侧变形严重。

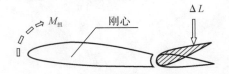

图 7-16 副翼或襟翼偏转时机翼的扭转

(3)调整部位与飞机重心的距离。外侧距离大,调整效果好。

因此,调整部位选择需综合考虑上述三个因素。通常中小表速产生的坡度故障应调机翼外侧,而大表速产生的坡度故障应调内侧。这是因为,中小表速时,动压小,扭转变形影响小,加上考虑与重心的距离,调整外侧效果较好;而且此时迎角大,分离严重,内侧调整效果差。综合考虑这些因素,以调外侧为宜。大表速时却相反,外侧扭转变形严重,调整效果差,而内侧因为分离不严重,调整效果提高,因而以调整内侧为宜。

具体如何调整,可参看各类飞机使用维护说明书和维护经验。

7.3.5　高速飞行时的自动倾斜现象

自动倾斜是指飞行员不操纵时,飞机自发的向左或者向右倾斜的一种现象。自动倾斜的原因主要有以下两种:

(1) 由于左右机翼刚性不同,大表速时左右机翼的变形不同,因此左右机翼升力不等;

(2) 由于左右机翼外形不对称,左右机翼临界 Ma 不同,局部激波发展不同,因此大 Ma 时左右机翼升力不等。

由此可见,高速飞机在高速飞行时产生某种程度自动倾斜是不可避免的。但是,为了保持飞机横向平衡,飞行员就得反向压杆,这样不仅分散了飞行员的精力,造成飞行员不必要的疲劳,而且会减少一向的有效压杆行程,影响飞机的横向操纵性能。为了保证飞机良好的横向平衡和操纵性,各种高速飞机都规定了一定的允许倾斜范围。倾斜在此范围内,属于正常的自动倾斜现象,超过此范围,应视为坡度故障。例如歼 8B 飞机,Ma 超过 $0.89 \sim 0.92$ 或表速大于 $1\ 000$ km/h,消除坡度的压杆量小于 1/4 杆行程时,属于正常的自动倾斜现象,超过 1/4 杆行程属坡度故障。

课　后　习　题

1. 压心和焦点有什么联系和区别?
2. 简述飞机焦点随马赫数变化规律。
3. 侧滑故障是如何产生的?该如何调整?
4. 坡度故障是如何产生的?该如何调整?

第8章　飞机静态飞行品质

本章将着重介绍下面三个问题：

(1)研究配平的飞机受到外界干扰后是否有恢复原配平状态的趋势,即静稳定性问题。

(2)如何实现定直和稳定曲线飞行运动状态。实现不同的定直飞行状态实质上是要解决如何使作用在飞机上的外力和外力矩满足平衡条件,研究怎样偏转操纵面、不同的飞行状态操纵面的偏转量需要多大等。这些问题主要由作用在飞机各部件包括各类操纵面上的外力对质心的力矩特性确定。此类问题在飞行力学中统称为静操纵性问题。

(3)一架飞机能否充分发挥其飞行性能,完成预定飞行任务,以及任务执行情况的好坏,除与飞机本身的空气动力特性有关之外,还与操纵系统的特性紧密相关。操纵系统的特性对飞机的操纵品质有重要影响。在本章最后讨论机械操纵系统飞机的静操纵性品质特点及静操纵性故障分析和排除。

8.1　飞机静稳定性

8.1.1　稳定性的基本概念

飞机在大气中飞行的过程中,经常会受到各种不可预测的扰动,如大气扰动、发动机推力脉动、飞行员无意识的动杆等。这些扰动都会使飞机的飞行状态发生改变。因此必须研究飞机在受到扰动后,自动恢复原状态的能力,即飞机的稳定性问题。通常称飞机飞行状态及受扰前飞机平衡状态为配平状态。因此稳定性问题就是研究飞机在配平状态受到外界扰动而偏离配平状态时,飞机自身是否有产生力矩使之回到原配平状态的能力,即飞机平衡状态的性质。

物体的平衡性质通常有以下三种(见图 8-1):第一种平衡的性质是稳定的[见图中(a)悬摆]。在这种平衡下,物体在扰动消失后能恢复原平衡状态。第二种平衡的性质是不稳定的[见图中(b)竖摆]。在这种平衡下,物体在扰动消失后,继续离开平衡位置而不能恢复原平衡状态。第三种平衡的性质是随遇稳定的[见图中(c)球]。在这种平衡下,物体在扰动消失后,既不继续偏离也不恢复原平衡,而是在新的平衡位置重新取得平衡。因此,飞机的稳定性可分为稳定、不稳定和随遇稳定(或称中立稳定)三类。

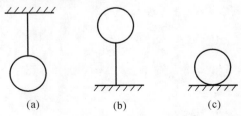

(a)　　　　(b)　　　　(c)

图 8-1　物体平衡的性质

(a)稳定平稳；(b)不稳定平稳；(c)随遇平衡

通常为了研究问题方便,在飞机飞行动力学中常将稳定性定性分为静稳定性与动稳定性两大类。

动稳定性(dynamic stability),实质上就是真正的飞机稳定性,是指飞机在配平状态下受到扰动,扰动消失后,飞机自动恢复原平衡状态的能力。动稳定性其实就是阻尼特性,描述了受干扰的系统是否能真正恢复平衡。动稳定性的优劣可以用系统恢复平衡的快慢来衡量。

静稳定性(static stability),是指飞机在配平状态下受到扰动,扰动消失瞬间,飞机自动恢复原平衡状态的趋势。因此静稳定性不是真正的稳定性。具有静稳定性的飞机,不一定具有动稳定性,但是通常静稳定性是飞机动稳定性的前提,特别是静稳定性与相应的飞机静操纵性具有密不可分的关系。对于出于提高飞机机动性或者提高飞机升阻比等目的,设计的弱静稳定飞机甚至静不稳定飞机,必须依靠具有增稳功能的飞行控制系统提高其稳定性,否则无法投入使用。

下面分纵向和横航向进行讨论飞机的静稳定性。

8.1.2 飞机纵向静稳定性

飞机的纵向静稳定性主要研究飞机在配平状态下的纵向俯仰力矩特性问题。飞机纵向静稳定性包括迎角静稳定性和速度静稳定性两个概念。

8.1.2.1 迎角静稳定性

1. 迎角静稳定性含义及其条件

迎角静稳定性是指飞机在配平状态下受到扰动,在扰动过程中,飞机速度始终保持不变,而迎角偏离原配平状态,在扰动消失瞬间,飞机自动恢复原平衡状态的趋势。如果有自动恢复原配平迎角的趋势,则称飞机迎角静稳定,或称飞机具有迎角静稳定性;反之,则称飞机迎角静不稳定,或称飞机不具有迎角静稳定性;如果既没有恢复原配平迎角的趋势,也没有继续偏离原配平迎角的趋势,则称飞机迎角中立稳定。

因为迎角静稳定性研究的是迎角(也即过载)恢复原平衡状态的趋势,条件是速度不变,因此迎角静稳定性亦称过载静稳定性,或称定速静稳定性。

虽然定速是一种理想情况,迎角变化后,势必影响阻力变化,但扰动初期,速度变化不大,可以忽略,因此讨论迎角静稳定性仍具有实际意义。

飞机是否具有迎角静稳定性,取决于飞机俯仰力矩系数 m_y 随 α 的变化特性。当 $m_y^\alpha < 0$ 时,飞机具有迎角静稳定性;$m_y^\alpha > 0$ 时,飞机为迎角静不稳定;而 $m_y^\alpha = 0$ 时飞机为中立静稳定。其理由分析如下:

设 $m_y - \alpha$ 曲线斜率为负,并假定飞机原来处于平衡状态,$m_y = 0$,如图 8-2 所示。此时,如果飞机受到扰动,迎角增大($\Delta \alpha > 0$),必然引起 m_y 的下降($\Delta m_y < 0$),产生附加的下俯力矩,使飞机具有恢复原迎角的趋势。同理,当飞机受到扰动,迎角减小($\Delta \alpha < 0$)时,必然引起 m_y 的增大($\Delta m_y > 0$),使飞机具有恢复原迎角的趋势。由此可见,$m_y^\alpha < 0$ 飞机必然具有迎角静稳定性。而使飞机恢复原迎角的力矩,称为恢复力矩,或称稳定力矩。

同理可知,$m_y^\alpha > 0$ 时,飞机没有恢复迎角的趋势,也即飞机迎角静不稳定;而 $m_y^\alpha = 0$ 时,飞机迎角中立稳定。

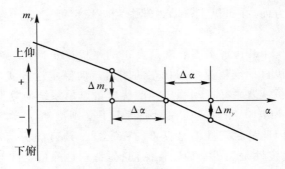

图 8-2 飞机俯仰力矩系数与迎角的关系

因为 $m_y^\alpha = m_y^{C_L} C_L^\alpha$，在 $\alpha < \alpha_{di}$ 以前，C_L^α 为一正值常数，因此，飞机的迎角静稳定性亦可用 $m_y^{C_L}$ 来判定：$m_y^{C_L} < 0$，迎角静稳定；$m_y^{C_L} > 0$，迎角静不稳定；$m_y^{C_L} = 0$，迎角中立稳定。由于 $m_y = m_{y0} - C_L(\bar{x}_F - \bar{x}_G)$，因此 $m_y^{C_L} = -(\bar{x}_F - \bar{x}_G)$。

可见，飞机是否具有迎角静稳定性，关键在于重心与焦点的相对位置。如果焦点在重心之后，$\bar{x}_F - \bar{x}_G > 0$，飞机受到扰动迎角增大时，$\Delta L$ 对重心形成下俯力矩，飞机便具有恢复原始迎角的趋势，因此飞机具有迎角静稳定性。反之，如果焦点在重心之前，$\bar{x}_F - \bar{x}_G < 0$，飞机受到扰动迎角增大时，$\Delta L$ 对重心形成上仰力矩，促使飞机进一步增大迎角，飞机不具有迎角静稳定性。

$|m_y^{C_L}|$ 的大小代表了迎角静稳定性的强弱，所以通常把 $m_y^{C_L}$ 称为迎角静稳定度，而把 $-m_y^{C_L}$ 称为**迎角静稳定裕度**。

具有迎角静稳定性的飞机具有稳定力矩。这种飞机与"气动扭转弹簧"相似。稳定力矩相当于弹簧恢复力矩。因此，有些文献中把迎角静稳定度 $m_y^{C_L}$（或 m_y^α）称作俯仰刚度（即比作弹簧刚度），当 $m_y^{C_L} < 0$（或 $m_y^\alpha < 0$）时，飞机具有正俯仰刚度，而 $m_y^{C_L} > 0$（或 $m_y^\alpha > 0$）时，飞机迎角刚度为负。

2. 影响迎角静稳定性的因素

（1）重心位置。

使用维护过程中，重心位置会发生变化。在焦点位置不变的情况下，由 $m_y^{C_L} = -(\bar{x}_F - \bar{x}_G)$ 可知，重心前移，$m_y^{C_L}$ 增大，迎角静稳定性增强；重心后移，$m_y^{C_L}$ 减小，迎角静稳定性减弱。如果重心位置移至与焦点重合，$m_y^{C_L} = 0$，此时飞机为中立稳定。所以焦点所在的位置又称中立重心位置（简称"中性点"）。

在维护工作中，必须重视重心位置的变化。特别是运输机和轰炸机，由于其机身较长，携带的燃料、弹药较多，所以飞行中重心位置变化往往较大。例如，轰-6飞机的重心位置的正常变化范围为 20.7% b_A ~ 33.7% b_A。33.7% b_A 对应它的着陆状态，这时重心位置已经相当靠后。如果在飞机后部（如机务仓）装载过多，就会使迎角静稳定性降低过多，从而导致飞行员不易掌握操纵量。严重时，甚至会使飞机丧失迎角静稳定性，对飞机安全造成威胁。

燃油系统工作不正常，用油顺序遭到破坏时也会出现类似问题。因此，维护使用中必须按规定加装载，同时，必须保证燃油系统的工作正常。

（2）飞行马赫数。

超声速飞行时，飞机迎角静稳定性会有明显的增强。这是因为超过临界 Ma 之后，随着

Ma 增大,焦点位置急剧后移。在重心位置不变的情况下,$|m_y^{C_L}|$ 增大。

（3）大迎角。

后掠翼飞机大迎角飞行时会产生翼尖分离,翼尖分离后,当迎角增大时,翼尖部分的升力减小,相当于在翼尖部分作用了一个向下的升力增量,使飞机焦点前移,导致纵向力矩曲线向上弯曲,$|m_y^{C_L}|$ 减小,迎角静稳定性减弱。当迎角大于临界迎角时,由于机翼大部分地区出现了严重分离现象,焦点迅速前移,致使 $m_y^\alpha > 0$,飞机变为迎角静不稳定,如图 8 - 3 所示。

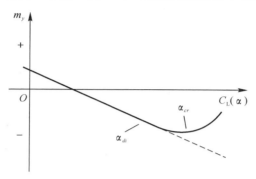

图 8 - 3　后掠翼飞机 m_y 随迎角的变化

某些后掠翼飞机,因为采用了翼刀等措施,这种情况有所改善。但是,有些飞机因为采取措施不够有力,例如轰 - 6 飞机,后掠角较大,翼刀却较低,这种现象仍然较严重。

除了上述因素外,影响迎角静稳定性的还有飞机的弹性变形、地面效应、发动机工作状态等因素。飞机静态纵向稳定性主要调整三方面:① 机翼对重心的位置;② 升降舵／水平尾翼与重心的距离;③ 升降舵／水平尾翼面积和大小。

8.1.2.2　速度静稳定性

在扰动过程中,如果飞机在迎角变化同时,速度也发生变化,但法向过载 n_n 仍保持常值（通常取为 1）,这种扰动称为**定载扰动**。

速度静稳定性是指,飞机在配平状态下受到定载扰动,扰动消失瞬间飞机自动恢复原平衡状态的趋势。由于速度静稳定性是定载扰动下的静稳定性,因此也称定载静稳定性。

速度静稳定性可用 $\left(\dfrac{\mathrm{d}m_y}{\mathrm{d}C_L}\right)_{n_n=1}$ 来表示,即

$\left(\dfrac{\mathrm{d}m_y}{\mathrm{d}C_L}\right)_{n_n=1} < 0$ 时,飞机速度静稳定;

$\left(\dfrac{\mathrm{d}m_y}{\mathrm{d}C_L}\right)_{n_n=1} > 0$ 时,飞机速度静不稳定;

$\left(\dfrac{\mathrm{d}m_y}{\mathrm{d}C_L}\right)_{n_n=1} = 0$ 时,飞机速度中立稳定。

为什么 $\left(\dfrac{\mathrm{d}m_y}{\mathrm{d}C_L}\right)_{n_n=1}$ 能代表飞机的速度静稳定性呢？这可用图 8 - 4 所示的定载力矩系数曲线来说明。图中各直线为同一升降舵（平尾）偏角下,不同 Ma 的纵向力矩系数曲线。从每一根 m_y - C_L 曲线上找到一点（在图中"·"表示）,此点对应的升力系数满足 $n_n=1$ 的条件,即 $C_{Li} = \dfrac{2G}{KpMa_i^2 S}$。将这些点连成线,即成为**定载力矩系数曲线**。因为 $n_n=1$ 代表平飞状态,所以也可

叫做平飞状态曲线。当飞机受到定载扰动时，C_L 与 Ma 同时发生变化，飞机的力矩将沿着定载力矩系数曲线（$n_n = 1$ 曲线）变化，而不像定速扰动的那样力矩系数沿着定速（等马赫数）曲线变化。这样，力矩系数的变化速率将是 $\left(\dfrac{\mathrm{d}m_y}{\mathrm{d}C_L}\right)_{n_n=1}$（即全导数，既包含 C_L 的变化又包含 Ma 的变化），而不是 $\dfrac{\partial m_y}{\partial C_L}$（即偏导数 $m_y^{C_L}$，只包含 C_L 的变化）。

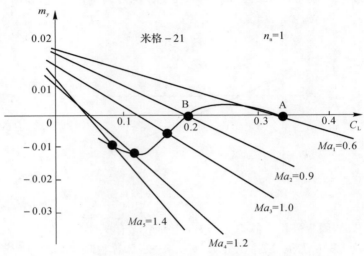

图 8 - 4　定载力矩系数曲线

假定定载扰动使飞机速度增大（$\mathrm{d}Ma > 0$），为了保持定载，C_L 下降（$\mathrm{d}C_L < 0$）。如果此时 $\left(\dfrac{\mathrm{d}m_y}{\mathrm{d}C_L}\right)_{n_n=1} < 0$，如原平衡状态为图中 A 点，则 $\mathrm{d}m_y > 0$，力图增大飞机迎角，减小速度，飞机具有恢复原平衡状态的趋势，即具有速度稳定性。如果 $\left(\dfrac{\mathrm{d}m_y}{\mathrm{d}C_L}\right)_{n_n=1} > 0$，如原平衡状态为图中之 B 点，则 $\mathrm{d}m_y < 0$，力图减小飞机迎角，继续增速，即飞机不具有速度静稳定性。

8.1.2.3　速度静稳定性与迎角静稳定性的关系

速度静稳定性与迎角静稳定性具有一定关系。这是因为全导数：

$$\left(\frac{\mathrm{d}m_y}{\mathrm{d}C_L}\right)_{n_n=1} = \frac{\partial m_y}{\partial C_L} + \frac{\partial m_y}{\partial Ma}\left(\frac{\mathrm{d}Ma}{\mathrm{d}C_L}\right)_{n_n=1} \tag{8-1}$$

因为 $n_n = 1$，所以

$$C_L \frac{1}{2}\rho a^2 Ma^2 S = G$$

在该高度下，有

$$Ma^2 C_L = \frac{2G}{\rho a^2 S} = \mathrm{const} \tag{8-2}$$

对式（8-2）全微分，得

$$2Ma C_L \mathrm{d}Ma + Ma^2 \mathrm{d}C_L = 0 \tag{8-3}$$

由此可知全导数为

$$\left(\frac{\mathrm{d}Ma}{\mathrm{d}C_L}\right)_{n_n=1} = -\frac{Ma}{2C_L} \tag{8-4}$$

将式(8-4)代入式(8-1),得

$$\left(\frac{\mathrm{d}m_y}{\mathrm{d}C_L}\right)_{n_n=1} = \frac{\partial m_y}{\partial C_L} - \frac{Ma}{2C_L}\frac{\partial m_y}{\partial Ma} \tag{8-5}$$

由式(8-5)可见,$\left(\dfrac{\mathrm{d}m_y}{\mathrm{d}C_L}\right)_{n_n=1}$ 由两项组成。第一项为迎角静稳定度,第二项为 Ma 对力矩系数的影响。在大多数情况下,$m_y^{Ma} < 0$,则有

$$\left|\frac{\mathrm{d}m_y}{\mathrm{d}C_L}\right| < |m_y^{C_L}| \tag{8-6}$$

即通常情况下,速度静稳定性比迎角静稳定性弱。

8.1.3　飞机横航向静稳定性

飞机的横航向静稳定性是指飞机受到扰动偏离横航向平衡状态产生侧滑或倾斜时,在扰动消失瞬间飞机自动恢复原平衡状态的趋势。它主要反映飞机在平衡状态(对称定直飞行状态)附近的偏航力矩和滚转力矩特性。横航向静稳定性包括方向静稳定性和横向静稳定性两个概念。

8.1.3.1　飞机方向静稳定性

1. 方向静稳定性的含义和条件

方向稳定性原理与俯仰方向一样,只是产生稳定力与阻尼力的部件是垂直尾翼以及腹鳍。方向静稳定性是指,飞机受到扰动偏离原方向平衡状态产生侧滑角 $\Delta\beta$,在扰动消失瞬间飞机自动恢复原平衡状态的趋势。

与迎角静稳定性一样,飞机是否具有方向静稳定性,取决于它的偏航力矩特性。即:

$m_z^\beta > 0$,飞机具有方向静稳定性,或称方向静稳定;

$m_z^\beta < 0$,飞机不具有方向静稳定性,或称方向静不稳定;

$m_z^\beta = 0$,飞机方向中立静稳定。

这是因为,当 $m_z^\beta > 0$ 时,飞机受扰动偏离平衡状态产生 $\Delta\beta(\Delta\beta > 0$,右侧滑),从而产生系数为 $\Delta m_z(\Delta m_z > 0)$ 的力矩增量。这一力矩将使飞机机头右偏,从而产生消除 $\Delta\beta$ 的趋势。反之,飞机扰动产生左侧滑($\Delta\beta < 0$),飞机产生的 $\Delta m_z < 0$,飞机将受左偏力矩的作用而产生消除左侧滑的趋势。由此可见,此时飞机具有方向静稳定性。

按同样方法可分析,当 $m_z^\beta < 0$ 时,飞机方向静不稳定。

在同样 $\Delta\beta$ 下,$|m_z^\beta|$ 越大,产生的 $|\Delta m_z|$ 越大,恢复趋势越强。因此,$|m_z^\beta|$ 的大小,代表了方向静稳定性的大小,m_z^β 有时称为方向静稳定度。

必须注意,方向静稳定性绝不代表飞机保持航向不变的特性,它仅仅代表消除侧滑,使飞机对称面与飞行速度方向一致的特性。其作用犹如风标,所以亦称风标稳定性。

与纵向一样,m_z^β 亦可称为偏航刚度。$m_z^\beta > 0$ 称飞机具有正偏航刚度。

2. 影响方向静稳定性的因素

(1)马赫数。

飞机的方向静稳定性随 Ma 的变化规律为:随着 Ma 的增大,亚声速阶段,m_z^β 基本不变;跨

声速阶段，$|m_z^\beta|$ 增大；超声速阶段，$|m_z^\beta|$ 下降。其原因分析如下：因为方向静稳定性主要是由垂尾提供的，因此 $|m_z^\beta|$ 的大小，主要取决于 C_{cvt}^β。而 C_{cvt}^β 随 Ma 的变化规律与机翼 C_L^α 类同，因此 $|m_z^\beta|$ 的变化规律也与机翼 C_z^α 随 Ma 的变化规律基本类似。

随着飞行 Ma 的增大，特别是在超过声速以后，垂尾的侧力系数迅速减小，产生侧力的能力急速下降，使飞机的方向静稳定性降低。因此，在设计超声速战斗机时，为了保证在平飞最大 Ma 下仍具有足够的方向静稳定性，往往把垂尾的面积做得很大，有时还需要选用腹鳍以及采用双垂尾来增大方向稳定性。

（2）迎角。

飞行迎角增大，一是会使垂尾前缘的有效后掠角增大，$|C_{\text{cvt}}^\beta|$ 减小，二是会使垂尾相对气流的翼展缩短，顺气流翼弦增长，有效展弦比减小，翼尖涡增强，侧洗加大（见图 8-5）；此外，迎角增大使翼身组合体对垂尾的遮蔽作用加大，也会使垂尾的 $|C_{\text{cvt}}^\beta|$ 减小。因此，飞机的方向静稳定性一般会随迎角的增大而减弱。

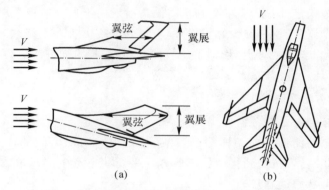

图 8-5　大迎角下垂尾的有效展弦比和翼尖涡

8.1.3.2　飞机横向静稳定性

在飞行过程中，使飞机自动恢复原来横向平衡状态的滚转力矩，主要是由机翼上反角、机翼后掠角和垂直尾翼的作用产生的。横向静稳定性是指，飞机受到扰动偏离原横向平衡状态产生坡度，在扰动消失瞬间飞机自动恢复原横向平衡的趋势。

飞机是否具有横向静稳定性，取决于滚转力矩系数随侧滑角的变化特性。即：

当 $m_x^\beta < 0$ 时，飞机横向静稳定，或者称飞机具有横向静稳定性；

当 $m_x^\beta > 0$ 时，飞机横向静不稳定，或者称飞机不具有横向静稳定性；

当 $m_x^\beta = 0$ 时，飞机横向中立静稳定。

这是因为，飞机的 $m_x^\beta < 0$ 时，如果飞机受扰动产生右坡度，此时飞机的升力与重力合力要使飞机向右前方向运动而产生右侧滑，即产生了正的 $\Delta\beta$。因为 $m_x^\beta < 0$，必然产生向左滚转的稳定力矩（$\Delta m_x < 0$），使飞机具有消除坡度恢复原平衡的趋势。反之，当 $m_x^\beta > 0$ 时，飞机受扰动产生右坡度是将会使飞机出现右侧滑（$\Delta\beta > 0$），$\Delta m_x = m_x^\beta \Delta\beta > 0$，使飞机右滚，继续增大右坡度，飞机就是横向静不稳定的。

因为低速直机翼飞机的 m_x^β 主要由机翼上反角提供，因此也把横向静稳定导数 m_x^β 称为上反效应。$|m_x^\beta|$ 的大小直接决定了横航向静稳定性的强弱。横航向静稳定叫正上反效应；横航

向静不稳定叫负上反效应。

现代飞机多采用大后掠角机翼,这使飞机在较大迎角(较大升力系数 C_L)下往往具有较大横向静稳定性,但是大迎角时 $|m_y^\beta|$ 却较小,这对飞机的横航向动力学特性是不利的。因此,大后掠翼飞机一般机翼都有一定的下反角,以适当减小 $|m_x^\beta|$,减弱横向静稳定性。

8.2 飞机静操纵性

飞机的**静操纵性**主要是指飞机作等速直线或稳定曲线飞行时的操纵特性。飞机的操纵机构主要有驾驶杆(或驾驶盘)、脚蹬、油门杆。飞行员一般通过驾驶杆(或驾驶盘)操纵平尾或副翼(有些飞机具有差动平尾,三角翼或飞翼式布局飞机采用升降副翼及阻力舵等),改变平尾偏角 δ_e 或副翼偏角 δ_a 产生操纵力矩 $\Delta M_y(\Delta m_y = m_y^{\delta_e}\delta_e)$ 或 $\Delta M_x(\Delta m_x = m_x^{\delta_a}\delta_a)$,使飞机改变姿态,改变迎角 α 或倾斜角 φ,通过脚蹬操纵方向舵偏角 δ_r,产生操纵力矩 $\Delta M_z(\Delta m_z = m_z^{\delta_r}\delta_r)$,改变飞机的侧滑角 β;油门杆操纵主要用来改变发动机推力,改变飞行速度。在等速直线飞行和稳定曲线飞行中,推力的讨论在飞行性能中已有较多的叙述,这里主要讨论平尾偏角、副翼偏角和方向舵偏角的操纵问题。

8.2.1 飞机纵向静操纵性

纵向静操纵性主要包括稳定直线飞行和稳定曲线飞行两大部分的操纵特性。

8.2.1.1 平飞静操纵性

1. 平飞静操纵性原理和平尾偏角

平飞时,飞机各项加速度和角速度均为零,此时任何作用于飞机的外力与外力矩之和为零。也就是说,在平飞中,应该满足

$$\begin{cases} \sum F_z = 0 \\ \sum M_y = 0 \end{cases}$$

由第一式可知,平飞中应有

$$L = G$$

或

$$C_{L1} = \frac{2G}{kpMa^2S} = \frac{2G}{\rho V^2 S}$$

其中 k 为比热比,对于空气,$k=1.4$。

由第二式可知,平飞中应有 $m_y = 0$,即

$$m_y = m'_{y0} + m_y^{\delta_e}\delta_e + C_{L\delta_e=0}m_y^{C_L} \qquad (8-7)$$

其中,m'_{y0} 为平尾(升降舵)偏角 $\delta_e=0$ 时的全机零升力矩系数,大小为 $m_{y0wb} - K_q AC_{Lht}^a \alpha_0$,为简便起见,以后仍记为 m_{y0};$C_{L\delta_e=0}$ 为平尾偏角 $\delta_e=0$ 时的全机升力系数;$m_y^{\delta_e}$ 为平尾操纵效能,大小为 $-K_q AC_{Lht}$。令 $m_y=0$,可以求得平飞平尾偏角

$$\delta_e = -\frac{m_{y0} + m_y^{C_L}C_{L\delta_e=0}}{m_y^{\delta_e}}$$

注意到平飞升力系数为

$$C_{L1} = C_{L\delta_e=0} + C_L^{\delta_e}\delta_e \qquad (8-8)$$

其中，$C_{L\delta_e=0} = C_{L1} + \dfrac{m_y^{\delta_e}\delta_e}{L_{ht}}$，代入式（8-8），可以得到平尾平飞偏角为

$$\delta_e = -\frac{m_{y0} + m_y^{C_L}C_{L1}}{\left(1 + \dfrac{m_y^{C_L}}{L_{ht}}\right)m_y^{\delta_e}} \tag{8-9}$$

可以看出，平飞平尾偏角主要由两部分组成：一部分用来克服全机零升力矩 m_{y0}；另一部分用来克服升力力矩 $m_y^{C_L}C_{L1}$。

如果平尾面积比机翼面积小得多，可以近似地认为飞机平飞升力系数 $C_{L1} \approx C_{L\delta_e=0}$，则式（8-9）可简化为

$$\delta_e = -\frac{m_{y0} + m_y^{C_L}C_L}{m_y^{\delta_e}} \tag{8-10}$$

2.平飞平尾偏角随 Ma、高度和重心位置的变化

由于 $C_{L1} = \dfrac{2G}{kpMa^2S}$，式（8-10）可以写为

$$\delta_e = -\frac{m_{y0} + m_y^{C_L}\dfrac{2G}{kpMa^2S}}{m_y^{\delta_e}} \tag{8-11}$$

根据式（8-11）可以容易地分析平飞平尾偏角 δ_e 随 Ma、H 和重心位置的变化规律。

（1）平飞平尾偏角随 Ma 的变化规律。

由于亚声速飞行时，飞机 m_{y0}，$m_y^{C_L}$，$m_y^{\delta_e}$ 基本不随 Ma 变化，而且 $m_y^{C_L} < 0$，因此当 Ma 增大时，平飞平尾偏角负值应减小。也就是说随平飞 Ma 增大，飞行员应减小拉杆量，使平尾前缘下偏角减小。

考虑到跨声速飞行时，随着 Ma 增加，飞机焦点位置急剧后移，使 $|m_y^{C_L}|$ 迅速增大，超过了 Ma 本身增大对平尾偏角的影响。因此，在跨声速飞行阶段通常会在某一 Ma 范围内出现平尾偏角随 Ma 增大而负值增大的情况（见图8-6），也就是通常所说的"勺"区。

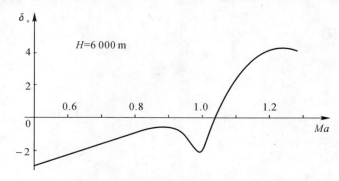

图 8-6　平飞平尾偏角随 Ma 的变化

超声速飞行时 $m_y^{C_L}$ 基本不变，$|m_y^{\delta_e}|$ 一般随 Ma 增大而减小（其变化规律基本与 C_L^α 类似）。因此，平尾偏角将随 Ma 增大而增大（负值减小）。某些飞机因弹性的影响，$|m_y^{C_L}|$ 有明显的减小。这会使飞机在较大的 Ma 下发生相反情况或变得不明显。

（2）高度对平飞平尾偏角的影响。

随着飞行高度增加，大气密度 ρ 和大气压力 p 将随之降低。由式（8-11）可以看出，这将会

使平飞平尾负值增大,也就是使平飞平尾偏角随 Ma 变化曲线下移。反之,高度降低,则平飞平尾偏角负值减小,δ_e - Ma 曲线上移。

（3）重心位置对平飞平尾偏角的影响。

在飞行中,由于武器、弹药、油料的消耗,飞机的重心位置将随时发生变化;在飞机使用中进行的加、改装以及外挂的增、减也会使飞机的重心位置发生移动。重心位置的变化,必然会引起迎角静稳定度 $m_y^{C_L}$ 变化。由式(8-11)可以看出,当重心后移,$\bar{x}_G$ 增大时,$|m_y^{C_L}|$ 减小,平飞平尾偏角负值必然减小;相反,必然会使重心前移平飞平尾偏角负值增大。

8.2.1.2　曲线飞行静操纵性

1.定常拉升运动

所谓定常拉升运动,就是指飞机在垂直平面内以等速度 V、等角速度 ω_y 和不变迎角 α（升力系数 C_L）做稳定曲线飞行（见图 8-7）。

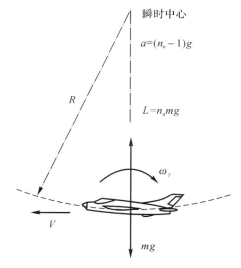

图 8-7　飞机的定常拉升运动

这里不研究油门杆操纵问题。假定飞机的推力始终等于阻力,飞行高度变化不大,大气密度的变化可以略去不计。如图 8-7 所示,拉升运动最低点的向心力为

$$F = L - G = G(n_n - 1)$$

向心加速度为

$$a = F/m = g(n_n - 1) \qquad (8-12)$$

可以看出,飞机作定常拉升运动加速度,也就是机动动作的剧烈程度完全决定于法向过载 $n_n = L/G$。过载 n_n 越大,飞机的飞行方向改变越快,机动动作量越大。因此,过载 n_n 的大小常被用来衡量曲线飞行的机动动作量的大小。

由力学原理知道,曲线运动向心加速度为

$$a = R\omega_y^2 = V\omega_y$$

或

$$\omega_y = \frac{a}{V}$$

将式(8-12)代入上式,得到

$$\omega_y = \frac{g}{V}(n_n - 1) \tag{8-13}$$

写成无因次形式为

$$\bar{\omega}_y = \frac{\omega_y b_A}{V} = \frac{1}{\mu_1} C_{Ll}(n_n - 1) \tag{8-14}$$

其中，C_{Ll} 为平飞升力系数；μ_1 为纵向相对密度，$\mu_1 = 2m/\rho S b_A$。

在定常拉升运动中，飞机的飞行航迹不断向上弯曲，速度方向也在不断变化，飞机必然要以相同的角速度 ω_y 绕横轴转动以保持迎角不变。这将使飞机受到一个附加俯仰阻尼力矩 $\Delta M_y = m_y^{\bar{\omega}_y} \bar{\omega}_y \frac{1}{2}\rho V^2 S b_A$ 的作用。此外，飞机在定常拉升运动中的迎角大于平飞迎角，飞机在定常拉升运动中还将受到附加升力力矩 $\Delta M_y = m_y^{C_L} \Delta C_{L\delta_e=C} \frac{1}{2}\rho V^2 S b_A$ 的作用。因此，为使飞机作等 ω_z 和等 α 的定常拉升运动，飞行员必须通过操纵驾驶杆使平尾产生附加的俯仰操纵力矩 $\Delta M_y = m_y^{\delta_e} \Delta \delta_e \frac{1}{2}\rho V^2 S b_A$，平衡上述两个附加纵向力矩，即

$$m_y^{\bar{\omega}_y} \bar{\omega}_y \frac{1}{2}\rho V^2 S b_A + m_y^{C_L} \Delta C_{L\delta_e=C} \frac{1}{2}\rho V^2 S b_A + m_y^{\delta_e} \Delta \delta_e \frac{1}{2}\rho V^2 S b_A = 0$$

或

$$m_y^{\bar{\omega}_y} \bar{\omega}_y + m_y^{C_L} \Delta C_{L\delta_e=C} + m_y^{\delta_e} \Delta \delta_e = 0 \tag{8-15}$$

其中 $m_y^{\bar{\omega}_y}$ 为纵向阻尼力矩导数。

2. 单位过载平尾偏角

单位过载平尾偏角 $\mathrm{d}\delta_e/\mathrm{d}n_n$ 是使飞机法向过载每增大单位量所需增加的平尾偏角操纵量，由于过载 n_n 是衡量稳定曲线飞行机动动作的重要参数，而 δ_e 表示操纵量的大小，因此单位过载平尾偏角 $\mathrm{d}\delta_e/\mathrm{d}n_n$ 可以作为衡量飞机稳定曲线飞行操纵性能的一个重要参数。

飞机的单位过载平尾偏角可以由式(8-15)求得。在式(8-15)中，$\Delta C_{L\delta_e=C}$ 为拉升运动的迎角大于平飞迎角所引起的升力系数增量，下标"$\delta_e = C$"就是用来表示这一事实的，也就是表示平尾偏角保持平飞时所取的常值。因此

$$\Delta C_{L\delta_e=C} = \Delta C_L - C_L^{\delta_e} \Delta \delta_e - C_L^{\bar{\omega}_y} \bar{\omega}_y \tag{8-16}$$

其中 ΔC_L 为拉升运动中的全机升力系数 C_L 与平飞升力系数 C_{Ll} 之差，即

$$\Delta C_L = C_L - C_{Ll} = \left(\frac{C_L}{C_{Ll}} - 1\right) C_{Ll}$$

即

$$\Delta C_L = (n_n - 1) C_{Ll} \tag{8-17}$$

将式(8-17)代入式(8-16)，有

$$\Delta C_{L\delta_e=C} = (n_n - 1) C_{Ll} - C_L^{\delta_e} \Delta \delta_e - C_L^{\bar{\omega}_y} \bar{\omega}_y = \Delta n_z C_{Ll} - C_L^{\delta_e} \Delta \delta_e - C_L^{\bar{\omega}_y} \bar{\omega}_y$$

再把上述结果代入式(8-15)，有

$$m_y^{\bar{\omega}_y} \bar{\omega}_y + m_y^{C_L} \left[\Delta n_z C_{Ll} - C_L^{\delta_e} \Delta \delta_e - C_L^{\bar{\omega}_y} \bar{\omega}_y\right] + m_y^{\delta_e} \Delta \delta_e = 0$$

即

$$(m_y^{\bar{\omega}_y} - C_L^{\bar{\omega}_y} m_y^{C_L}) \bar{\omega}_y + m_y^{C_L} \Delta n_n C_{Ll} + (m_y^{\delta_e} - C_L^{\delta_e} m_y^{C_L}) \Delta \delta_e = 0$$

根据气动导数的计算方法，有

$$C_L^{\bar{\omega}_y} = -\frac{m_y^{\bar{\omega}_y}}{\bar{L}_{ht}}, \quad C_L^{\delta_e} = -\frac{m_y^{\delta_e}}{\bar{L}_{ht}}$$

可得

$$\left(1+\frac{m_y^{C_L}}{\overline{L}_{ht}}\right)m_y^{\bar{\omega}_y}+m_y^{C_L}\Delta n_n C_{Ll}+\left(1+\frac{m_y^{C_L}}{\overline{L}_{ht}}\right)m_y^{\bar{\omega}_y}\Delta\delta_e=0$$

将式(8-13)代入上式,可得

$$\left[m_y^{C_L}+\left(1+\frac{m_y^{C_L}}{\overline{L}_{ht}}\right)\frac{1}{\mu_1}m_y^{\bar{\omega}_y}\right]\Delta n_n C_{Ll}+\left(1+\frac{m_y^{C_L}}{\overline{L}_{ht}}\right)m_y^{\delta_e}\Delta\delta_e=0$$

由此可得

$$\frac{\mathrm{d}\delta_e}{\mathrm{d}n_n}=-\frac{m_y^{C_L}+\left(1+\frac{m_y^{C_L}}{\overline{L}_{ht}}\right)\frac{1}{\mu_1}m_y^{\bar{\omega}_y}}{\left(1+\frac{m_y^{C_L}}{\overline{L}_{ht}}\right)m_y^{\delta_e}}C_{Ll}$$

通常 $\frac{1}{\mu_1}m_y^{\bar{\omega}_y}\ll 1$, $\frac{m_y^{C_L}}{\overline{L}_{ht}}$ 也是个小量,上式可简化为

$$\frac{\mathrm{d}\delta_e}{\mathrm{d}n_n}=-\frac{m_y^{C_L}+\frac{1}{\mu_1}m_y^{\bar{\omega}_y}}{\left(1+\frac{m_y^{C_L}}{\overline{L}_{ht}}\right)m_y^{\delta_e}}C_{Ll} \tag{8-18}$$

如果平尾面积较小,略去平尾偏转产生的升力增量 $C_L^{\delta_e}\Delta\delta_e$,式(8-18)可进一步简化为

$$\frac{\mathrm{d}\delta_e}{\mathrm{d}n_n}=-\frac{m_y^{C_L}+\frac{1}{\mu_1}m_y^{\bar{\omega}_y}}{m_y^{\delta_e}}C_{Ll} \tag{8-19}$$

为满足飞行员的操纵习惯,简化操纵动作,通常要求 $\mathrm{d}\delta_e/\mathrm{d}n_n<0$。这时,为了增加飞机升力、增加法向过载,要求飞机增加拉杆量使平尾偏角负值增大,这是很自然的。如果 $\mathrm{d}\delta_e/\mathrm{d}n_n>0$,情况则不同。这时为了增大升力、增大法向过载,飞行员必须先增加拉杆量使平尾前缘下偏产生抬头操纵力矩,使飞机迎角增大,直到达到预定的过载值时,再减小拉杆操纵量使平尾前缘上偏,减小平尾负偏角,使俯仰力矩恢复平衡。这是飞行员非常讨厌的。由于 $m_y^{\delta_e}<0$,为使 $\mathrm{d}\delta_e/\mathrm{d}n_n<0$,必须使

$$\sigma_n=m_y^{C_L}+\frac{1}{\mu_1}m_y^{\bar{\omega}_y}<0 \tag{8-20}$$

σ_n 一般叫做**机动裕度**。注意到 $m_y^{C_L}=-(\bar{x}_F-\bar{x}_G)$,有

$$\sigma_n=-(\bar{x}_F-\bar{x}_G)+\frac{1}{\mu_1}m_y^{\bar{\omega}_y}=-\left[\left(\bar{x}_F-\frac{1}{\mu_1}m_y^{\bar{\omega}_y}\right)-\bar{x}_G\right]=-(\bar{x}_n-\bar{x}_G) \tag{8-21}$$

式中 $\bar{x}_n=\bar{x}_F-\frac{1}{\mu_1}m_y^{\bar{\omega}_y}$,称为机动点到飞机机翼平均气动弦前缘的相对距离。

将式(8-20)代入式(8-19),有

$$\frac{\mathrm{d}\delta_e}{\mathrm{d}n_n}=-\frac{\sigma_n}{m_y^{\delta_e}}C_{Ll} \tag{8-22}$$

即

$$m_y^{\delta_e}\mathrm{d}\delta_e=-\sigma_n\mathrm{d}n_n C_{Ll}$$

$$m_y^{\delta_e}\mathrm{d}\delta_e=(\bar{x}_n-\bar{x}_G)\mathrm{d}n_n C_{Ll}$$

可见,**机动点**实际上是拉升运动中升力增量的作用点,或者更准确地说为拉升运动中总空气动力增量的作用点。显然,为了保证 $\mathrm{d}\delta_e/\mathrm{d}n_n<0$,$\sigma_n$ 必须为负值,机动点必须在飞机重心之

后。

3. $\mathrm{d}\delta_\mathrm{e}/\mathrm{d}n_\mathrm{n}$ 随飞行马赫数、高度和重心位置的变化

(1) $\mathrm{d}\delta_\mathrm{e}/\mathrm{d}n_\mathrm{n}$ 随 Ma 的变化规律。

注意到平飞升力系数 $C_{\mathrm{L1}} = \dfrac{2G}{kpMa^2 S}$，式(8-19) 可以写成

$$\frac{\mathrm{d}\delta_\mathrm{e}}{\mathrm{d}n_\mathrm{n}} = -\frac{m_y^{C_\mathrm{L}} + \dfrac{1}{\mu_1}m_y^{\bar{\omega}_y}}{m_y^{\delta_\mathrm{e}}} \cdot \frac{2G}{kpMa^2 S} \qquad (8-23)$$

亚声速飞行时，$m_y^{C_\mathrm{L}}$、$m_y^{\delta_\mathrm{e}}$、$m_y^{\bar{\omega}_y}$ 基本不随 Ma 变化，$|\mathrm{d}\delta_\mathrm{e}/\mathrm{d}n_\mathrm{n}|$ 将随 Ma（或速度）迅速减小；跨声速飞行阶段，随着 Ma 本身增大，飞机焦点位置急剧后移，使飞机裕度 $|\sigma_\mathrm{n}|$ 急剧增大。它的作用超过了 Ma 本身增大的影响，使 $|\mathrm{d}\delta_\mathrm{e}/\mathrm{d}n_\mathrm{n}|$ 减小；超声速飞行时，飞机焦点位置基本不变，此时 $|\mathrm{d}\delta_\mathrm{e}/\mathrm{d}n_\mathrm{n}|$ 值只取决于 Ma 本身及 $m_y^{\delta_\mathrm{e}}$ 随 Ma 的变化，如图 8-8 所示，$|\mathrm{d}\delta_\mathrm{e}/\mathrm{d}n_\mathrm{n}|$ 随 Ma 增大而减小。

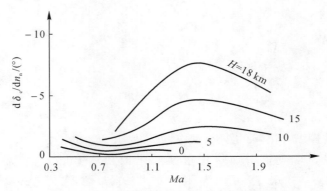

图 8-8　单位过载平尾偏角随 Ma 和 H 的变化

(2) 高度对 $|\mathrm{d}\delta_\mathrm{e}/\mathrm{d}n_\mathrm{n}|$ 的影响。

高度升高，大气密度和大气压降低，由式(8-23) 可以看出，这将使 $|\mathrm{d}\delta_\mathrm{e}/\mathrm{d}n_\mathrm{n}|$ 增大；反之，高度降低，$|\mathrm{d}\delta_\mathrm{e}/\mathrm{d}n_\mathrm{n}|$ 将减小。

(3) 重心位置。

重心位置变化将引起 $m_y^{C_\mathrm{L}}$ 和机动裕度 $|\sigma_\mathrm{n}|$ 的变化。重心后移，$|m_y^{C_\mathrm{L}}|$ 和 $|\sigma_\mathrm{n}|$ 减小，$|\mathrm{d}\delta_\mathrm{e}/\mathrm{d}n_\mathrm{n}|$ 减小。当重心位置向后移到机动点位置时，$|\sigma_\mathrm{n}|=0$，$|\mathrm{d}\delta_\mathrm{e}/\mathrm{d}n_\mathrm{n}|$，如继续向后移动，将会造成 $\sigma_\mathrm{n}=0$，$|\mathrm{d}\delta_\mathrm{e}/\mathrm{d}n_\mathrm{n}|>0$，这是不允许的。因此机动点又叫临界重心位置。相反，重心位置前移，将使 $|\mathrm{d}\delta_\mathrm{e}/\mathrm{d}n_\mathrm{n}|$ 增大。

8.2.2　飞机横航向静操纵性

横航向静操纵性主要包括定常直线侧滑、正常盘旋和稳定滚转等飞行中的操纵问题。

8.2.2.1　定常直线侧滑飞行的横航向静操纵性

飞机作侧滑飞行时，会引起阻力的增大，所以正常情况下总希望飞机保持对称飞行。但在某些场合，例如侧风着陆及不对称动力飞行时，往往要求侧滑飞行。此外，轻型飞机有时也可利用侧滑减小升阻比，从而获得较陡的下滑航迹。

1. 定直侧滑飞行的横航向平衡方程组

根据横航向力和力矩的平衡，滚转角 ϕ 很小时，$G \approx L$，$\cos\phi \approx 1$，$\sin\phi \approx \phi$，可得

$$
\left.
\begin{aligned}
C^\beta\beta + C^{\delta_r}\delta_r + L\phi &= 0 \\
M_x^\beta\beta + M_x^{\delta_a}\delta_a + M_x^{\delta_e}\delta_e &= 0 \\
M_z^\beta\beta + M_z^{\delta_a}\delta_a + M_z^{\delta_e}\delta_e &= 0
\end{aligned}
\right\}
\tag{8-24}
$$

略去小项，且注意到 $C_L \approx C_G\cos\theta$，便得到如下代数方程组：

$$
\left.
\begin{aligned}
C_C^\beta\beta + C_C^{\delta_r}\delta_r + C_L\phi &= 0 \\
m_x^\beta\beta + m_x^{\delta_a}\delta_a + m_x^{\delta_r}\delta_r &= 0 \\
m_z^\beta\beta + m_z^{\delta_a}\delta_a + m_z^{\delta_r}\delta_r &= 0
\end{aligned}
\right\}
\tag{8-25}
$$

在一般情况下 $m_z^{\delta_a}$ 绝对值较小，往往可以忽略。对 β，解出 δ_a、δ_e 及 ϕ，并忽略 $m_z^{\delta_a}$，有

$$
\left.
\begin{aligned}
\delta_a &= -\frac{m_x^\beta}{m_x^{\delta_a}}\left(1 - \frac{m_x^{\delta_a}m_z^\beta}{m_x^\beta m_z^{\delta_r}}\right)\beta \\
\delta_r &= -\frac{m_z^\beta}{m_z^{\delta_r}}\beta \\
\phi &= -\frac{C_C^\beta}{C_L}\left(1 - \frac{C_C^{\delta_r}m_z^\beta}{C_C^\beta m_z^{\delta_r}}\right)\beta
\end{aligned}
\right\}
\tag{8-26}
$$

可见定直侧滑运动中所需的副翼和方向舵平衡偏角，以及飞机的滚转角，都与 β 成正比。

2. 横航向操纵面偏角平衡曲线

当利用横航向操纵实现定直侧滑飞行时，飞行品质规范（GJB 185—86）中列出了横航向操纵与滚转角应对侧滑角具有何种变化特性的静操纵性指标。例如：右方向舵脚蹬前移和右脚蹬力应产生左侧滑；副翼驾驶杆位移及副翼杆力向左应产生左侧滑；左滚转角的增加随之有左侧滑角的增加等。就横航向操纵面偏角而言，这些要求可以由不计侧风干扰作用时，飞机实现定直侧滑所需的平衡关系式（8-26）确定。其中，δ_a 和 δ_r 随 β 或 ϕ 变化的曲线可称为横航向操纵面偏角平衡曲线，规范要求的特性可由导数 $\delta_a^\beta = \dfrac{\partial\delta_a}{\partial\beta} < 0$，$\delta_r^\beta = \dfrac{\partial\delta_r}{\partial\beta} < 0$ 及 $\phi^\beta = \dfrac{\partial\phi}{\partial\beta} > 0$ 表示。

式（8-26）对 β 求导，可得

$$
\left.
\begin{aligned}
\delta_a^\beta &= -\frac{1}{m_x^{\delta_a}}\left(m_x^\beta - \frac{m_x^{\delta_a}m_z^\beta}{m_z^{\delta_r}}\right) \\
\delta_r^\beta &= -\frac{m_z^\beta}{m_x^{\delta_r}} \\
\phi^\beta &= -\frac{1}{C_L}\left(C_C^\beta - \frac{C_C^{\delta_r}m_z^\beta}{m_z^{\delta_r}}\right)
\end{aligned}
\right\}
\tag{8-27}
$$

由于 $m_x^{\delta_a} < 0$，$m_z^{\delta_r} < 0$，所以为满足 $\delta_a^\beta \leqslant 0$ 及 $\delta_r^\beta \leqslant 0$，将分别要求

$$
m_x^\beta - \frac{m_x^{\delta_a}m_z^\beta}{m_z^{\delta_r}} < 0; \qquad m_z^\beta < 0
\tag{8-28}
$$

可见，根据飞行品质规范（GJB 185—86）对静操纵性指标的要求，飞机应具有横航向静稳定性。其中横向静稳定性还要满足 $m_x^\beta < \dfrac{m_x^{\delta_a}m_z^\beta}{m_z^{\delta_r}}$ 条件，即具有足够的上反效应。这便是横航向静稳定性与横航向静操纵性之间的内在联系。$\phi^\beta > 0$ 反映对侧力特性的要求，该条件在实践

中常能满足。

为了试飞测试方便,定直侧滑的横航向操纵面偏角平衡曲线也可改用 $\delta_a - \phi$、$\delta_r - \phi$ 的形式。此关系可由式(8-26)导出,即

$$
\left.
\begin{aligned}
\delta_a &= \frac{C_L}{m_x^{\delta_a}} \cdot \frac{m_x^{\beta} - m_x^{\delta_r} \dfrac{m_z^{\beta}}{m_z^{\delta_r}}}{C_C^{\beta} - C_C^{\delta_r} \dfrac{m_z^{\beta}}{m_z^{\delta_r}}} \phi \\
\delta_r &= \frac{C_L}{m_z^{\delta_r}} \cdot \frac{m_z^{\beta}}{C_C^{\beta} - C_C^{\delta_r} \dfrac{m_z^{\beta}}{m_z^{\delta_r}}} \phi \\
\beta &= -\frac{C_L}{C_C^{\beta} - C_C^{\delta_r} \dfrac{m_z^{\beta}}{m_z^{\delta_r}}} \phi
\end{aligned}
\right\}
\qquad (8-29)
$$

对给定的飞行状态,可以得出图8-9形式的横航向操纵面偏角平衡曲线。飞行品质规范要求 δ_a^ϕ 及 δ_r^ϕ 均为负值。

3. 侧风着陆横航向操纵效能核算

飞机着陆时如遇到相对跑道的侧风,可以采用两种方式进行进场着陆。一种是采用机头对准跑道轴线(见图8-10)。另一种是机头不对准跑道,飞机以任一较小或为零的侧滑角进场,此时地速不一定沿跑道轴线,随后通过改变航迹的办法,使飞机在接地瞬间地速正好沿跑道轴线方向。

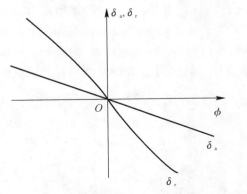

图 8-9　横航向操纵面偏角平衡曲线

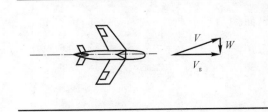

图 8-10　侧滑进场飞行方式

下述着重介绍侧滑进场方式。以垂直跑道的左侧风为例,如风速为 W,飞机对地速度为 V_g,为保持地速沿跑道轴线,侧滑角

$$
\beta = \arctan \frac{W}{V_g} \qquad (8-30)
$$

风速较小时,可以近似为

$$
\beta \approx \arcsin \frac{W}{V} \qquad (8-31)
$$

通常由于着陆时 V_g 或 V 较小,因而对应一定侧风风速 W,β 可能较大。由前面所得的定直侧滑平衡关系式(8-26)可见,相应的横航向操纵面平衡偏角 δ_a 及 δ_r 也较大。但从结构及气动

两方面考虑,副翼和方向舵偏角都受到一定限制。如副翼偏角通常不超过 $\pm 20°$,方向舵偏角则在 $\pm 25° \sim \pm 30°$ 之间。如果横航向操纵效能较低,则在侧风着陆时要求的横航向操纵面平衡偏角可能超过允许偏角,或缺乏必要的供机动用的操纵余量,这样就会限制飞机的使用。因此,有的飞行品质规范对歼击机作出规定:当垂直向侧风(即 $90°$ 侧风)风速 W 不大于 $10\ \text{m/s}$ 时,横航向操纵效能应保证飞机能用定直侧滑飞行的进场方式进行侧风着陆。如果侧风着陆时方向舵偏角较大,则需要考虑方向舵偏转的气动力非线性影响。

4.飞机上作用有非对称力矩时的静操纵性

当飞机由于外形、装载的不对称,或多发动机飞机不对称动力(如一侧发动机出故障)情况下工作时,飞机会作用有非对称的力矩 ΔM_x、ΔM_z。飞行品质规范中一般都列有与此相关的一些指标要求:如对突然的非对称推力损失,飞机应当可以安全操纵;又如在给定的某些条件下,飞机应能保持直线航迹等。下面以非对称推力损失为例,说明为保持定直航迹,飞机的横航向平衡和静操纵性问题。

设有一架双发动机飞机,其右侧发动机出现故障,推力全部损失。为实现定直航迹,左侧发动机发出标准额定推力 P(见图 8-11)。根据定常飞行条件可认为 $P \approx D$,不对称推力引起的偏航力矩 $\Delta M_{zP} = -P \cdot y_P$,化为系数形式为

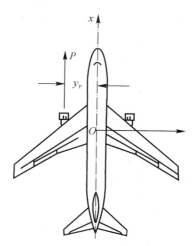

图 8-11 不对称动力飞行

$$m_{zP} = \frac{\Delta M_{zP}}{qSl} = \frac{-Py_P}{qSl} \approx -\frac{1}{2}C_P \bar{y}_P \qquad (8-32)$$

式中,$\bar{y}_P = y_P \Big/ \dfrac{l}{2}$。

本情况中的飞机平衡方程组,可采用式(8-25),并在第三个方程式中加进 m_{zP} 作为外加力矩而得出

$$\begin{cases} C_C^\beta \beta + C_C^{\delta_r} \delta_r + C_L \cdot \phi = 0 \\ m_x^\beta \beta + m_x^{\delta_a} \delta_a + m_x^{\delta_r} \delta_r = 0 \\ m_z^\beta \beta + m_z^{\delta_a} \delta_a + m_z^{\delta_r} \delta_r + m_{zP} = 0 \end{cases} \qquad (8-33)$$

忽略小量 $m_z^{\delta_a}$,由式(8-33)将 δ_a、δ_r 及 ϕ 作为 m_{zP} 及 β 的函数解出,可得

$$\begin{cases} \delta_a = \dfrac{m_x^{\delta_a}}{m_x^{\delta_a} m_z^{\delta_c}} m_{zP} - \left(\dfrac{m_x^\beta}{m_x^{\delta_a}} - \dfrac{m_z^{\delta_c} m_z^\beta}{m_z^{\delta_c} m_x^{\delta_a}} \right) \beta \\[3mm] \delta_r = -\dfrac{m_{zP}}{m_z^{\delta_r}} - \dfrac{m_z^\beta}{m_z^{\delta_r}} \beta \\[3mm] \phi = \dfrac{C_C^{\delta_r}}{C_L m_z^{\delta_r}} m_{zP} - \dfrac{1}{C_L} \left(C_C^\beta - C_C^{\delta_r} \dfrac{m_z^\beta}{m_z^{\delta_r}} \right) \end{cases} \qquad (8-34)$$

上述解与式(8-26)不同之处在于 δ_a、δ_r 及 β 中都出现了与 m_{zP} 有关的常数项。这就使本情况下的横航向平衡和静操纵性与侧风着陆情况性质有所不同。对侧风着陆来讲,飞行速度

及侧风风速一定,β 就一定。要求的角 δ_a、δ_r 及 ϕ 便由式(8-26)唯一确定。一般来说有 β 就存在 ϕ,而在非对称动力情况下,给定 m_{zP} 时,在三个关系式[即式(8-33)]中有四个变量 δ_a、δ_r、ϕ 及 β,因此,可以存在无穷多组解。任意给定一个变量便以解出其余三个变量。同时,由于对应 m_{zP} 的常数项存在,有 β 也可以不存在 ϕ。换句话说,可使飞机水平带侧滑飞行,反过来也可以使飞机无侧滑但倾斜飞行。

5. 定直侧滑飞行中的操纵反常现象

当飞机以不同迎角及 Ma 作定直侧滑飞行时,由于侧滑导数及横航向操纵导数的变化,使由式(8-26)确定的反映定直侧滑特性的静操纵性指标 δ_a^β,δ_r^β,ϕ^β 会有不同的数值。某些飞行状态下可能会不满足式(8-28)的条件。此时,相应指标 δ_a^β 和 δ_r^β 就会大于零,呈现横航向操纵反常现象。其中,出现副翼操纵反常比出现方向舵操纵反常的可能性更大一些。例如,下反角较大的飞机,低空高速飞行时,m_x^β 甚至可能变成正值,使副翼操纵反常。

6. "蹬舵反倾斜"现象

有的飞行品质规范中曾规定:应能单独利用方向舵操纵使飞机按应有的方向改变其倾斜姿态。蹬右舵(即方向舵偏角为正),飞机应向右滚转;蹬左舵,飞机向左滚转。如果蹬舵后的效果与应有的滚转方向相反,便出现所谓"蹬舵反倾斜"现象。下面简单地说明产生这一现象的原因。

设飞行员蹬右舵,方向舵偏转会同时产生左滚及右偏航操纵力矩,使飞机出现左侧滑。如飞机具有 $m_x^{\overline{\omega}_x}<0$ 及 $m_x^\beta<0$ 特性,右偏航及左侧滑都会产生右滚力矩。当右滚力矩超过方向舵偏转的左滚操纵力矩时,飞机便会向右滚转,这就符合规范要求。若右滚力矩数值不足以克服左滚操纵力矩,或当飞机失去横向静稳定性即 $m_x^\beta>0$ 时,右偏航及左侧滑的综合效果产生了左滚力矩,则飞机自然就会左滚转,出现"蹬舵反倾斜"现象。

大迎角飞行时,利用方向舵来控制飞机的滚转角有一定的实际意义。因为这种情况下,副翼的横向操纵往往大为削弱,所以有时就需要借助其他的方式进行横向操纵。

8.2.2.2 正常盘旋及稳定滚转的静操纵性

正常盘旋和定常拉升运动一样,常用来衡量飞机的机动飞行能力,而稳定滚转则可用来衡量副翼的滚转操纵效率。

1. 正常盘旋时的力矩平衡和静操纵性

当飞机在给定高度以一定的 V 和 n_y 作正常盘旋时,将出现绕体轴的定常角速度分量。如果这些分量数值不大,则所引起的气动和力矩的变化与角速度成正比。从气动力角度考虑,就可以用线性叠加办法,在定直平飞的基础上,考虑旋转所引起的附加气动力和力矩。此时,为了实现平衡飞行就需要相应地偏转各个气动操纵面。实际上,飞机作正常盘旋时,还存在惯性力矩作用。但只要旋转运动属于小量性质,而又可略去发动机等转动部件的惯性作用,则此项可以忽略。于是可以单纯地从气动力和力矩的平衡角度考虑问题。

现在以右正常盘旋为例(见图8-12)确定平衡飞行所需的附加操纵面偏角 δ_a,δ_e 和 δ_r。当飞机以角速度 ω 绕空间垂直轴作右正常盘旋时,在稳定轴上的角速度分量为

$$\omega_x=0, \quad \omega_z=-\omega\cos\phi, \quad \omega_y=\omega\sin\phi \tag{8-35}$$

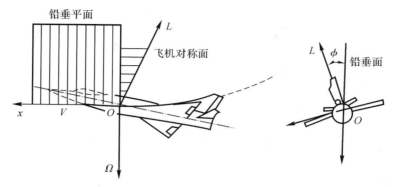

图 8 - 12　右正常盘旋

根据力的平衡关系，可求得以下关系式：

$$n_n = \frac{1}{\cos\phi} \tag{8-36}$$

$$\omega = \frac{g\sqrt{n_n^2 - 1}}{V} \tag{8-37}$$

由此将式(8-35)表示成

$$\left.\begin{array}{l}
\bar{\omega}_x = \omega_x \dfrac{l}{2V} = 0 \\[2mm]
\bar{\omega}_z = \omega_z \dfrac{l}{2V} = -g\sqrt{n_n^2 - 1}\,\dfrac{l}{2V^2 n_n} \\[2mm]
\bar{\omega}_y = \omega_y \dfrac{b_A}{V} = gb_A\,\dfrac{(n_n^2 - 1)}{V^2 n_n}
\end{array}\right\} \tag{8-38}$$

正常盘旋时，由 ω_x、ω_y、ω_z 及 $\Delta n_n = n_n - 1$ 引起的附加气动力矩系数可表示为

$$\left.\begin{array}{l}
\Delta m_x = m_x^{\bar{\omega}_x}\bar{\omega}_x + m_x^{\bar{\omega}_z}\bar{\omega}_z \\[2mm]
\Delta m_z = m_z^{\bar{\omega}_x}\bar{\omega}_x + m_z^{\bar{\omega}_z}\bar{\omega}_z \\[2mm]
\Delta m_y = m_y^{\bar{\omega}_y}\bar{\omega}_y + m_y^a C_{Lhf}\,\dfrac{\Delta n_n}{C_L^\alpha}
\end{array}\right\} \tag{8-39}$$

式中，C_{Lhf} 指以正常盘旋相同的速度与高度作对称定直飞行时的升力系数。

上述附加气动力矩，需由相应的气动操纵面附加偏角 $\Delta\delta_a$、$\Delta\delta_e$、$\Delta\delta_r$。所产生的操纵力矩加以平衡，于是有

$$\left.\begin{array}{l}
\Delta m_x + m_x^{\delta_a}\Delta\delta_a + m_x^{\delta_e}\Delta\delta_e = 0 \\[2mm]
\Delta m_z + m_z^{\delta_a}\Delta\delta_a + m_z^{\delta_r}\Delta\delta_r = 0 \\[2mm]
\Delta m_y + m_y^{\delta_e}\Delta\delta_e = 0
\end{array}\right\} \tag{8-40}$$

将式(8-38)和式(8-39)代入式(8-40)，并略去不大的 $m_z^{\delta_a}$ 项后，可解出

$$\left.\begin{array}{l}
\delta_a = \Delta\delta_a = \dfrac{1}{m_x^{\delta_a}}\left(m_x^{\bar{\omega}_z} - \dfrac{m_z^{\bar{\omega}_z} m_x^{\delta_e}}{m_z^{\delta_e}}\right)\dfrac{gl\sqrt{n_n^2-1}}{2V^2 n_n} \\[4mm]
\delta_r = \Delta\delta_r = \dfrac{m_z^{\bar{\omega}_z}}{m_z^{\delta_r}}\dfrac{gl\sqrt{n_n^2-1}}{2V^2 n_n} \\[4mm]
\Delta\delta_e = -\dfrac{\Delta n_n C_{L,hf}}{m_y^{\delta_e}}\left(\dfrac{m_y^a}{C_L^\alpha} + \dfrac{m_y^{\bar{\omega}_y}}{\mu_1}\cdot\dfrac{n_n+1}{n_n}\right)
\end{array}\right\} \tag{8-41}$$

从式(8-41)中可以看出,当以较大的 n_n 作正常盘旋时,$\Delta\delta_r$ 的表达式几乎与定常拉升运动中的表达式 $\Delta\delta_e = \left(\dfrac{\partial\delta_e}{\partial n_n}\right)_{p=c}\Delta n_n$ 一致。利用这一关系,对能作较大 n_n 机动飞行的高性能飞机,可通过正常盘旋来近似确定飞机的机动点或机动余量。

通常右正常盘旋时,要求飞行员左压杆(右副翼下偏),蹬右舵(方向舵偏向右翼),拉杆。当飞机改为左盘旋时,ω_x 和 ϕ 都反号。由式(8-38)可见,ω_z 将反号,但 ω_y 符号不变,即 $\Delta n_n > 0$ 都要求负的 $\Delta\delta_e$。

需要指出,保持正常盘旋和进正常盘旋所要求的副翼偏转方向是不相同的。要使飞机进入右盘旋,飞行员应"杆舵"一致地右压杆、蹬右舵,同时适当地后拉驾驶杆以产生所需的 ω_x,当飞机接近预定的滚转角时,飞行员应适时地向左回杆,改成左压杆,以保持要求的 $\omega_x = 0$,这样飞机才能维持右正常盘旋飞行。

2. 稳定滚转时的静操纵性

飞机对副翼操纵的稳定滚转反应是横航向静操纵性问题的一个重要指标。为了衡量这一指标,引入稳定滚转这一假想的机动动作。

假定副翼偏转只产生滚转操纵力矩。当副翼突然偏转某一角度时,将使飞机自零滚转速率开始加速滚转。如能限制飞机不出现侧滑和偏航,飞机将继续不停地加速滚转,直到因 ω_x 而出现的滚转阻尼力矩与副翼的操纵力矩相平衡时,飞机才以 ω_x 等角速度稳定滚转。所以,稳定滚转实际上相当于限定 β 和 ω_z 为零,单独考虑 ω_x 自由度的定常运动。它揭示出副翼操纵不同于升降舵和方向舵操纵的本质。对后两者来说,它们属于"角位移"操纵,即给定飞行条件下,一定的升降舵和方向舵偏角对应一定的迎角和侧滑角;而副翼则属于"角速度"操纵,即限制 β 和 ω_z 为零时,给定飞行条件下,一定的副翼偏角对应一定的滚转角速度。

利用稳定滚转这一假想机动动作,可突出副翼的角速度操纵特点;同时,一定副翼偏角所产生的稳定滚转反应,又能恰当地体现副翼的滚转操纵效率。这就是讨论稳定滚转的力矩平衡和静操纵性的意义。

根据稳定滚转的含义,可以写出滚转力矩的平衡方程为

$$m_x^{\omega_x}\bar{\omega}_x + m_x^{\delta_a}\delta_a = 0 \tag{8-42}$$

由此解出

$$\bar{\omega}_x = -\frac{m_x^{\delta_a}}{m_x^{\omega_x}}\delta_a \tag{8-43}$$

对应一定飞行状态,$\bar{\omega}_x$ 与 δ_a 成正比,且副翼操纵效能 $m_x^{\delta_a}$ 绝对值越大、飞机的滚转阻尼越小,则 δ_a 引起的 ω_x 越大。考虑结构弹性变形或大迎角非线性影响都将使 $m_x^{\delta_a}$ 的绝对值减小,不同 Ma 时,$\dfrac{m_x^{\delta_a}}{m_x^{\omega_x}}$ 的值也不同,这些因素都会影响 δ_x 引起的 $\bar{\omega}_x$。

在低速,特别是近地飞行时,飞行员比较关心 $\bar{\omega}_x$ 值,如其值过小,会给滚转操纵带来困难。有的飞行品质规范要求速度在 $(1.2\sim1.4)V_{min}$ 情况下,副翼操纵效能应保证 $\bar{\omega}_x$ 不小于 0.055。但高速大动压飞行时,随 V 增加,一定 $\bar{\omega}_x$ 对应的 ω_x 是增加的。如继续保持 $\bar{\omega}_x$ 不小于 0.055,对副翼操纵效能要求就显得太高。此外,这种飞行状态下飞行员倾向于保证有一定的 ω_x。因此,规范又规定速度在 $(0.9\sim1.0)V_{max}$ 时,副翼操纵应能产生 $\omega_x > 1.5$ rad/s。

上述指标对低速大展弦比飞机比较合适,因为这类飞机对副翼的操纵反应基本上为单自

由度的。对高速飞行来说,副翼操纵反应不再是单自由度的了,因此,飞行品质规范对滚转操纵效率的要求改为以副翼阶跃偏转在给定的时间内应给出不低于规定值的滚转角大小来衡量。对歼击机来说,滚转操纵过程中方向舵应保持松浮。通常要按规范要求来考虑副翼的设计和进行副翼操纵效能的试飞鉴定。

8.2.3 飞机的静操纵性品质

8.2.3.1 有关概念

飞机的操纵品质是指那些影响飞行员关于飞机是否容易驾驶的评价的操纵性、稳定性特性。操纵品质良好的飞机应该具有下述主要特性:

(1) 为完成预定飞行,所需的飞行员操纵动作简单,且符合生理习惯;

(2) 为完成预定飞行,所需的操纵力和操纵位移要适中;

(3) 允许使用的操纵量应足以完成规定的任务使命,使飞机不会因操纵量不足而不能充分发挥飞机的飞行性能;

(4) 飞机对操纵的跟随性要好,对操纵的反应要容易为飞行员所识别。

因此,飞行操纵系统特性对飞机的操纵品质有明显影响。飞机的飞行操纵系统是根据飞行员要求,传递操纵信号,偏转舵面(平尾、副翼、方向舵等操纵面),使飞机完成预定飞行动作的机械/电气系统。一架飞机能否充分发挥其飞行性能,完成预定飞行任务,以及任务执行情况的好坏,除与飞机本身的空气动力特性有关之外,还与操纵系统的特性紧密相关。

操纵系统传动比和操纵力-操纵位移梯度是表征飞机操纵系统的两个重要特征参数。

通常把操纵舵面(平尾、方向舵和副翼)处于零度偏角、力臂调节器处于大力臂状态时的驾驶杆或脚蹬位置叫做驾驶杆或脚蹬的中立位置,相应的操纵位移称为零位移。驾驶杆偏离纵向中立位置的距离称为驾驶杆的纵向操纵位移(以驾驶杆头部的红色测量点为准);驾驶杆偏离横向中立位置的距离称为驾驶杆的横向操纵位移;脚蹬偏离中立位置的距离称为方向操纵位移或脚蹬操纵位移。

操纵力为飞行员施加于驾驶杆或脚蹬的作用力。根据飞行员施加于驾驶杆的作用力的方向,将其分为纵向操纵力(或纵向杆力)和横向操纵力(或压杆力)。飞行员施加于脚蹬的作用力称为方向操纵力(或脚蹬力)。

一般规定使驾驶杆产生向前倾斜的操纵力和操纵位移为正,使驾驶杆产生向后倾斜的操纵力和操纵位移为负;规定左压驾驶杆使驾驶杆左倾的操纵力和操纵位移为正,而右压驾驶杆使驾驶杆右倾的操纵力和操纵位移为负;对方向舵操纵系统,则以使右脚蹬向前的操纵力和操纵位移为正,反之为负。

操纵系统(平尾、副翼或方向舵操纵系统)的传动比,是指单位操纵位移 D 产生的舵面偏角 δ 的大小,以平尾操纵系统为例,有

$$K_e = \mathrm{d}\delta_e / \mathrm{d}D_e \qquad (8-44)$$

式中,K_e 为平尾操纵系统传动比;δ_e 代表升降舵偏角或平尾偏角;D_e 为驾驶杆的纵向位移。传动比的大小决定于操纵系统的构造。

操纵系统的操纵力-操纵位移梯度是指使操纵系统产生单位操纵位移所需施加的操纵力,即 $\mathrm{d}F/\mathrm{d}D$。对于平尾操纵系统,有

$$\frac{\mathrm{d}F_e}{\mathrm{d}D_e} = K (N_F)^2 \tag{8-45}$$

式中，$N_F = n_1, \cdots, n_F$ 为驾驶杆到载荷感觉器之前的操纵系统传动比。可见，对于操纵力，其完全是因载荷感觉器而产生的助力操纵系统，其操纵力-操纵位移梯度与载荷感觉器的刚度系数成正比，与载荷感觉器前的操纵系统传动比 N_F 的平方成正比。

飞机的静操纵性品质主要是指在飞机的稳态直线或曲线飞行中影响飞行员有关飞行品质评价的操纵力和操纵位移特性。

8.2.3.2　飞机的纵向静操纵性品质

飞机的纵向静操纵性品质主要涉及飞机平飞操纵位移和操纵力随飞行速度的变化特性，以及飞机在稳定曲线飞行中的单位过载操纵位移和操纵力特性。

（1）飞机平飞操纵位移和操纵力。

歼 7 飞机平飞平尾偏角、操纵位移和操纵力随飞行高度和 Ma 变化的基本情况如图 8-13 所示。

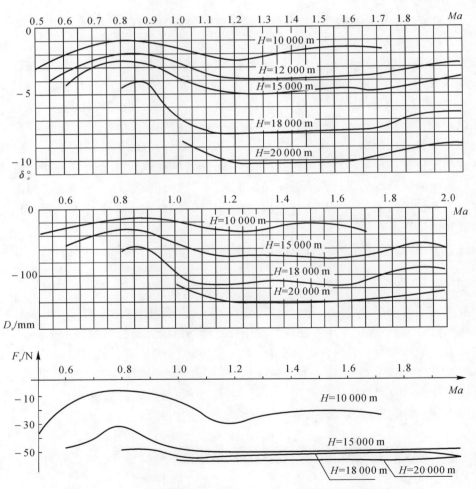

图 8-13　歼 7 飞机平飞平尾偏角（上）、操纵位移（中）和操纵力（下）

由图 8-13 可以看出,平飞操纵位移和操纵力随飞行高度和速度的变化规律基本上与平尾偏角的变化相同。在亚声速飞行中,随平飞速度的增加,平飞操纵位移和操纵力增大(负值减小),具有正的操纵位移梯度 $\mathrm{d}D_e/\mathrm{d}Ma$ 和正的操纵力梯度 $\mathrm{d}F_e/\mathrm{d}Ma$;在跨声速飞行阶段,平飞操纵位移和操纵力随平飞速度的增加而减小(负值增大),具有负的操纵位移梯度 $\mathrm{d}D_e/\mathrm{d}Ma$ 和负的操纵力梯度 $\mathrm{d}F_e/\mathrm{d}Ma$。跨声速平飞操纵位移和操纵力的这一变化特点称为平飞反操纵现象。

通常随着飞行速度增大,为使飞机保持直线平飞,飞行员应相应地增大推杆位移和推杆力(或减小拉杆位移和拉杆力)。而在跨声速飞行中由于存在平飞反操纵现象,要求飞行员随着飞行速度增大而增大拉杆位移和拉杆力(或减小推杆位移和推杆力),否则飞机将自动进入俯冲增速。这样不仅增加了飞行操纵的复杂程度和困难,在某些飞行中还可能导致飞行安全问题。

跨声速飞行中的平飞反操纵现象主要是由跨声速飞行中的速度静不稳定造成的。

在平飞中,升力应等于重力,即

$$C_L \frac{1}{2}k \cdot p \cdot Ma^2 S = G$$

两边取全微分,得

$$\mathrm{d}C_L \cdot \frac{1}{2}k \cdot p \cdot Ma^2 S + C_L \frac{1}{2}k \cdot p \cdot 2Ma \cdot \mathrm{d}Ma \cdot S = 0$$

整理,得

$$\mathrm{d}C_L = -\frac{2}{Ma}C_L \cdot \mathrm{d}Ma$$

由静稳定性知识可知,速度增加将会产生速度静稳定力矩增量,即

$$\mathrm{d}m_y = \left(\frac{\mathrm{d}m_y}{\mathrm{d}C_L}\right)_{n_n=1} \mathrm{d}C_L$$

为保持力矩平衡,使飞机继续作平飞,飞行员必须通过操纵偏转平尾,产生操纵力矩系数增量,使得

$$\left(\frac{\mathrm{d}m_y}{\mathrm{d}C_L}\right)_{n_n=1} \mathrm{d}C_L + m_y^{\delta_e} \mathrm{d}\delta_e = 0$$

由此得到平飞速变化引起的平尾偏角变化应为

$$\mathrm{d}\delta_e = -\frac{1}{m_z^{\delta_e}}\left(\frac{\mathrm{d}m_y}{\mathrm{d}C_L}\right)_{n_n=1} \mathrm{d}C_L = \frac{1}{m_z^{\delta_e}}\left(\frac{\mathrm{d}m_y}{\mathrm{d}C_L}\right)_{n_n=1} \frac{2}{Ma}C_L \mathrm{d}Ma$$

即

$$\frac{\mathrm{d}\delta_e}{\mathrm{d}Ma} = \frac{2}{Ma}\frac{C_L}{m_z^{\delta_e}}\left(\frac{\mathrm{d}m_y}{\mathrm{d}C_L}\right)_{n_n=1} \tag{8-46}$$

由于 $m_y^{\delta_e} < 0$,则 $\mathrm{d}\delta_e/\mathrm{d}Ma$ 与 $(\mathrm{d}m_y/\mathrm{d}C_L)_{n_z=1}$ 符号相反。跨声速时速度静不稳定,$(\mathrm{d}m_y/\mathrm{d}C_L)_{n_n=1} > 0$,使得 $\mathrm{d}\delta_e/\mathrm{d}Ma < 0$。也就是说,在跨声速飞行中,随着平飞速度($Ma$)的增加,飞行员必须增大拉杆位移和拉杆力使平尾前缘下偏($\mathrm{d}\delta_e < 0$),反之则应该增大推杆位移和推杆力使平尾前缘下偏($\mathrm{d}\delta_e > 0$)。

平飞反操纵现象的严重程度通常利用梯度 $|\mathrm{d}F_e/\mathrm{d}Ma|$ 和整个反操纵速度范围内的操纵力变化绝对值来衡量。我国军用标准《有人驾驶飞机(固定翼)飞行品质》(GJB 185—86)规

定:平飞操纵位移和操纵力随速度的变化应光滑,并且局部梯度为正。对于非长时间在跨声速范围内使用的飞机,只要操纵位移和操纵力随速度的反向是缓变的,不为飞行员所厌恶,跨声速飞行时的要求可以放宽,但不得超出下列范围:

$$\mid \mathrm{d}F_\mathrm{e}/\mathrm{d}Ma \mid \leqslant 1\ 000\ \mathrm{N}; \quad \mid \Delta F_\mathrm{e} \mid \leqslant 40\ \mathrm{N}$$

(2)稳定曲线飞行的操纵位移和操纵力。

稳定曲线飞行的操纵位移和操纵力特性由单位过载操纵位移 $\mathrm{d}D_y/\mathrm{d}n_z$ 和单位过载操纵力 $\mathrm{d}F_y/\mathrm{d}n_z$ 衡量。由

$$\left.\begin{aligned}
\frac{\mathrm{d}D_\mathrm{e}}{\mathrm{d}n_\mathrm{n}} &= \frac{\mathrm{d}D_\mathrm{e}}{\mathrm{d}\delta_\mathrm{e}} \cdot \frac{\mathrm{d}\delta_\mathrm{e}}{\mathrm{d}n_\mathrm{n}} = \frac{1}{K_\mathrm{e}} \frac{\mathrm{d}\delta_\mathrm{e}}{\mathrm{d}n_\mathrm{n}} \\
\frac{\mathrm{d}F_\mathrm{e}}{\mathrm{d}n_\mathrm{n}} &= \frac{\mathrm{d}F_\mathrm{e}}{\mathrm{d}D_\mathrm{e}} \cdot \frac{\mathrm{d}D_\mathrm{e}}{\mathrm{d}\delta_\mathrm{e}} \cdot \frac{\mathrm{d}\delta_\mathrm{e}}{\mathrm{d}n_\mathrm{n}} = \frac{1}{K_\mathrm{e}} \cdot \frac{\mathrm{d}F_\mathrm{e}}{\mathrm{d}D_\mathrm{e}} \cdot \frac{\mathrm{d}\delta_\mathrm{e}}{\mathrm{d}n_\mathrm{n}}
\end{aligned}\right\} \tag{8-47}$$

可以看出,单位过载操纵位移和单位过载操纵力都与单位过载平尾偏角 $\mathrm{d}\delta_\mathrm{e}/\mathrm{d}n_\mathrm{n}$ 成正比。

如上所述

$$\frac{\mathrm{d}\delta_\mathrm{e}}{\mathrm{d}n_\mathrm{n}} = -\frac{\left(m_y^{C_\mathrm{L}} + \dfrac{1}{\mu_1}m_y^{\bar{\omega}_y}\right)C_{\mathrm{L}1}}{(1 + m_y^{C_\mathrm{L}}/\bar{L}_\mathrm{ht})m_y^{\delta_\mathrm{e}}} = -\frac{m_y^{C_\mathrm{L}} + \dfrac{1}{\mu_1}m_y^{\bar{\omega}_y}}{(1 + m_y^{C_\mathrm{L}}/\bar{L}_\mathrm{ht})m_y^{\delta_\mathrm{e}}} \cdot \frac{2mg}{\rho V^2 S} \tag{8-48}$$

当飞机作亚声速飞行时,各气动导数($m_y^{C_\mathrm{L}}$,$m_y^{\bar{\omega}_y}$,$m_y^{\delta_\mathrm{e}}$)基本不随飞行速度变化,单位过载平尾偏角与速度的平方成反比。如果不考虑操纵系统传动比、操纵力-操纵位移梯度等的变化,则单位过载操纵位移和单位过载操纵力也将与飞行速度的平方成反比。

设某飞机以 1 000 km/h 飞行时,$\mathrm{d}D_\mathrm{e}/\mathrm{d}n_\mathrm{n} = -20$ mm,$\mathrm{d}F_\mathrm{e}/\mathrm{d}n_\mathrm{n} = -15$ N;则该飞机以 500 km/h 飞行时,$\mathrm{d}D_\mathrm{e}/\mathrm{d}n_\mathrm{n} = -80$ mm,$\mathrm{d}F_\mathrm{e}/\mathrm{d}n_\mathrm{n} = -60$ N。

也就是说,飞行员在不同的飞行速度下,完成同样的机动动作(Δn_n 相同)所需的操纵力和操纵位移将有显著的差别。这将给飞行员在不同飞行速度下的准确操纵带来极大困难。

歼7和歼8系列飞机的纵向操纵系统中安装了力臂调节器,其力臂值 h 在亚声速飞行范围内可以自动随飞行速度的增大而减小,使传动比 K_z 随飞行速度增大而减小,较大程度上减小了 $\mathrm{d}D_\mathrm{e}/\mathrm{d}n_\mathrm{n}$ 和 $\mathrm{d}F_\mathrm{e}/\mathrm{d}n_\mathrm{n}$ 随飞行速度的剧烈变化。

跨声速飞行阶段,飞机迎角静稳定性随飞行速度增大而迅速增强,引起单位过载操纵力和操纵位移迅速增大,使飞机超声速飞行时的单位过载操纵力和操纵位移明显大于亚声速情况,飞行员会感到超声速飞行飞机操纵笨重且反应迟钝,从而降低飞行员对飞机操纵品质的评价。

此外,上述跨声速飞行的单位过载操纵力和操纵位移变化特性还可能使飞机在作超声速减速机动时产生"加速旋转"现象。

对于作战飞机,单位过载操纵力和操纵位移的大小是飞机纵向操纵品质的两个重要指标。特别是单位过载操纵力,飞行员较为敏感。$\mid \mathrm{d}F_\mathrm{e}/\mathrm{d}n_\mathrm{n} \mid$ 过大,会使飞行员在机动飞行中感到操纵沉重,反应迟钝;$\mid \mathrm{d}F_\mathrm{e}/\mathrm{d}n_\mathrm{n} \mid$ 过小,又使飞机反应过于灵敏,操纵动作不易准确,机动飞行容易超载而威胁飞行安全。鉴于单位过载操纵力对操纵品质的重要影响,我国在基本引用美国军用规范 MIL-F-8785(B)和(C)的基础上,规定单位过载操纵力正常情况下:最小值不应小于$100/n_\mathrm{L}$(N)和 14 N 中的最大值,其中 n_L 为结构强度限制的最大过载;最大值不应大于 1 090/(n_n/α)(N)。

(3)重心位置对纵向静操纵性品质的影响。

飞机说明书提供的或计算给出的平飞操纵位移和操纵力、单位过载操纵位移和单位过载操纵力都是对特定的飞机重心给出的,而飞机重心位置则随飞行中燃油和弹药的消耗而变化。飞机重心移动,直接影响 $m_y^{C_L}$ 的大小,必然会影响平飞平尾偏角和单位过载平尾偏角的大小,从而改变平飞操纵位移和操纵力,改变单位过载操纵位移和操纵力。

飞机重心位置前移,$m_y^{C_L}$ 绝对值增大,飞机迎角静稳定性增强,由平飞所需的驾驶杆操纵位移的方程可以看出,平飞操纵位移必然减小(小速度拉杆位移增大,大速度推杆位移减小)。在操纵系统操纵力-操纵位移梯度不变的情况下,这必然会使平飞操纵力减小(小速度拉杆操纵力增大,大速度推杆操纵力减小)。反之,重心后移则使平飞操纵位移和操纵力增大。

飞机重心位置对单位过载操纵力和单位过载操纵位移的影响也是由于迎角静稳定度改变产生的。重心位置前移,$m_y^{C_L}$ 负值增大,飞机的机动裕度 $\sigma_n = m_y^{C_L} + \frac{1}{\mu_1} m_y^{\bar{\omega}_y}$ 负值增大,使飞机抵抗过载变化的能力增大,这必然导致飞机的单位过载操纵力和单位过载操纵位移负值增大。反之,重心后移则使单位过载操纵力和单位过载操纵位移负值减小。

8.2.3.3　飞机的横航向静操纵性品质

侧向静操纵性品质主要涉及定常侧滑和定常转弯、稳定滚转等多种飞行状态下的操纵位移和操纵力特性,这里介绍几个主要品质参数。

1. 纯滚操纵

纯滚操纵的操纵力特性由 $dF_a/d\omega_x$ 来描述。$dF_a/d\omega_x$ 是产生单位滚转角速度所需的横向操纵力,反映副翼操纵滚转性能的好坏。对于装有不可逆液压助力器的副翼操纵系统,$dF_a/d\omega_x$ 的计算原理与上述纵向操纵没有本质的区别,即

$$\frac{dF_a}{d\omega_x} = \frac{dF_a}{dD_a} \cdot \frac{dD_a}{d\delta_a} \cdot \frac{d\delta_a}{d\omega_x} = \frac{1}{K_a} \cdot \frac{dF_a}{dD_a} \cdot \frac{d\delta_a}{d\omega_x} \tag{8-49}$$

式中,K_a 为副翼操纵系统的传动比;dF_a/dD_a 为副翼操纵系统的操纵力-操纵位移梯度。可以看出,当 K_a 和 dF_a/dD_a 不随速度改变时,$dF_a/d\omega_x$ 与 $d\omega_x/d\delta_a$ 成反比,或者说与 $d\delta_a/d\omega_x$ 成正比。因此,$dF_a/d\omega_x$ 随飞行速度的变化特性正好与 $d\omega_x/d\delta_a$ 相反。

对于歼 7 这一类飞机,由于操纵系统中装有非线性机构,其传动比 K_a 随操纵位移的增大而增大,因此 $dF_a/d\omega_x$ 的大小将随操纵位移而改变。在需要精确控制飞机倾斜姿态的缓慢滚转操纵中,所需的副翼偏角较小,较小的传动比使所需的操纵力和操纵位移较大,飞行员便于精确操纵;而在需要急剧滚转形成较大滚转角速度的横向操纵中,由于 K_a 较大,使所需的操纵力和操纵位移不大,从而引起飞行员的疲劳和反感。

另外,副翼操纵性能在大迎角飞行时可能会明显变差,这是因为:横向操纵飞机时,副翼下偏一边机翼的阻力通常大于上偏一边的阻力。两边机翼的阻力不等,必然会导致飞机侧滑,从而引起飞机横向操纵性能变化。随着迎角的增大,这种不利影响越来越显著。在大迎角下,某些飞机甚至会出现横向反操纵现象,即飞机向压杆的反方向滚转的现象。

横向反操纵现象的原因如下:如果飞行员向右压杆,左、右机翼升力差构成横向操纵力矩,使飞机向右滚转,但由于左副翼下偏,右副翼上偏,左翼阻力大于右翼阻力,使机头向左偏转,飞机出现右侧滑,右侧滑产生后,右翼(侧滑前翼)升力增大,左翼(侧滑后翼)升力减小,从而产生与操纵力矩相反的,制止飞机向右滚转的力矩。小迎角飞行时,左右两翼的阻力相差无几,产生的侧滑角也不大,横向操纵性能较好;大迎角飞行时,左右两翼阻力之差较大,造成的

侧滑角也大,横向操纵性能较差;在接近临界迎角时,机翼上出现严重的气流分离现象,偏转副翼后,左右升力相差不多,但阻力相差却很大,侧滑作用很强烈,与操纵力矩相反的滚转力矩很大,横向操纵性能很差。因此,某些飞机甚至还会出现向右压杆后,侧滑产生的左滚力矩大于副偏翼产生的右滚力矩,从而使飞机向左滚转,产生横向反操纵现象。

为了改善大迎角时的横向操纵性,某些飞机采用了差角副翼。所谓差角副翼,即压杆时,副翼上偏角度大,下偏角度小。目的在于减小左右机翼的阻力差,从而削减向滚转方向的侧滑现象,在一定程度上改善飞机大迎角时的横向静操纵性。

对于具有后掠翼的高速飞机,由于采用翼刀,防止了翼尖提前失速,因此大迎角下横向操纵性未受太大的影响。

采用上述措施后,一般可以纠正大迎角下的横向反操纵现象。然而,在飞机着陆等大迎角(小表速)飞行时,飞行员还是会感觉横向操纵性过弱。这也是飞行员在起飞着陆时往往利用方向舵来协助副翼实施横向操纵,以修正坡度(右坡度时,蹬左舵),甚至单用方向舵来修正坡度的原因。

2. 脚蹬操纵力和方向舵飘角

在方向舵操纵系统中装有不可逆助力器时的脚蹬力计算与上述副翼操纵力类似。下面主要介绍人力操纵的情况。

方向舵操纵的脚蹬操纵力 $F_r = -K_r M_{hr}$。其中方向舵铰链力矩 M_{hr} 为作用在方向舵上的空气动力对方向舵铰链轴产生的动力矩,写成力矩系数的形式,有

$$M_{hr} = m_{hr} k_q q S_r b_r \tag{8-52}$$

式中,S_r 为方向舵面积;b_r 为方向舵平均动力弦长;m_{hr} 为方向舵铰链力矩系数,且有

$$m_{hr} = m_{hr}^{\delta_f} + m_{hr}^{\beta} \beta \tag{8-51}$$

将式(8-51)代入式(8-50),并令 $F_r = 0$,可得

$$\delta_r = -\frac{m_{hr}^{\beta}}{m_{hf}^{\delta}} \beta \tag{8-52}$$

这个方向舵偏角是在脚蹬操纵力等于零的自由飘动状态下由侧滑产生的,通常称为方向舵飘角,计为 $(\delta_r)_{free}$。

假定在定常侧滑中所需的平衡偏角为 $(\delta_r)_{trim}$,则在侧滑中实际需要由飞行员操纵产生的方向舵偏角仅为

$$\delta_r = (\delta_r)_{trim} - (\delta_r)_{free}$$

方向舵平衡偏角随侧滑角变化的示意图(见图中曲线 b,图中直线 a 为方向舵平衡偏角)如图8-14所示。由图可以看出,当侧滑角不大时,平衡偏角大于飘角,$\delta_r = (\delta_r)_{trim} - (\delta_r)_{free} > 0$,并且随着侧滑角增大,需要由飞行员通过施加操纵力偏转的方向舵偏角 δ_r 增大。这使脚蹬操纵力随侧滑角增大而增大,这是符合飞行员操纵习惯的。但是,随着侧滑角的增大并大于一定值(见图中的 β_2)之后,由于 $(\delta_r)_{free}$ 随 β 增大的速率加快,可能会使需要由飞行员操纵产生的方向舵偏角 δ_r 随 β 增大而减小,直至 $(\delta_r)_{free} > (\delta_r)_{trim}$(见图中 $\beta > \beta_3$ 之后),这时方向舵的脚蹬操纵力会随侧滑的增大而减小,甚至自动偏转到最大偏角。此时飞行员需要用很大的脚蹬力,才能改出这种不正常的侧滑状态,产生"方向舵紧锁"现象。

为了避免上述不正常现象的产生,保证飞机具有良好的方向静操纵性品质,我国军用标准(GJB 185—86)规定,在定常侧滑中右脚蹬前移及右脚蹬操纵力应产生左侧滑(即正脚蹬操纵

力产生负侧滑),并且在侧滑角小于等于 10°的范围内脚蹬操纵力应与侧滑角成线性关系。对于更大的侧滑角,脚蹬力可以随侧滑角的增大而减小(指绝对值),但不应减小到零。

　　根据上述情况,在日常维护工作中,随意调大方向舵最大偏角是不允许的。

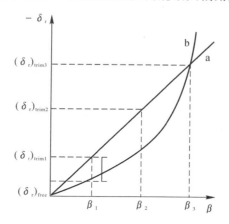

图 8-14　方向舵平衡偏角随 β 的变化

8.2.4　飞机静操纵性故障及其调整原理

　　飞机的静操纵性品质对飞机的训练作战使用及飞行安全具有重大影响。但是,一架飞机无论在交付部队使用之前的试飞检查验收中,或是交付部队之后长期使用维护中,都可能会因生产安装或维护中的问题,包括气动外形和操纵系统的变化,引起飞机静操纵性特性变化。当这些变化超过一定的范围,或引起飞行员厌恶时,就是飞机操纵异常,或有静操纵性故障。由于操纵力的大小是飞行员最敏感的因素,外场最常见的静操纵性故障,大多与操纵力有关。下面分别按纵向、横向和方向静操纵性问题加以介绍。

8.2.4.1　纵向静操纵性故障和调整原理

　　纵向静操纵性故障中最常见的是操纵力异常,其中尤以平飞小速度拉杆轻、大速度推杆重,或平飞小速度拉杆重、大速度推杆轻为常见。前者俗称"头轻",后者俗称"头重"。最严重的纵向静操纵性故障是空中大幅度俯仰飘摆。此外,还有反操纵过大和杆皮条等不正常现象。

　　1."头轻""头重"故障和平衡速度

　　"头轻""头重"故障通常由平衡速度不正常引起,因此也可归入平衡速度故障。如图8-15所示,在飞机作等速直线水平飞行的一定范围内,当飞行速度小于平衡速度时,纵向操纵力为负(拉杆力),反之当飞行速度大于平衡速度时,纵向操纵力为正(推杆力),并且偏离平衡速度愈远,操纵力绝对值越大。由图 8-15 可以看出,当平衡速度因某种原因增大时,操纵力随速度变化曲线向右移动(见图中虚线)。此时,小速度(小于平衡速度)飞行时的拉杆操纵力将增大,而大速度(大于平衡速度)飞行时的推杆操纵力将减小,或由推杆力变为拉杆力。相反,当平衡速度因某种原因减小时,操纵力曲线将向左移动,飞机小速度飞行的拉杆操纵力将减小,而大速度飞行的推杆操纵力将增大。因此,平衡速度的任何变化必然会产生"头重"或"头轻"的感觉。

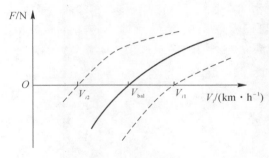

图 8 – 15   平衡速度

当飞机平衡表速不符合规定时,应该进行调整。由上述分析可知,调整方法主要是通过改变 $\delta_{eF_e=0}$ 的数值,改变平衡速度。可以看出 $\delta_{eF_e=0}$ 减小(操纵力为零时的平尾后缘上偏角增大),平衡速度减小;反之 $\delta_{eF_e=0}$ 增大(操纵力为零时的平尾后缘上偏角减小),平衡速度增大。前者可减轻"头重"现象;后者可减轻"头轻"现象。

由于不同力臂下,$\delta_{eF_e=0}$ 的变化基本具有相同的变化规律,即当大力臂下的 $\delta_{eF_e=0}$ 变小(或变大)时,其他力臂值下的也相应地变小(或变大),因此 $\delta_{zF_z=0}$ 值的调整可以通过改变大力臂值下的 $\delta_{eF_e=0}$ 加以控制。

对于过大的"头重"故障,应通过调小 J_m 的方法加以克服;对于过小的"头轻"故障,应通过调大 J_m 值的方法加以克服。

2. 全程杆重(或轻)

平尾操纵系统的操纵力大小与载荷机构弹簧刚度具有很大关系。在各种飞行条件下飞行员都感到操纵沉重很可能与载荷机构弹簧刚度有关。例如,某部一批歼 7 飞机,进厂修理后,由于载荷机构中更换的弹簧刚度过大,从而引起杆重的反应。

值得注意的是,飞行员一般对杆重反应较敏感。有时操纵系统各活动关节润滑不良,也会引起杆重问题,此时只要做好清洗和润滑工作就可改善操纵力问题。

3. 反操纵量过大

高速飞机在跨声速范围,由于速度静不稳定问题而存在平飞反操纵现象。歼 7 飞机规定,平衡速度试飞后,在继续增速到表速 1050 km/h 的过程中,最大拉杆力不得超过 40 N。如果杆力超过规定,说明杆力特性不符合要求,反操纵现象过分严重。这时一般可以通过调大平尾偏移量的方法加以克服。

平尾偏移量(亦称引动量)是指驾驶杆处于中立位置时,力臂调节器由大力臂状态转为小力臂状态时,平尾前缘自动下偏的距离或角度。

由上述平衡速度对操纵力特性的影响可知,平衡速度过大会引起平飞操纵力曲线向右下方移动,使拉杆操纵力增大。上述反操纵力过大有时就可能是由此而产生的。此时只要把平衡速度调到合适的数值,反操纵力过大的问题就可以得到有效解决。

8.2.4.2   横向静操纵性故障和调整原理

飞机横向静操纵性故障除了坡度故障外,主要就是横向操纵力或压杆力异常。

歼 7 飞机的横向操纵力,在助力器工作时主要决定于横向载荷感觉器弹簧压缩量和驾驶杆至横向载荷感觉器的传动比。

如图 8-16 所示,副翼载荷通过其活动杆上的可调接头用齿板和螺栓与摇臂上的槽形孔相连,齿板用来改变摇臂输出臂的臂长。齿板上移,输出臂的臂长增加,传动比增大,副翼操纵系统的操纵力-操纵位移梯度增大;反之齿板下移,摇臂输出臂的臂长缩短,传动比减小,副翼操纵系统的操纵力-操纵位移梯度减小。因此,横向操纵力不正常,可以通过调整齿板的上、下位置加以排除。齿板上移,可使副翼操纵力增大,齿板下移则使副翼操纵力减轻。值得注意的是,齿板上下移对操纵力影响较大,外场一般不许调整,而且齿板和摇臂上通常作有标记,以便检查是否移位,若引起副翼操纵力异常,应及时恢复。

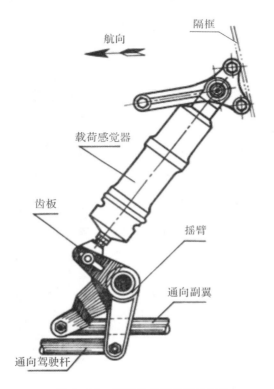

图 8-16　副翼载荷感觉器的连接

有时副翼操纵系统各关节润滑不良也会引起副翼操纵力重的反应。此时,只要清洗各活动关节、做好润滑工作即可消除。

副翼内封补偿密封胶布破裂往往是造成助力器关闭时横向操纵力沉重的主要原因。此外,副翼前缘和机翼之间的间隙过大或过小,有时也会引起关闭助力器时横向操纵力不正常的反应。据此,当助力器不工作时出现横向操纵力不正常的情况,应检查副翼内封补偿密封胶布和副翼前缘和机翼之间的间隙,并根据情况进行适当的调整。

8.2.4.3　方向静操纵性故障和调整原理

飞机方向静操纵性故障除了第 7 章介绍的侧滑故障外,还包括脚蹬操纵力不正常故障。

人力操纵飞机脚蹬力异常一般与方向舵和稳定面之间的间隙不符合要求有关。间隙过小,方向舵两侧的均压作用减弱,铰链力矩增大,脚蹬力增大;反之增大间隙,可使方向舵两侧的均压作用增强,铰链力矩减小,脚蹬力减轻。

助力器操纵脚蹬力的大小与方向舵操纵系统载荷感觉器的刚度及传动比有关,可以按副翼操纵系统的类似方法加以调整。

课 后 习 题

1.静稳定性与动稳定性有什么联系和区别?

2.什么是迎角静稳定性,它受哪些因素的影响?

3.速度静稳定性与迎角静稳定性有什么关系?

4.如何提高飞机的方向静稳定性和横向静稳定性?

5.平飞平尾偏角受哪些因素的影响?

6."蹬舵反倾斜"现象是如何产生的?

7.分析"头轻""头重"故障原因及调整原理。

8.某歼 7 飞机在 10 km ,$Ma=1.71$ 条件下飞行。已知:$\bar{x}_T=0.32$,$\bar{x}_F=0.513\,6$,$m_x^{\alpha_x}=-1.032\,4$,$m_y^{\delta_e}=-0.004\,17(°)^{-1}$,$S=23\ \mathrm{m}^2$,$m=6\,300\ \mathrm{kg}$,$p=26\,418\ \mathrm{N/m}^2$,$\mu_1=333.5$,平尾活动范围 $-16.5°\leqslant\delta_e\leqslant7.5°$,平飞时,平尾平衡偏角为 $-2.3°$。求:

(1)稳定曲线飞行时,单位过载平尾偏角 $\mathrm{d}\delta_e/\mathrm{d}n_n$;

(2)将杆拉到底能产生的最大过载。

第9章 刚体飞机运动方程及线性化

上述讨论了飞机的静品质问题:平衡、静稳定和静操纵性。为了保证飞机的飞行安全和良好的飞行品质,还必须在静品质基础上研究飞机的动态特性。

研究动态特性,首先必须建立反映飞机运动规律的飞机运动方程。从动力学观点来看,动态特性是研究飞机在外力或外力矩(外界扰动或飞行员操纵)作用下,各个运动参数随时间的变化规律,也就是求解飞机的运动方程,并在此基础上,对动态特性作进一步定量分析。

在三维空间运动的刚体飞机具有 6 个自由度。也就是说,如果要完整地描述飞机的运动,需 6 个相互独立的微分方程。如果再加上空间位置和姿态,完整表征飞机的各个运动参数则需要 15 个微分方程。对飞机运动进行受力分析可知,飞机运动要受到重力、发动机推力、空气动力以及三个轴向的滚转力矩作用。对于这些力、力矩和运动参数的定义不在同一坐标系下,因此求解时还需要经过坐标系转换将其变换到同一坐标系。六自由度微分方程加上复杂的坐标系变换,注定了飞机运动方程是复杂的。

不过,飞机运动方程能够真实地反映运动过程每一瞬间的情况,是对飞行性能、控制律设计以及运动仿真最基本的依据。因此,有必要明白运动方程建立的基本方法和具体表现形式。

然而,现代控制理论主要是以传递函数和矩阵形式的状态方程作为分析对象进行研究和设计的。因此,为了分析飞机稳定性、操纵性、控制律设计的方便,有必要研究建立飞机现行矩阵运动模型的方法。

本章首先应用力学原理,推导出飞机在一定假设条件下的刚体运动一般方程;然后,根据求解需要,在小扰动前提下将方程组线化并建立矩阵方程;最后利用简化假设将飞机一般运动方程组分成两组相互独立的方程组——纵向运动方程组和横航向运动方程组。

9.1 飞机基本运动方程

9.1.1 飞机动力方程的建立思路

飞机的运动是一个复杂的动力学问题。如果要全面考虑地球的曲率、燃油的消耗、武器的投射,飞机内部动力系统和操纵系统等机件的相对运动及飞机本身的弹性变形,外力使飞机外形、飞行姿态和运动参数变化等因素,会使飞机运动方程的推导变得极为复杂,并且很难进行解析处理。因此,有必要在合理假设的前提下对飞机的运动做简化。基于此,飞机六自由度运动方程建立的基本步骤如下:

(1)因为飞机都是在大气层内飞行,而且飞行速度和地球自转比起来差别很大,为了方便建立运动方程,将地面坐标系假定为惯性坐标系,并有如下假设条件:

1)飞机是刚体;

2)地面坐标系是个惯性系,即忽略地球的自转运动和地球质心的曲线运动;

3)地面是一平面,即"平面地球假设";

4)大气相对于地球是静止的;

5)重力加速度 g 为一个常数且不随飞行高度变化。

(2)应用加速度定理和转动定理,建立最基本的飞机运动方程。建立物体空间直线运动方程最基本的定理为牛顿第二定律;物体空间转动方程最基本的定理是动量矩定理。飞机运动是空间内的平移和旋转相互作用的运动,但是其最基本的运动方程的建立依然遵循牛顿力学体系里两个最基本的定理。

一般来说,飞机的平移运动是在地面坐标系下建立的,旋转运动是在机体坐标系或者气流坐标系下建立的。

(3)分析飞机运动受到的外力和力矩,并在适当的坐标系中表示出来。分析完飞机运动的基本形式之后,要表示出飞机所受到的各种力和力矩。对于飞机来说,其受到作用力包括发动机推力、气动力以及重力等。对于这些作用力而言,重力是始终垂直地心向下的,因此在地面坐标系下表示最方便;气动力是由飞机和气流的相互运动产生的,在气流坐标系下表示最方便;发动机的推力总是沿着飞机的某一轴线的,在机体坐标系下表示最为方便。

由此可见,飞机所受到的不同作用力在不同的坐标系下表示最为方便。但是,考虑到要在地面坐标系下建立飞机的平移运动方程,因此要把飞机所受到的作用力在地面坐标系下表示出来。地面坐标系建立运动方程也就决定了气动力和发动机推力需要通过不同的转换矩阵表示到地面坐标系里。

飞机所受到的力矩主要是由气动力所产生的,另外,发动力的推力线可能不经过飞机的重心。此时也会产生一部分力矩。但是,飞机的重力永远经过重心不会产生力矩。所以,飞机所受到的力矩一般在机体坐标系或者气流坐标系中表示。具体选择在什么坐标系中表示应当和建立的旋转运动方程所选择的坐标系相统一。

(4)将第(2)步所建立的运动方程和第(3)步建立的受力分析方程,通过坐标系转换在同一坐标系下表示出来。

(5)在同一坐标系下,建立飞机运动最基本的 6 个相互独立的微分方程。

(6)对 6 个基本的运动方程进行积分,得到描述飞机运动其他参数的微分方程。

通过以上步骤,可以建立起飞机运动的 6 自由度运动方程。

9.1.2 飞机动力学方程

刚体飞机在空中的一般运动可以分解为飞机质心的运动和刚体绕质心的转动。刚体作空间运动时有 6 个自由度,需 6 个方程加以描述。其中三个方程描述其质心的运动规律,另外三个方程描述刚体绕质心的转动规律。

飞机质心运动规律的三个动力学方程已经在第 2 章给出,即

$$m\left(\frac{dV_x}{dt}+\omega_y V_z-\omega_z V_y\right)=\sum F_x$$
$$m\left(\frac{dV_y}{dt}+\omega_z V_x-\omega_x V_z\right)=\sum F_y$$
$$m\left(\frac{dV_z}{dt}+\omega_x V_y-\omega_y V_x\right)=\sum F_z$$

(9-1)

现在推导刚体飞机绕质心的三个转动方程。

根据理论力学质点系动量矩定理,质点系对于任一点的动量矩对时间的导数,应等于作用于该质点系的外力对同一点的力矩矢量和,即

$$\frac{\mathrm{d}h}{\mathrm{d}t} = \sum M \qquad (9-2)$$

式中,h 为绕飞机质心的动量矩;$\sum M$ 为合外力矩。而

$$\frac{\mathrm{d}h}{\mathrm{d}t} = \frac{\partial h}{\partial t} + w \times h \qquad (9-3)$$

将式(9-2)投影到机体轴系上,得到

$$\left. \begin{aligned} \frac{\mathrm{d}h_x}{\mathrm{d}t} - \omega_z h_y + \omega_y h_z &= \sum M_x \\ \frac{\mathrm{d}h_y}{\mathrm{d}t} + \omega_x h_y - \omega_z h_x &= \sum M_y \\ \frac{\mathrm{d}h_z}{\mathrm{d}t} + \omega_x h_y - \omega_y h_x &= \sum M_z \end{aligned} \right\} \qquad (9-4)$$

式中,$\sum M_x$、$\sum M_y$、$\sum M_z$ 分别为 $\sum M$ 在坐标轴的投影。

由动量矩的定义 $h = \int r \times v \mathrm{d}m$,得

$$\left. \begin{aligned} h_x &= I_x \omega_x - I_{xy} \omega_y - I_{zx} \omega_z \\ h_y &= I_y \omega_y - I_{xy} \omega_x - I_{yz} \omega_z \\ h_z &= I_z \omega_z - I_{zx} \omega_x - I_{yz} \omega_y \end{aligned} \right\} \qquad (9-5)$$

式中,I_x,I_y,I_z 和 I_{xy} 分别为飞机相对于机体坐标系的惯性矩和惯性积。

$$\begin{cases} I_x = \int (y^2 + z^2) \mathrm{d}m \\ I_y = \int (x^2 + z^2) \mathrm{d}m \\ I_z = \int (x^2 + y^2) \mathrm{d}m \end{cases}$$

将式(9-5)代入式(9-4)得

$$\left. \begin{aligned} I_x \frac{\mathrm{d}\omega_x}{\mathrm{d}t} + (I_z - I_y)\omega_y\omega_z + I_{yz}(\omega_z^2 - \omega_y^2) + I_{xy}\left(\omega_x\omega_z - \frac{\mathrm{d}\omega_y}{\mathrm{d}t}\right) - I_{zx}\left(\omega_x\omega_y + \frac{\mathrm{d}\omega_z}{\mathrm{d}t}\right) &= \sum M_x \\ I_y \frac{\mathrm{d}\omega_y}{\mathrm{d}t} + (I_x - I_z)\omega_x\omega_z + I_{zx}(\omega_x^2 - \omega_z^2) + I_{yz}\left(\omega_x\omega_y - \frac{\mathrm{d}\omega_z}{\mathrm{d}t}\right) - I_{xy}\left(\omega_y\omega_z + \frac{\mathrm{d}\omega_x}{\mathrm{d}t}\right) &= \sum M_y \\ I_z \frac{\mathrm{d}\omega_z}{\mathrm{d}t} + (I_y - I_x)\omega_x\omega_y + I_{xy}(\omega_y^2 - \omega_x^2) + I_{zx}\left(\omega_y\omega_z - \frac{\mathrm{d}\omega_x}{\mathrm{d}t}\right) - I_{yz}\left(\omega_z\omega_x + \frac{\mathrm{d}\omega_y}{\mathrm{d}t}\right) &= \sum M_z \end{aligned} \right\}$$

$$(9-6)$$

式(9-1)和式(9-6)就是在机体坐标系中的飞机刚体动力学方程。其中式(9-1)为力方程,式(9-6)为力矩方程。它们分别描述飞机质心沿三根轴方向的移动规律和飞机绕这些轴的转动规律。方程的左端为惯性项,右端为外力项。一般来说,这组方程是以时间 t 为自变量的非线性方程组。

微分方程组式(9-1)和式(9-6)共有 6 个方程,其变量为 V_x,V_y,V_z、和 ω_x、ω_y、ω_z。目前还不能求解得到 $V_x(t)$ 至 $\omega_z(t)$ 的时间历程,原因是:

（1）方程中的外力和外力矩尚未表达成运动参数 V_x,V_y,V_z 和 $\omega_x,\omega_y,\omega_z$ 的函数；

（2）式(9-1)中外力项的重力分量取决于飞机相对固定坐标系 $O_g x_g y_g z_g$ 的方位,如俯仰角和倾斜角。飞机的气动力与气动力矩也与大气密度(飞行高度)有关。因此,必须补充给出俯仰角、倾斜角与角速度 $\omega_x,\omega_y,\omega_z$ 之间,以及飞行高度与 V_x,V_y,V_z 之间关系的表达式。这些关系式由飞机的运动学方程给出。

9.1.3　飞机运动学方程

建立飞机的运动学方程,首先需要确定对地轴系的参数和对所采用的动坐标轴系的参数之间的关系。假如动坐标系采用体轴系,则飞机的方位可由体轴系原点(即飞机质心)相对地轴系的三个线坐标 x_g,y_g,z_g 以及这两个轴系之间的三个角坐标 ψ,θ 和 ϕ 表示。

观察飞机绕原点的运动,可以看到有以下角速度:俯仰角速度 $\dot\theta$,偏航角速度 $\dot\psi$,滚转角速度 $\dot\phi$。根据各角速度在体轴系各轴的分量,有

$$\left.\begin{aligned}
p &= \dot\phi - \dot\psi\sin\theta\\
q &= \dot\theta\cos\phi + \dot\psi\sin\phi\cos\theta\\
r &= -\dot\theta\sin\phi + \dot\psi\cos\phi\cos\theta
\end{aligned}\right\}\qquad(9-7)$$

求解得到

$$\left.\begin{aligned}
\dot\phi &= p + \tan\theta(q\sin\phi + r\cos\phi)\\
\dot\theta &= q\cos\phi - r\sin\phi\\
\dot\psi &= \frac{1}{\cos\theta}(q\sin\phi + r\cos\phi)
\end{aligned}\right\}\qquad(9-8)$$

由于动坐标系为体轴系,故 V_x、V_y 和 V_z 分别为飞机质心速度沿体轴系各轴的分量。如果认为大气相对于地球是静止的,利用已导出的变换矩阵 $\boldsymbol{L}_b^g$ 可以得到对地轴系各轴的速度为

$$\left.\begin{aligned}
\dot x_g &= V_x\cos\theta\cos\psi + V_y(\sin\theta\sin\phi\cos\psi - \cos\phi\sin\psi) + V_z(\sin\theta\cos\phi\cos\psi + \sin\phi\sin\psi)\\
\dot y_g &= V_x\cos\theta\sin\psi + V_y(\sin\theta\sin\phi\sin\psi + \cos\phi\cos\psi) + V_z(\sin\theta\cos\phi\sin\psi - \sin\phi\cos\psi)\\
\dot z_g &= -V_x\sin\theta + V_y\sin\phi\cos\theta + V_z\cos\phi\sin\theta
\end{aligned}\right\}$$
$$(9-9)$$

式(9-7)~式(9-9)即为所求运动学方程。对它们求一次积分,就可确定飞机重心相对于地轴系的线坐标和飞机在空间的角坐标。至此飞机在空间的方位就确定了。

9.2　飞机运动方程的线性化

9.1节导出的高阶、非线性的飞机基本运动方程,一般只能利用计算机进行数值求解。但如果对运动方程进行合理的简化处理,使其能够解析求解而又保证必要的工程精度,是具有很大工程意义的。利用解析解可以直接分析其对飞机动态特性的影响,这往往比数值解更具有普遍意义。同时,在分析飞机稳定性和操纵性时,通常引入小扰动假设使方程线性化。本节主要介绍飞机运动方程线性化的方法。

9.2.1　飞机运动方程线性化的步骤

（1）建立平衡点。飞机线性方程建立的理论基础是泰勒展开公式,其本质就是飞机6自由

度非线性方程的一阶泰勒公式展开。由高等数学相关内容可知,泰勒公式展开是在某一状态平衡点附近进行的。飞机线性方程建立的第一步是寻找飞机运动的一个平衡点。该平衡点在飞控控制和飞机维修领域,又被称为飞机配平点。

飞机配平点(平衡点):在不考虑外部扰动时,飞机在当前飞行状态下,不经任何操作可以保持当前飞行状态稳定继续飞行的一组飞行运动和舵面状态。此时,飞机所具有的飞行参数和舵面、油门等状态就是飞机的一个平衡状态。

由该定义可知,飞机的配平点包括两部分:飞机的飞行状态和该飞行状态对应的各舵面的偏转角度。而且,飞行状态和偏转角度是对应的。(这里的对应不是一一对应关系,一种飞行状态可能对应多种舵面偏转角度,一组舵面偏转角度也可能对应多种飞行状态。只要满足配平点的定义,这组飞行状态和舵面偏转情况就是飞机的一组配平点。)

配平点的建立依据是飞机的平衡状态方程,即飞机在该状态下具有力和力矩的平衡。在建立平衡状态之后,飞机受到操作或者外界扰动飞行状态的改变可以认为是在该平衡状态下对状态改变量的叠加。

(2)小扰动原理。在建立平衡状态之后,飞行状态的改变可以认为是在该平衡状态之上叠加新的飞行状态。在研究飞机稳定性和操纵性问题时,一般把飞机的运动分为基准运动(又称平衡状态,或者初始运动、未扰动运动)和扰动运动两个部分。

基准运动是指在理想的条件下,飞机按照飞行员的意愿,不受外界干扰,按照预定规律进行的运动,如定常水平直线飞行、定常盘旋等;扰动运动是指飞机在作基准运动时,由于外界干扰偏离基准运动,使运动参数在一段时间内不按预定规律变化所进行的运动。在扰动运动中,飞机运动参数变化的大小,与外加干扰的大小有直接关系。如果作用于飞机的外加干扰比较小,则引起运动参数的变化量也比较小。这种与基准运动参数差别较小的扰动运动,称"小扰动"运动。

"小扰动"原理认为飞机受外界扰动(包括操纵面微小操纵)后的飞机运动参数可以由飞机受扰动前的运动参数,即基准运动参数,再附加上一个小扰动运动参数增量组成,二阶以上的增量均可忽略。

实践表明,应用"小扰动"原理,在大多数飞行情况下可以得到满意的结果。这是由于:第一,飞机飞行中遇到的干扰多为小扰动,各主要气动参数的变化与扰动量成线性关系;第二,飞行中即使遇到较大的扰动,在有限的时间内,飞机的运动参数也往往只有很小的变化量。所以"小扰动"假设是有客观依据的。

(3)建立一阶线性运动方程。在确定了平衡状态以及明白了小扰动原理后,就可以应用泰勒公式对飞机的非线性运动方程进行一阶泰勒展开。

(4)建立矩阵形式的运动方程。求解步骤(3)所得到的一阶泰勒展开式,将飞行状态的微分用飞行状态和舵面偏转量表示出来,并写成矩阵形式。这样就建立了飞机的矩阵运动方程。

9.2.2　运动方程的线性化

设运动方程组中某一方程为

$$f(x_1, x_2, \cdots, x_n) = 0 \qquad (9-10)$$

式中，$x_i(i=1,2,\cdots,n)$ 为运动参数或它们的导数。根据小扰动假设，x_i 可以表示成基准运动参数 x_{i0} 和偏离量 Δx_i 之和，即

$$x_i = x_{i0} + \Delta x_i \qquad (9-11)$$

不论基准运动或扰动运动，都应该满足动力学和运动学关系，即满足微分方程式(9-10)，因此

$$f(x_{10}, x_{20}, \cdots, x_{n0}) = 0 \qquad (9-12)$$

$$f(x_{10} + \Delta x_1, x_{20} + \Delta x_2, \cdots, x_{n0} + \Delta x_n) = 0 \qquad (9-13)$$

根据小扰动假设，可将式(9-13)左边展开成泰勒级数，并忽略二阶及高阶小量，得

$$f(x_{10}, x_{20}, \cdots, x_{n0}) + \left(\frac{\partial f}{\partial x_1}\right)_0 \Delta x_1 + \left(\frac{\partial f}{\partial x_2}\right)_0 \Delta x_2 + \cdots + \left(\frac{\partial f}{\partial x_n}\right)_0 \Delta x_n = 0 \qquad (9-14)$$

式中的下标"0"代表导数在基准运动状态取值。将其代入式(9-12)，有

$$\left(\frac{\partial f}{\partial x_1}\right)_0 \Delta x_1 + \left(\frac{\partial f}{\partial x_2}\right)_0 \Delta x_2 + \cdots + \left(\frac{\partial f}{\partial x_n}\right)_0 \Delta x_n = 0 \qquad (9-15)$$

这是一个线性方程，或称为飞机线化小扰动方程。

如果基准运动是定常运动，上述线化小扰动方程是常系数的，若基准运动是非定常运动，则上述方程是变系数的。

9.2.3 小扰动方程的分离

引入小扰动假设之后，得到一组线性方程。一般这组方程是相互耦合在一起的，需要进行联立求解。由于方程阶次较高，一般很难求得解析解。

通常把飞机在铅垂平面内作对称飞行时的运动参数称为纵向运动参数。其余在非对称面内的运动参数称为横航向运动参数。

在一定条件下，得到的上述线性方程可以分离为两组相互独立的方程，其中一组只含有纵向参数，另一组则只含有横航向参数。飞机纵向方程和横侧向方程分离的基本条件为：

(1) 在基准运动中，飞机的对称平面处于铅垂位置，且运动所在平面与飞机对称平面相重合。

(2) 飞机左右对称，包括气动外形和质量分布均对称，且略去机体内转动部件的陀螺效应。

条件(1)意味着基准运动是无坡度、无侧滑、无滚转和无偏转的运动。

条件(2)意味着在基准运动状态，纵向气动力(及其力矩)对横航向参数的导数为零，横航向气动力(及其力矩)对纵向参数的导数为零，也就是说纵向气动力(及其力矩)不随横航向参数变化，横航向气动力(及其力矩)不随纵向参数变化。这样可以略去所有气动力交感项。

如果对基准运动加以更加严格的限制，即认为基准运动不仅是在对称平面内的飞行，而且是作等速直线飞行(一般称为对称定直飞行)。可以证明此时飞机的小扰动运动方程将不仅是线性的、可分离的，而且是常系数的。

基准运动选为对称定直飞行，横航向参数均为零，即

$$v_0 = \psi_{s0} = \psi_0 = \phi_{s0} = \phi_0 = \beta_0 = p_0 = r_0 = y_{g0} = \delta_{a0} = \delta_{r0} = 0$$

纵向基准运动参数 $p_0 = 0$，其他纵向运动参数（V_{x0}、V_{y0}、θ_0、γ_0、α_0、x_{g0}、y_{g0}、δ_{e0}、δ_{T0}）一般不为零，而且所有合外力项包括外力矩项都为零，因此可推导纵向小扰动方程组和横航向小扰动方程组。

基准运动时，所有合外力项包括外力矩项都为零，即式（9-1）和式（9-6）的右端为零。扰动运动参数可表示为基准运动参数与偏离量之和，即

$$V_x = V_{x0} + \Delta V_x, \quad V_y = V_{y0} + \Delta V_y, \quad \theta = \theta_0 + \Delta\theta, \quad \alpha = \alpha_0 + \Delta\alpha$$

$$x_g = x_{g0} + \Delta x_g, \quad y_g = y_{g0} + \Delta y_g, \quad \delta_e = \delta_{e0} = \Delta\delta_e$$

$$\delta_T = \delta_{T0} + \Delta\delta_T, \quad \omega_z = \omega_{z0} + \Delta\omega_z = \Delta\omega_z, \quad V_z = V_{z0} + \Delta V_z = \Delta V_z$$

$$\psi_s = \psi_{s0} + \Delta\psi_s = \Delta\psi_s, \quad \psi = \psi_0 + \Delta\psi = \Delta\psi, \quad \gamma_s = \gamma_{s0} + \Delta\gamma_s = \Delta\gamma_s$$

$$\gamma = \gamma_0 + \Delta\gamma = \Delta\gamma, \quad \beta = \beta_0 + \Delta\beta = \Delta\beta$$

$$\omega_x = \omega_{x0} + \Delta\omega_x = \Delta\omega_x, \quad \omega_y = \omega_{y0} + \Delta\omega_y = \Delta\omega_y$$

$$z_g = z_{g0} + \Delta z_g = \Delta z_g, \quad \delta_a = \delta_{a0} + \Delta\delta_a = \Delta\delta_a, \quad \delta_r = \delta_{r0} + \Delta\delta_r = \Delta\delta_r$$

扰动运动时的外力和外力矩亦可用基准运动的值加上一个偏离量来表示：

$$\sum F_x = \sum F_{x0} + \sum \Delta F_x, \quad \sum M_x = \sum M_{x0} + \sum \Delta M_x$$

$$\sum F_y = \sum F_{y0} + \sum \Delta F_y, \quad \sum M_y = \sum M_{y0} + \sum \Delta M_y$$

$$\sum F_z = \sum F_{z0} + \sum \Delta F_z, \quad \sum M_z = \sum M_{z0} + \sum \Delta M_z$$

代入力方程式（9-1）、力矩方程式（9-6）、角坐标方程式（9-8）与线坐标方程式（9-9）得到的扰动运动方程与基准运动方程的相应项相减，得到

$$\left. \begin{aligned} m\left(\frac{\mathrm{d}\Delta V_x}{\mathrm{d}t} - V_{y0}\Delta\omega_z\right) &= \sum \Delta F_x \\ m\left(\frac{\mathrm{d}\Delta V_y}{\mathrm{d}t} + V_{x0}\Delta\omega_z\right) &= \sum \Delta F_y \\ m\left(\frac{\mathrm{d}\Delta V_z}{\mathrm{d}t} + V_{y0}\Delta\omega_x - V_{x0}\Delta\omega_y\right) &= \sum \Delta F_z \end{aligned} \right\} \quad (9-16)$$

$$\left. \begin{aligned} I_x\frac{\mathrm{d}\Delta\omega_x}{\mathrm{d}t} - I_{xy}\frac{\mathrm{d}\Delta\omega_y}{\mathrm{d}t} &= \sum \Delta M_x \\ I_y\frac{\mathrm{d}\Delta\omega_y}{\mathrm{d}t} - I_{xy}\frac{\mathrm{d}\Delta\omega_x}{\mathrm{d}t} &= \sum \Delta M_y \\ I_z\frac{\mathrm{d}\Delta\omega_z}{\mathrm{d}t} &= \sum \Delta M_z \end{aligned} \right\} \quad (9-17)$$

$$\left. \begin{aligned} \frac{\mathrm{d}\Delta\phi}{\mathrm{d}t} &= \Delta\omega_x - \tan\theta_0\,\Delta\omega_y \\ \frac{\mathrm{d}\Delta\psi}{\mathrm{d}t} &= \frac{\Delta\omega_y}{\cos\theta_0} \\ \frac{\mathrm{d}\Delta\theta}{\mathrm{d}t} &= \Delta\omega_z \end{aligned} \right\} \quad (9-18)$$

$$\frac{\mathrm{d}\Delta x_{\mathrm{g}}}{\mathrm{d}t} = \Delta V_x \cos\theta_0 - \Delta V_y \sin\theta_0 - (V_{x0}\sin\theta_0 + V_{y0}\cos\theta_0)\Delta\theta$$

$$\frac{\mathrm{d}\Delta y_{\mathrm{g}}}{\mathrm{d}t} = \Delta V_x \sin\theta_0 + \Delta V_y \cos\bar{\omega}_0 + (V_{x0}\cos\theta_0 - V_{y0}\sin\theta_0)\Delta\theta \qquad (9-19)$$

$$\frac{\mathrm{d}\Delta z_{\mathrm{g}}}{\mathrm{d}t} = V_{y0}\Delta\phi + \Delta V_z - (V_{x0}\cos\theta_0 - V_{y0}\sin\theta_0)\Delta\psi$$

习惯用下列方式表示扰动量：

$$\Delta z_{\mathrm{g}} = z_{\mathrm{g}}, \quad \Delta\omega_z = \omega_z, \quad \Delta\psi = \psi, \quad \Delta V_z = V_z, \quad \Delta\omega_x = \omega_x, \quad \Delta\omega_y = \omega_y, \quad \Delta\omega_z = \omega_z, \quad \Delta\phi = \phi$$

注意到纵向力和力矩增量只和纵向参数有关，而横航向力和力矩增量也只和横航向参数有关，可明显地看出上述四组方程可以按纵向与横航向分离。经过整理，可以得到一组纵向小扰动方程：

$$m\left(\frac{\mathrm{d}\Delta V_x}{\mathrm{d}t} - V_{y0}\omega_z\right) = \sum\Delta F_x$$

$$m\left(\frac{\mathrm{d}\Delta V_y}{\mathrm{d}t} + V_{x0}\omega_z\right) = \sum\Delta F_y$$

$$I_z\frac{\mathrm{d}\omega_z}{\mathrm{d}t} = \sum\Delta M_z$$

$$\frac{\mathrm{d}\Delta x_{\mathrm{g}}}{\mathrm{d}t} = \Delta V_x \cos\theta_0 - \Delta V_y \sin\theta_0 - (V_{x0}\sin\theta_0 + V_{y0}\cos\theta_0)\Delta\theta \qquad (9-20)$$

$$\frac{\mathrm{d}\Delta y_{\mathrm{g}}}{\mathrm{d}t} = \Delta V_x \sin\theta_0 + \Delta V_y \cos\theta_0 + (V_{x0}\cos\theta_0 - V_{y0}\sin\theta_0)\Delta\theta$$

$$\frac{\mathrm{d}\Delta\theta}{\mathrm{d}t} = \Delta\omega_z$$

和一组横航向小扰动方程：

$$m\left(\frac{\mathrm{d}\Delta V_z}{\mathrm{d}t} + V_{y0}\omega_x - V_{x0}\omega_y\right) = \sum\Delta F_z$$

$$I_x\frac{\mathrm{d}\omega_x}{\mathrm{d}t} - I_{xy}\frac{\mathrm{d}\omega_y}{\mathrm{d}t} = \sum\Delta M_x$$

$$I_y\frac{\mathrm{d}\omega_y}{\mathrm{d}t} - I_{xy}\frac{\mathrm{d}\omega_x}{\mathrm{d}t} = \sum\Delta M_y \qquad (9-21)$$

$$\frac{\mathrm{d}\phi}{\mathrm{d}t} = \omega_x - \tan\theta_0\omega_y$$

$$\frac{\mathrm{d}\phi}{\mathrm{d}t} = \frac{\omega_y}{\cos\theta_0}$$

$$\frac{\mathrm{d}z_{\mathrm{g}}}{\mathrm{d}t} = V_{y0}\phi + V_z - (V_{x0}\cos\theta_0 - V_{y0}\sin\theta_0)\psi$$

式(9-20)是建立在机体坐标系上的。根据研究习惯，纵向小扰动方程中力的方程一般采用速度坐标系（在大气平静且无风的定直飞行中，即航迹坐标系）写出，而力矩方程按机体坐标系给出。原因是气动力的三个分量是按速度坐标系定义的，对速度坐标系写出力方程，将使外力项的形式更为简单。因此，可得到在速度坐标系和机体坐标系中联合写出的纵向小扰动方程式(9-22)。

式(9-22)是把力项建立在速度坐标系、力矩项建立在机体坐标系的基础上的,今后将取代式(9-20)。横航向方程将仍采用对机体坐标系写出的式(9-21)。

$$
\left.
\begin{aligned}
& m\frac{\mathrm{d}\Delta V}{\mathrm{d}t} = \sum \Delta F_x \\
& mV_0\frac{\mathrm{d}\gamma}{\mathrm{d}t} = \sum \Delta F_y \\
& I_z\frac{\mathrm{d}\omega_z}{\mathrm{d}t} = \sum \Delta M_z \\
& \frac{\mathrm{d}\Delta\theta}{\mathrm{d}t} = \omega_z \\
& \frac{\mathrm{d}\Delta x_g}{\mathrm{d}t} = \cos\phi_0 \cdot \Delta V - V_0\sin\phi_0 \cdot \Delta\phi \\
& \frac{\mathrm{d}\Delta H}{\mathrm{d}t} = \sin\phi_0 \cdot \Delta V + V_0\cos\phi_0 \cdot \Delta\phi
\end{aligned}
\right\}
\tag{9-22}
$$

9.2.4　飞机小扰动运动方程组

现在式(9-21)和式(9-22)各自的运动参数与方程个数都是相同的,因而是封闭的,可以分别进行求解。关键问题是求出两方程组中的右端力与力矩项的小扰动增量。

作用在飞机上的外力主要由发动机推力 T、空气动力 R(包括升力 L、阻力 D 和侧力 Y 三个分量) 和重力组成。利用坐标变换,得到这些力沿速度坐标系各坐标轴的分量为

$$
\left.
\begin{aligned}
& \sum F_x = T\cos(\alpha+\phi_p) - D - mg\sin\theta \\
& \sum F_y = C \\
& \sum F_z = -T\sin(\alpha+\phi_p) - L + mg\cos\theta
\end{aligned}
\right\}
\tag{9-23}
$$

在扰动运动中,其小扰动增量为

$$
\left.
\begin{aligned}
& \sum \Delta F_x = \Delta T\cos(\alpha_0+\phi_P) - T_0\sin(\alpha_0+\phi_p)\Delta\alpha - \Delta D - mg\cos\gamma_0\Delta\gamma \\
& \sum \Delta F_y = \Delta C \\
& \sum \Delta F_z = -\Delta T\sin(\alpha_0+\phi_p) - T_0\cos(\alpha_0+\phi_p)\Delta\alpha - \Delta L + mg\sin\gamma_0\Delta\gamma
\end{aligned}
\right\}
\tag{9-24}
$$

其中发动机推力增量因速度 V、高度 H 和油门位置 δ_T 等变化而产生,有

$$
\Delta T = T^V\Delta V + T^H\Delta H + T^{\delta_T}\Delta\delta_T
\tag{9-25}
$$

阻力增量因速度 V、高度 H、迎角 α 和升降舵(平尾)偏角 δ_e 等变化而产生

$$
\Delta D = X^V\Delta V + X^H\Delta H + X^\alpha\Delta\alpha + X^{\delta_e}\Delta\delta_e
\tag{9-26}
$$

同理得

$$
\Delta L = L^V\Delta V + L^H\Delta H + L^\alpha\Delta\alpha + L^{\delta_e}\Delta\delta_e + L^{\dot\alpha}\dot\alpha + L^q q
\tag{9-27}
$$

$$
\Delta C = C^\beta\Delta\beta + C^p\Delta p + C^\gamma\Delta\gamma + C^{\delta_r}\Delta\delta_r
\tag{9-28}
$$

外力矩小扰动增量的表达式比较简单。由于坐标原点在飞机的重心,重力不产生力矩;在动力装置安装对称的情况下,发动机正常工作时推力不产生滚转力矩和偏航力矩;此外,推力产生的纵向俯仰力矩一般较小(非推力矢量控制飞机),与气动力矩相比可以略去不计。因此,

外力矩的小扰动增量主要由气动力矩增量组成,有

$$\left.\begin{aligned}
\sum \Delta L &= L_\beta \Delta\beta + L_p \Delta p + L_r \Delta r + L_{\delta_a}\delta_a + L_{\delta_e}\delta_e \\
\sum \Delta M &= M_V \Delta V + M_H \Delta H + M_\alpha \Delta\alpha + M_{\dot\alpha}\Delta\dot\alpha + M_q \Delta q + M_{\delta_e}\Delta\delta_e \\
\sum \Delta N &= N_\beta \Delta\beta + N_p \Delta p + N_r \Delta r + M_{\delta_a}\delta_a + N_{\delta_r}\delta_r
\end{aligned}\right\} \quad (9-29)$$

式中,$L_\beta \Delta\beta$ 等为稳定力矩;$L_{\delta_a}\delta_a$ 等为操纵力矩;$L_p \Delta p$、$M_q \Delta q$ 和 $N_r \Delta r$ 为阻尼力矩,L_p、M_q 和 N_r 为阻尼导数;$L_r \Delta r$ 和 $N_p \Delta p$ 为交叉力矩,L_r 和 N_p 为交叉导数。将上述外力和外力矩表达式代入纵向和横航向小扰动运动方程组式(9-21)和式(9-22),整理后可得纵向小扰动运动方程组:

$$\left.\begin{aligned}
m\left(\frac{\mathrm{d}\Delta V}{\mathrm{d}t}\right) &= \Delta T\cos(\alpha_0+\phi_p)\cos\beta_0 - T_0\sin(\alpha_0+\phi_p)\cos\beta_0\Delta\alpha - \Delta D - \\
&\quad T_0\cos(\alpha_0+\phi_p)\sin\beta_0\Delta\beta - mg\cos\gamma_0\Delta\gamma \\
mV_0\left(\frac{\mathrm{d}\Delta\gamma}{\mathrm{d}t}\right) &= (T^V\Delta V + T^H\Delta H + T^{\delta_T}\Delta\delta_T)\sin(\alpha_0+\phi_p) + \\
&\quad P_0\cos(\alpha_0+\phi_p)\Delta\alpha + mg\sin\gamma_0\Delta\gamma + \\
&\quad (L^V\Delta V + L^H\Delta H + L^\alpha\Delta\alpha + L^{\delta_e}\Delta\delta_e + L^{\dot\alpha}\dot\alpha + L^q q)\,I_y\left(\frac{\mathrm{d}q}{\mathrm{d}t}\right) = \\
M_V\Delta V &+ M_H\Delta H + M_\alpha\Delta\alpha + M_{\dot\alpha}\Delta\dot\alpha + M_q\Delta q + M_{\delta_e}\Delta\delta_e \\
\frac{\mathrm{d}\Delta x_g}{\mathrm{d}t} &= \cos\gamma_0\Delta V - V_0\sin\gamma_0\Delta\gamma \\
\frac{\mathrm{d}\Delta H}{\mathrm{d}t} &= \sin\gamma_0\Delta V + V_0\cos\gamma_0\Delta\gamma \\
\frac{\mathrm{d}\Delta\theta}{\mathrm{d}t} &= \Delta q \\
\Delta\alpha &= \Delta\theta - \Delta\gamma
\end{aligned}\right\} \quad (9-30)$$

角度关系方程:

$$\Delta\alpha = \Delta\theta - \Delta\gamma$$

以及横航向小扰动运动方程组:

$$\left.\begin{aligned}
m\left(\frac{\mathrm{d}\Delta V}{\mathrm{d}t} + u_0\Delta r - w_0\Delta p\right) &= -D_0\Delta\beta + \Delta L + mg\cos\theta_0\Delta\phi \\
I_y\frac{\mathrm{d}\Delta q}{\mathrm{d}t} &= M_V\Delta V + M_H\Delta H + M_\alpha\Delta\alpha + M_{\dot\alpha}\Delta\dot\alpha + M_q\Delta q + M_{\delta_e}\Delta\delta_e \\
I_z\frac{\mathrm{d}\Delta r}{\mathrm{d}t} - I_{zx}\frac{\mathrm{d}\Delta p}{\mathrm{d}t} &= N_\beta\Delta\beta + N_p\Delta p + N_r\Delta r + M_{\delta_a}\delta_a + N_{\delta_r}\delta_r \\
\frac{\mathrm{d}\Delta y_g}{\mathrm{d}t} &= V_0\cos\gamma_0\Delta\chi \\
\frac{\mathrm{d}\Delta\phi}{\mathrm{d}t} &= \Delta p + \tan\theta_0\Delta r \\
\frac{\mathrm{d}\psi}{\mathrm{d}t} &= \frac{\Delta r}{\cos\theta_0}
\end{aligned}\right\} \quad (9-31)$$

现在对以上两个方程组作进一步处理。

对于纵向方程组式(9-30),分三步进行:

(1) 利用 $\Delta\alpha = \Delta\theta - \Delta\gamma$ 和 $q = \dfrac{\mathrm{d}\Delta\theta}{\mathrm{d}t}$ 的关系,在耦合方程中消去 $\Delta\gamma$ 和 q。

(2) 将方程分为两类:一类是相互影响,必须联合求解(方程组的第 1、2、3、5 式),称为耦合方程;另一类可以在耦合方程解出后单独求解而不影响其他方程(第 4 式),称为非耦合方程。

(3) 在耦合方程中按变量 ΔV、$\Delta\alpha$、$\Delta\theta$、ΔH、$\Delta\delta_e$、$\Delta\delta_T$ 的顺序排序,并把输入量 $\Delta\delta_e$ 和 $\Delta\delta_p$ 放在方程的右端。

经过整理后,飞机的纵向小扰动运动方程为:

耦合方程组(6 个变量 ΔV、$\Delta\alpha$、$\Delta\theta$、ΔH、$\Delta\delta_e$、$\Delta\delta_T$)

$$
\begin{aligned}
&\left\{ m\frac{\mathrm{d}}{\mathrm{d}t} - \left[T^V\cos(\alpha_0+\phi_p) - D^V \right] \right\}\Delta V + \\
&\left[T_0\sin(\alpha_0+\phi_p) + D^\alpha - mg\cos\gamma_0 \right]\Delta\alpha + mg\cos\gamma_0\Delta\theta - \\
&\left[T^H\cos(\alpha_0+\phi_p) - D^H \right]\Delta H = -D^{\delta_e}\Delta\delta_e + T^{\delta_T}\cos(\alpha_0+\phi_p)\Delta\delta_T - \\
&\left[T^V\sin(\alpha_0+\phi_p) + L^V \right]\Delta V - \\
&\left\{ (L^{\dot\alpha}+mV_0)\frac{\mathrm{d}}{\mathrm{d}t} + \left[L^\alpha + T_0\cos(\alpha_0+\phi_p) - mg\sin\gamma_0 \right] \right\}\Delta\alpha - \\
&\left[(L^q-mV_0)\frac{\mathrm{d}}{\mathrm{d}t} + mg\sin\gamma_0 \right]\Delta\theta - \left[T^H\sin(\alpha_0+\phi_p) + L^H \right]\Delta H = \\
&L^{\delta_e}\Delta\delta_e + T^{\delta_T}\sin(\alpha_0+\phi_p)\Delta\delta_T \\
&-M_z^V\Delta V - \left(M_{\dot\alpha}\frac{\mathrm{d}}{\mathrm{d}t} + M_\alpha \right)\Delta\alpha + \left(I_y\frac{\mathrm{d}^2}{\mathrm{d}t^2} - M_q\frac{\mathrm{d}}{\mathrm{d}t} \right)\Delta\theta - M_H\Delta H = M_{\delta_e}\Delta\delta_e \\
&\sin\gamma_0\Delta V - V_0\cos\gamma_0\Delta\alpha + V_0\cos\gamma_0\Delta\theta + \frac{\mathrm{d}\Delta H}{\mathrm{d}t} = 0
\end{aligned}
\right\}
\tag{9-32}
$$

非耦合方程组

$$
\left.
\begin{aligned}
&\frac{\mathrm{d}\Delta x_g}{\mathrm{d}t} = \cos\gamma_0\Delta V - V_0\sin\gamma_0\Delta\gamma \\
&\Delta\gamma = \Delta\theta - \Delta\alpha
\end{aligned}
\right\}
\tag{9-33}
$$

角速度 q 可以对 $\Delta\theta$ 求导,可得

$$
q = \frac{\mathrm{d}\Delta\theta}{\mathrm{d}t}
$$

飞机的横航向小扰动方程式(9-31)的处理也分三步进行:

(1) 利用关系式 $V_z \approx V_0\beta$ 替换 V_z,并将 V_{y0} 和 V_{x0} 近似用 $-V_0\alpha_0$ 和 V_0 替代;

(2) 将方程分为耦合(第 1,2,3,4 式)与非耦合(第 5、6 式)两类;

(3) 在耦合方程中按变量 β、p、r、γ、$\Delta\delta_a$、$\Delta\delta_r$ 的顺序排序,并把输入量 $\Delta\delta_a$ 和 $\Delta\delta_r$ 放在方程右端。

经过整理后,飞机的横航向小扰动运动方程为:

耦合方程组(6 个变量 β、p、r、γ、$\Delta\delta_a$、$\Delta\delta_r$)

$$\left.\begin{array}{l} \left[mV_0 \dfrac{\mathrm{d}}{\mathrm{d}t} - (C^\beta - D_0) \right]\beta - (mV_0\alpha_0 + C^p)p + (mV_0 - C^r)\omega_y - mg\cos\theta_0\gamma = C^{\delta_e}\delta_e \\[3mm] -L_\beta\beta + \left(I_x \dfrac{\mathrm{d}}{\mathrm{d}t} - L \right)p - \left(I_{zx} \dfrac{\mathrm{d}}{\mathrm{d}t} + L_r \right)r = L_{\delta_a}\delta_a + L_{\delta_r}\delta_r \\[3mm] -N_\beta\beta - \left(I_{zx} \dfrac{\mathrm{d}}{\mathrm{d}t} + N_p \right)p + \left(I_z \dfrac{\mathrm{d}}{\mathrm{d}t} - N_r \right)r = N_{\delta_a}\delta_a + N_{\delta_r}\delta_r \\[3mm] -p - \tan\theta_0 r + \dfrac{\mathrm{d}\phi}{\mathrm{d}t} = 0 \end{array}\right\}$$

$$(9-34)$$

非耦合方程组

$$\left.\begin{array}{l} \dfrac{\mathrm{d}\psi}{\mathrm{d}t} = \dfrac{r}{\cos\theta_0} \\[3mm] \dfrac{\mathrm{d}y_g}{\mathrm{d}t} = V_0\cos\gamma_0\chi \end{array}\right\}$$

$$(9-35)$$

9.3　矩阵形式的小扰动运动方程

将线性常系数微分方程组写成矩阵形式,不仅可使方程形式简洁、清晰,而且便于编程计算。因此,飞机小扰动运动方程的矩阵形式随着计算机技术的不断发展得到日益广泛的应用。

9.3.1　无因次小扰动运动方程

前面得到的运动方程都是有因次的,但是在实际计算中,有时也采用小扰动方程的无因次形式。这一方面是因为方程中出现的气动力和力矩,如 L, M 等,习惯以无因次的系数形式如 C_L、m_z 等给出;另一方面是因为由无因次方程得出的结论,具有便于分析各气动系数对飞机性能影响的优点。

飞机的形状和方位的变量可以用角度和长度比这样的无因次形式给出,例如展弦比、后掠角、迎角、侧滑角等。旋转运动变量等都习惯用表 9-1 那样的无因次量表示,表中给出了所有无因次量的常用定义。此表中的所有除数都是针对基准运动而言的,不同的基准运动,其参考点(即无因次除数)不同;不同的国家、不同的文献资料都可能有不同的无因次系数。利用此表可以把方程中所有出现的有因次量化为无因次量,表中第一列各量即有因次量,等于第二列除数与第三列的无因次量的乘积。

表 9-1　无因次系统表

有因次量	除　　数	无因次量	备　　注
D, L, C, T, G	$\dfrac{1}{2}\rho V^2 S$	C_D, C_L, C_N, C_T, C_G	
M_z	$\dfrac{1}{2}\rho V^2 S b_A$	m_z	
M_x, M_y	$\dfrac{1}{2}\rho V^2 S l$	m_x, m_y	

续 表

有因次量	除　　数	无因次量	备　　注
ΔV	V	$\Delta \bar{V}$	
$r, \dot{\alpha}$	$\dfrac{V}{b_A}$	$\bar{r}, \bar{\dot{\alpha}}$	
p, q	$V \left/ \dfrac{l}{2} \right.$	$\bar{p}, \bar{q}$	
m	$\dfrac{\rho S b_A}{2}$	μ_1	纵向相对密度
m	$\dfrac{\rho S l}{2}$	μ_2	横航向相对密度
I_z	$m b_A^2$	z^2	x^2, y^2, z^2 为无因次转动半径
I_x, I_y, I_{xy}	$m\left(\dfrac{l}{2}\right)^2$	x^2, y^2, xy	
t	$\tau_1 = \dfrac{2m}{\rho SV}$	$\bar{t}_1$	纵向无因次时间
t	$\tau_2 = \dfrac{m}{\rho SV}$	$\bar{t}_2$	横航向无因次时间
H, x, y	b_A	$\bar{H}, \bar{x}, \bar{y}$	
z	$\dfrac{l}{2}$	$\bar{z}$	
α	α_0	$\bar{\alpha}$	
ρ	ρ_0	$\bar{\rho}$	

9.3.2　矩阵形式的纵向方程

为了将纵向小扰动方程式(9-32)和式(9-33)无因次化,首先将方程中的有因次量写成无因次表中的除数和无因次量的乘积,然后将各式用某一因次量通除,即得无因次方程。这一过程从原理上说十分简单,但由于项目和参数较多,有的参数还是一个以上变量的函数,使得求导较烦琐,所以整个无因次化过程仍是一项细致而烦琐的工作。下面举方程中第一式为例说明无因次化的过程,而对其他方程则只引出无因次结果。

纵向小扰动方程式(9-32)第一式中,各有因次量可以表示成(表9-1中已经有的项目未列出)

$$T^V = \left(\frac{\partial T}{\partial V}\right)_0 = \left[\partial\left(\frac{1}{2}\rho V^2 S C_T\right)/\partial V\right]_0 =$$

$$\left(\frac{\partial C_T}{\partial Ma}\right)\left(\frac{\mathrm{d}Ma}{\mathrm{d}V}\right)\frac{1}{2}\rho_0 V_0^2 S + C_{T0}\rho_0 V_0 S = (C_{TMa}Ma_0 + 2C_{T0})\frac{1}{2}\rho_0 V_0 S$$

$$D^V = \left(\frac{\partial X}{\partial V}\right)_0 = \left[\partial\left(\frac{1}{2}\rho V^2 S C_D\right)/\partial V\right]_0 = (C_{DMa}Ma_0 + 2C_D)\frac{1}{2}\rho_0 V_0 S$$

$$D^a = \left(\frac{\partial D}{\partial \alpha}\right)_0 = C_{D\alpha} \frac{1}{2}\rho_0 V_0^2 S$$

$$T^H = \left(\frac{\partial T}{\partial H}\right)_0 = \left[\partial\left(\frac{1}{2}\rho V^2 S C_T\right)\bigg/\partial H\right]_0 = C_T^H \frac{1}{2}\rho_0 V_0^2 S + C_{T0} \frac{1}{2}V_0^2 S \left(\frac{\partial \rho}{\rho H}\right)_0 =$$

$$(C^T + C_{T0}\bar\rho^H)\frac{1}{b_A}\frac{1}{2}\rho_0 V_0^2 S$$

$$D^H = \left(\frac{\partial D}{\partial H}\right)_0 = \left[\partial\left(\frac{1}{2}\rho V^2 S C_D\right)\bigg/\partial H\right]_0 =$$

$$\frac{\partial C_D}{\partial Ma}\left(\frac{\partial Ma}{\partial a}\right)_0 \left(\frac{\partial a}{\partial H}\right)_0 \frac{1}{2}\rho_0 V_0^2 S + \frac{1}{2}V_0^2 S C_{D0}\left(\frac{\partial \rho}{\partial H}\right)_0 =$$

$$-C_D^{Ma}\frac{V_0}{a_0^2}\left(\frac{da}{dH}\right)_0 \frac{1}{2}\rho_0 V_0^2 S + \frac{1}{2}\rho_0 V_0^2 S C_{D0}\frac{1}{b_A}\bar\rho^H =$$

$$-C_D^{Ma} Ma_0 \bar\alpha^H \frac{1}{b_A}\frac{1}{2}\rho_0 V_0^2 S + \frac{1}{2}\rho_0 V_0^2 S C_{D0}\frac{1}{b_A}\bar\rho^H =$$

$$(C_{D0}\bar\rho^H - C_D^{Ma} Ma_0 \bar a^H)\frac{1}{b_A}\frac{1}{2}\rho_0 V_0^2 S$$

$$D^{\delta_e} = \left(\frac{\partial D}{\partial \delta_e}\right)_0 = C_D^{\delta_e}\frac{1}{2}\rho_0 V_0^2 S$$

$$T^{\delta_T} = \left(\frac{\partial T}{\partial \delta_T}\right)_0 = C_T^{\delta_e}\frac{1}{2}\rho_0 V_0^2 S$$

将上列各导数代入式(9-32)第一式中，两端以$\frac{1}{2}\rho_0 V_0^2 S$通除，即得出无因次形式方程。

类似地，将第二式也以$\frac{1}{2}\rho_0 V_0^2 S$通除，第三式以$I_z\left(\frac{\rho V_0 S}{2m}\right)^2$通除，第四式以$V_0$通除，即得到无因次形式的纵向小扰动耦合方程组：

$$\left.\begin{aligned}
&\left[\frac{d}{d\bar t} - T^V\cos(\alpha_0+\varphi_T) - D_V\right]\Delta\bar V + [T_0\sin(\alpha_0+\varphi_T) + D^a - mg\cos\gamma_0]\Delta\alpha + \\
&mg\cos\gamma_0 \Delta\theta - [T^H\cos(\alpha_0+\varphi_T) - D^H]\Delta\bar H = \\
&-D^{\delta_e}\Delta\delta_e + T^{\delta_T}\cos(\alpha_0+\varphi_T)\Delta\delta_T - [T^V\sin(\alpha_0+\varphi_T) + L^V]\Delta\bar V - \\
&\left[(L^{\dot\alpha} + mV_0)\frac{d}{dt} + [L^a + T_0\cos(\alpha_0+\varphi_T) - mg\sin\gamma_0]\right]\Delta\alpha - \\
&\left[(L^q - mV_0)\frac{d}{dt} + mg\sin\gamma_0\right]\Delta\theta - [T^H\sin(\alpha_0+\varphi_T) + L^H]\Delta\bar H = \\
&L^{\delta_e}\Delta\delta_e + T^{\delta_T}\sin(\alpha_0+\varphi_T)\Delta\delta_T - M^V\Delta\bar V - (m\frac{d}{dt} + m^a)\Delta\alpha + \\
&\left(I_y\frac{d^2}{dt^2} - M^q\frac{d}{dt}\right)\Delta\theta - M^H\Delta H = m^{\delta_e}\Delta\delta_e \\
&\sin\gamma_0\Delta V - V_0\cos\gamma_0\Delta\alpha + V_0\cos\gamma_0\Delta\theta + \frac{d\Delta H}{dt} = 0
\end{aligned}\right\} \quad (9-36)$$

同样得到无因次的非耦合方程：

$$\left.\begin{aligned}
&\frac{d\Delta x_g}{d\bar t} = \cos\gamma_0\Delta V - V_0\sin\gamma_0\Delta\gamma \\
&\Delta\gamma = \Delta\theta - \Delta\alpha \\
&\Delta q = \frac{d\Delta\theta}{dt}
\end{aligned}\right\} \quad (9-37)$$

以变量 $\Delta V, \Delta\alpha, q, \Delta\theta, \Delta H$ 作为耦合变量,将纵向方程组式(9-32)首先变换为一阶微分方程组的标准形式,然后写成矩阵形式为

$$
\frac{d}{dt}\begin{bmatrix}\Delta V\\\Delta\alpha\\\Delta q\\\Delta\theta\\\Delta H\end{bmatrix}=\begin{bmatrix}D^V & D^\alpha+g\cos\gamma_0 & 0 & -g\cos\gamma & 0\\ -\dfrac{L^V}{1+L^{\dot\alpha}} & -\dfrac{L^\alpha-g\sin\gamma_0/V_0}{1+L^{\dot\alpha}} & \dfrac{1-L^q}{1+L^{\dot\alpha}} & \dfrac{-g\sin\gamma_0/V_0}{1+L^{\dot\alpha}} & 0\\ \bar M^V-\dfrac{\bar M^{\dot\alpha}L^V}{1+L^{\dot\alpha}} & \bar M^\alpha-\dfrac{\bar M^{\dot\alpha}(L_\alpha-g\sin\gamma_0/V_0)}{1+L^{\dot\alpha}} & \bar M^q+\dfrac{\bar M^{\dot\alpha}(1-L_q)}{1+L^{\dot\alpha}} & \dfrac{-\bar M^{\dot\alpha}g\sin\gamma_0/V_0}{1+L^{\dot\alpha}} & 0\\ 0 & 0 & 1 & 0 & 0\\ -\sin\gamma_0 & V_0\cos\gamma_0 & 0 & -V_0\cos\gamma_0 & 0\end{bmatrix}\times
$$

$$
\begin{bmatrix}\Delta V\\\Delta\alpha\\\Delta q\\\Delta\theta\\\Delta H\end{bmatrix}+\begin{bmatrix}D^{\delta_e} & D^{\delta_T}\\ -\dfrac{L^{\delta_e}}{1+L_{\dot\alpha}} & -\dfrac{L^{\delta_T}}{1+L_{\dot\alpha}}\\ \bar M^{\delta_e}-\dfrac{\bar M^{\dot\alpha}L^{\delta_e}}{1+L^{\dot\alpha}} & \bar M^{\delta_p}-\dfrac{\bar M^{\dot\alpha}L^{\delta_T}}{1+L^{\dot\alpha}}\\ 0 & 0\\ 0 & 0\end{bmatrix}\begin{bmatrix}\delta_e\\\delta_T\end{bmatrix} \qquad (9-38)
$$

或写成

$$\dot X=AX+B\Delta\boldsymbol\delta$$

式中,X 为状态向量;A 为状态矩阵;B 为控制矩阵;$\Delta\boldsymbol\delta$ 为控制向量。

9.3.3　矩阵形式的横侧向方程

与纵向方程处理的方法相似,先将横航向小扰动方程组式(9-34)中的有因次量写成无因次表中的除数和无因次量的乘积形式,然后将第一式通除以 $\rho_0 V_0^2 S$,第二式通除以 $2I_x\rho_0 V_0^2 S/(ml)$,第三式通除以 $2I_y\rho_0 V_0^2 S/(ml)$,第四式通除以 $\rho_0 V_0 S/m$,对非耦合方程式(9-35)也作相应的处理,即得到无因次形式的横航向小扰动方程如下:

耦合方程组为(一般 $C_z^{\omega_x}$ 和 $C_z^{\omega_y}$ 可略去)

$$
\left.\begin{aligned}
&\left[mV_0\frac{d}{dt}-(C^\beta-D_0)\right]\beta-(mV_0\alpha_0+C^p)p+(mV_0-C^r)r-mg\cos\theta_0\phi=\frac12 C^{\delta_r}\delta_r\\
&-L^\beta\beta+\left(I_x\frac{d}{dt}-L^p\right)p-\left(I_{zx}\frac{d}{dt}+L^r\right)r=L^{\delta_a}\delta_a+L^{\delta_r}\delta_r\\
&-N^\beta\beta-\left(I_{zx}\frac{d}{dt}+N^p\right)p+\left(I_z\frac{d}{dt}-N^r\right)r=N^{\delta_a}\delta_a+N^{\delta_r}\delta_r\\
&-p-\tan\theta_0 r+\frac{d\phi}{dt}=0
\end{aligned}\right\} \qquad (9-39)
$$

非耦合方程为

$$
\left.\begin{aligned}
&\frac{d\psi}{dt}=\frac{r}{\cos\theta_0}\\
&\frac{dy_g}{dt}=V_0\cos\gamma_0\chi
\end{aligned}\right\} \qquad (9-40)
$$

为使所得的横航向小扰动矩阵方程具有较简洁的形式,定义横侧向动力学导数:

$$\begin{cases} \overline{L}_i = \dfrac{L_i + (I_{zx}/I_z)N_i}{I_x - I_{zx}^2/I_z} \\ \overline{N}_i = \dfrac{N_i + (I_{zx}/I_x)L_i}{I_z - I_{zx}^2/I_x} \end{cases}, \quad i = \beta,p,r,\delta_{\mathrm a},\delta_{\mathrm r}$$

$$\begin{cases} \overline{C}^\beta = (C_\beta - D_0)/mV_0 \\ \overline{C}^i = C_i/mV_0 \end{cases}, \quad i = p,r,\delta_{\mathrm r}$$

在引入以上各量后，以 β、p、r、ϕ 作为耦合变量，可将横航向小扰动方程组写成如下的矩阵形式：

$$\frac{\mathrm d}{\mathrm dt}\begin{bmatrix} \beta \\ p \\ r \\ \phi \end{bmatrix} = \begin{bmatrix} \overline{C}_\beta & \alpha_0 + \overline{C}_{\mathrm p} & \overline{C}_{\mathrm r} - 1 & g\cos\theta_0/V_0 \\ \overline{L}_\beta & \overline{L}_{\mathrm p} & \overline{L}_{\mathrm r} & 0 \\ \overline{N}_\beta & \overline{N}_{\mathrm p} & \overline{N}_{\mathrm r} & 0 \\ 0 & 1 & \tan\theta_0 & 0 \end{bmatrix}\begin{bmatrix} \beta \\ p \\ r \\ \phi \end{bmatrix} + \begin{bmatrix} 0 & \overline{C}_{\delta_{\mathrm r}} \\ \overline{L}_{\delta_{\mathrm a}} & \overline{L}_{\delta_{\mathrm r}} \\ \overline{N}_{\delta_{\mathrm a}} & \overline{N}_{\delta_{\mathrm r}} \\ 0 & 0 \end{bmatrix}\begin{bmatrix} \delta_{\mathrm a} \\ \delta_{\mathrm r} \end{bmatrix} \qquad (9-41)$$

或写成

$$\dot{Y}_2 = CY + D\Delta\delta$$

式中，Y 为状态向量；C 为状态矩阵；D 为控制矩阵；δ 为控制向量。

飞机刚体运动方程的建立、推导、线性化、分离及无因次化已经基本完成。运动方程的建立是在平面静止地球和静止大气的基础上得到的；飞机运动方程的线性化是建立在"小扰动"前提下的；运动方程在忽略惯性积及飞机具有对称面等情况下可以分离成两组相互独立的方程；为了分析方便及便于对比两不同飞机之间的性能及品质，往往采用无因次形式。运动方程组共有 12 个方程，在飞行动力学的不同研究问题中，方程可以得到进一步的简化。

课 后 习 题

1. 建立飞机非线性运动方程时有哪些假设？
2. 什么是飞机的平衡点？建立平衡点的依据是什么？
3. 什么是小扰动原理？

第10章 飞机动态飞行品质

本章从运动方程出发,研究飞机在受到外界扰动以及飞行员操纵后所表现出来的特性——飞机的动态响应特性。当飞机受到气流等外界扰动时,此响应特性称为飞机的动稳定性;当飞机受操纵舵面偏转时(飞行员操纵),此响应特性称为飞机的动操纵性。飞机的动态响应特性这一问题与飞机设计、飞机维护保障及飞行品质有着密切的关系。本章研究的动稳定性问题是指不包括自动器在内的飞机本体的稳定性。

本章首先对飞机线性系统的稳定性理论作一介绍,然后依据飞机纵向和横航向小扰动方程,通过算例来引入并研究飞机的纵向和横向小扰动的一些普遍属性,进而分析飞机飞行状态、气流参数等对稳定性的影响。

10.1 飞机的动稳定性

10.1.1 动稳定性的概念

飞机的动稳定性通常是指处于平衡状态即作定常飞行的飞机,在受到外界小扰动情况下偏离其原始平衡状态,产生附加力和附加力矩,从而表现出来的运动属性。在某种意义上,动稳定性就是研究外界扰动作用下飞机的阻尼特性,即过渡过程的收敛情况,一般可以分为以下几种情况。

(1)动稳定:受到外界扰动后为减幅振动(阻尼振动),或为单调(非周期)衰减运动,如图10-1(a)(b)所示。

(2)动不稳定:受到外界扰动后为增幅振动(发散振动),或为单调(非周期)发散运动,如图10-1(c)(d)所示。

(3)动中立稳定:受到外界扰动后为等幅振动(称简谐振动),或保持运动参数为常值,如图10-1(e)(f)所示。

动稳定性探究的是飞机受扰动后运动参数能否恢复到原平衡状态,是过渡过程的特性。静稳定性仅是研究飞机受到外界扰动产生偏离瞬间,飞机能否产生一个恢复原平衡状态的力矩的趋势。可见,具有静稳定性的飞机不一定具有动稳定性。

研究飞机的动稳定性时,不仅要判断它在恢复力矩的作用下是否稳定,而且还要了解受扰运动的具体特性,如振动的周期、频率、收敛(或发散)的快慢等。求解动稳定性问题必须求解飞机的运动方程组,而求解静稳定性问题只研究恢复力矩的性质即可。因此,静稳定性质属于飞机的静态的性质或配平问题,动稳定性才是真正的飞机稳定性能。

运动方程是描述飞机运动特性的唯一数学模型。在小扰动前提下,研究稳定性时,飞机运动方程可简化为常系数线性微分方程组。求解这类方程的方法很多,通称为"稳定性理论"。本章介绍一种常用的采用"模态"概念建立起来的求解方程方法。

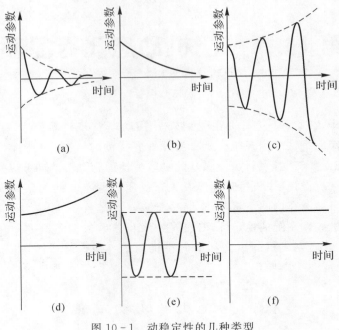

图 10-1   动稳定性的几种类型

10.1.2   扰动运动中的模态

飞机的运动在一定条件下可用基准运动和扰动运动叠加而成。叠基准运动选定为定常运动,对运动方程来说是永远配平的,因此,从此观点来看,研究动稳定性即研究扰动运动特性,而扰动运动可用"模态"表示。

10.1.2.1   模态的概念

对于反映飞机小扰动运动特性的线性常系数微分方程组,它的解满足叠加原则。线性常系数微分方程的解一般用指数形式来表示,例如扰动运动方程中,扰动量的解可写成

$$\Delta V = a_1 \mathrm{e}^{\lambda_1 t} + a_2 \mathrm{e}^{\lambda_2 t} + \cdots + a_n \mathrm{e}^{\lambda_n t} \tag{10-1}$$

式中,t 为时间;$\lambda_1, \lambda_2, \cdots, \lambda_n$ 为运动微分方程的特征根,此根的数值取决于飞机的构造和气动特征,以及飞机的基准运动状态。对于不同飞机或不同的飞行姿势,根值 $\lambda_i (i=1,2,\cdots,n)$ 是不同的,但它们与初始扰动无关。系数 $a_i (i=1,2,\cdots,n)$ 则随初始条件而变化。飞机运动方程中的其他变量同样也可写成类似于式(10-1)的形式:

$$\left.\begin{array}{l} \Delta x_1 = a_{11} \mathrm{e}^{\lambda_1 t} + a_{12} \mathrm{e}^{\lambda_2 t} + \cdots + a_{1n} \mathrm{e}^{\lambda_n t} \\ \Delta x_2 = a_{21} \mathrm{e}^{\lambda_1 t} + a_{22} \mathrm{e}^{\lambda_2 t} + \cdots + a_{2n} \mathrm{e}^{\lambda_n t} \\ \cdots\cdots \\ \Delta x_n = a_{n1} \mathrm{e}^{\lambda_1 t} + a_{n2} \mathrm{e}^{\lambda_2 t} + \cdots + a_{nn} \mathrm{e}^{\lambda_n t} \end{array}\right\} \tag{10-2}$$

式中,$x_i (i=1,2,\cdots,n)$ 为扰动运动参数;$\lambda_i (i=1,2,\cdots,n)$ 为微分方程的特征值;$a_{ij} (i,j=1, 2,\cdots,n)$ 为常系数。令 $\Delta \boldsymbol{x} = [\Delta x_1, \Delta x_2, \cdots, \Delta x_n]^{\mathrm{T}}$,$\Delta \boldsymbol{b}_i = [a_{1i}\mathrm{e}^{\lambda_1 t}, a_{2i}\mathrm{e}^{\lambda_2 t}, \cdots, a_{ni}\mathrm{e}^{\lambda_n t}]^{\mathrm{T}} (i=1, 2,\cdots,n)$,则式(10-2)写成

$$\Delta \boldsymbol{x} = \sum_{i=1}^{n} \Delta \boldsymbol{b}_i \quad (i=1,2,\cdots,n) \tag{10-3}$$

式（10-3）实质上是对扰动运动解进行了列项分解，如 $\Delta \boldsymbol{b}_i = [a_{1i} \mathrm{e}^{\lambda_1 t}, a_{2i} \mathrm{e}^{\lambda_2 t}, \cdots, a_{ni} \mathrm{e}^{\lambda_n t}]^T$。这里 λ_i 可能是实根，也可能是复根。当 λ_i 为复根时必然存在一个与之共轭的复根，小扰动方程解的一个实根或一对共轭复根实际上代表了小扰动运动的一个特定组成成分。实根代表了一个单调发展的运动；而一对共轭复根则代表了一个周期振荡的运动。通常把 $\lambda_i(i=1,2,\cdots,n)$（当 λ_i 为复根时则为一对共轭复根）及其所代表的运动称为一个运动模态，简称模态。而把 $\lambda_i(i=1,2,\cdots,n)$（或一对共轭复根）决定的飞机运动特性称为模态特性。

由式（10-2）可看出，如果 $\lambda_i(i=1,2,\cdots,n)$ 是负值或是具有负实部的复数，则 $\Delta \boldsymbol{b}_i(i=1,2,\cdots,n)$ 随时间 t 的变化是收敛的，此运动模态称为收敛模态，亦即模态特性是稳定的；反之如果 $\lambda_i(i=1,2,\cdots,n)$ 是正值或是具有正实部的复数，则 $\Delta \boldsymbol{b}_i(i=1,2,\cdots,n)$ 随时间的变化是发散的，此运动模态称为发散模态，亦即模态特性是不稳定的。如果 $\lambda_i(i=1,2,\cdots,n)$ 等于零或实部为零，则此运动模态为中立模态。

特征根 $\lambda_i(i=1,2,\cdots,n)$ 不仅决定了扰动运动的收敛与发散，而且还影响到此根对应的各个运动参数的幅值比和相角差。

10.1.2.2　模态特性参数

飞机扰动运动既然是由各模态线性叠加而成的，因此，每一个模态特性的好坏都对飞机稳定性的品质有影响。

模态特性同自控原理相仿，由下列参数表示。

1. 半衰期 $t_{1/2}$ 或倍幅时间 t_2

半衰期 $t_{1/2}$ 为阻尼振动振幅包络线或非周期衰减模态中，幅值减至初始扰动的一半所经历的时间。倍幅时间 t_2 为发散振动幅值增大一倍所经历的时间。此参数表征运动参数衰减或发散的快慢。

$t_{1/2}$ 越小，扰动衰减越快，飞机恢复平衡状态的能力越强，动稳定性越好。对于发散模态，则希望 t_2 越大越好，因为越大，发散越慢，危害越小。

设特征根 $\lambda = n$（非周期模态）或 $\lambda = n \pm \mathrm{i}\omega$（周期模态），则对应模态为

$$\Delta x = \Delta x_0 \mathrm{e}^{\lambda t} \quad \text{或} \quad \Delta x = \Delta x_0 \mathrm{e}^{\lambda t} \sin(\omega t + \varphi_0)$$

式中，Δx_0 为扰动运动的初值；ω 为角频率（特征方程根的虚部）；n 为特征方程的实部；φ_0 为初始相角。

根据半衰期定义

$$\frac{\Delta x}{\Delta x_0} = \mathrm{e}^{n t_{1/2}} = \frac{1}{2}$$

则

$$t_{1/2} = -\frac{\ln 2}{n} = -\frac{0.693}{n} \tag{10-4}$$

同理，倍幅时间为

$$t_2 = \frac{\ln 2}{n} = \frac{0.693}{n} \tag{10-5}$$

2. 周期 T（对周期模态而言）

周期 T 为飞机受扰动后振动一次所需的时间。由周期定义：

$$T = \frac{2\pi}{\omega} \qquad (10-6)$$

3. 振荡次数 $N_{1/2}$ 或 N_2（对周期模态而言）

振荡次数 $N_{1/2}$ 或 N_2 是指在半衰期 $t_{1/2}$（或倍幅时间 t_2）内，扰动运动的振动次数。其值越小，对收敛模态动稳定性越好，而对发散模态，则希望 N_2 不要过小。根据定义，有

$$N_{1/2} = \frac{t_{1/2}}{T} = \frac{\omega \ln 2}{2\pi \mid n \mid} = \frac{0.693\omega}{2\pi \mid n \mid} \qquad (10-7)$$

$$N_2 = \frac{\omega \ln 2}{2\pi \mid n \mid} = \frac{0.693\omega}{2\pi \mid n \mid} \qquad (10-8)$$

4. 模态幅值比和相角差

模态幅值比和相角差是指同一模态中各运动参数之间的幅值之比与相角差值。它能反映各模态向量在同一模态中所占的地位及其相互关系。设模态特征值为 λ_i，则如果有 4 个运动参数 x_1, x_2, x_3, x_4，其变化规律用复根表示为

$$x_1 = C_1 e^{\lambda_i t}, \quad x_2 = C_2 e^{\lambda_i t}, \quad x_3 = C_3 e^{\lambda_i t}, \quad x_4 = C_4 e^{\lambda_i t} \qquad (10-9)$$

式中，C_1, C_2, C_3, C_4 为各向量的复振幅。

可以证明，虽然各模态本身的值与初始扰动值有关，但其比值与初始扰动无关。

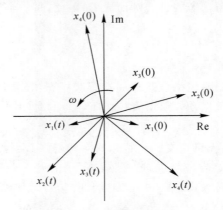

图 10-2　模态矢量图

图 10-2 所示为一个典型的模态矢量图。$x_1(0)$、$x_2(0)$、$x_3(0)$、$x_4(0)$ 代表扰动初始时刻 $t=0$ 时的模态矢量图，而 $x_1(t)$，$x_2(t)$，$x_3(t)$，$x_4(t)$ 则代表扰动时刻 t 时的模态矢量。由图 10-2 中看出，时刻 0 与时刻 t 对应的运动参数之间的相互关系（指前后或相角关系）未有任何改变，而矢量幅值只跟扰动运动所选的基准状态有关，因此矢量幅值比也没有改变。可见探究动稳定时，用模态矢量图来形象地说明飞机各运动模态特性可以揭示飞机各扰动运动模态的物理本质。

10.1.3　动稳定性判据

线性常系数微分方程组的解可以写成式（10-1）的形式。飞机的基准运动受到小扰动后是否稳定仅取决于代表各运动模态的诸特征根 $\lambda_i(i=1,2,\cdots,n)$ 的性质。微分方程的特征根

是由代数方程式解出的。纵向和横航向小扰动方程一般都是四阶的。对于某些情况,如引入自动驾驶仪或弹性自由度方程,则耦合方程的阶次甚至更高。如果不利用计算机求解,则高解方程的求解往往很难,数学上或自动控制原理等课程中把这种研究高阶方程的根或判别式的属性的方法,统称为"稳定判据"。如无须求出根值而只要求判别运动是否稳定,则可利用这些比求根更为方便的判据来达到目的。下述介绍一种称为"霍尔维兹判据"的方法。

设特征方程为

$$\Delta(\lambda) = a_0\lambda^n + a_1\lambda^{n-1} + \cdots + a_{n-1}\lambda + a_n = 0 \tag{10-10}$$

并设 $a_0 > 0$(如 $a_0 < 0$,则方程两边同乘以 -1)。将特征方程的系数按如下方式组成行列式。

$$\begin{vmatrix} a_1 & a_0 & 0 & 0 & 0 & 0 & 0 & 0 & \cdots \\ a_3 & a_2 & a_1 & a_0 & 0 & 0 & 0 & 0 & \cdots \\ a_5 & a_4 & a_3 & a_2 & a_1 & a_0 & 0 & 0 & \cdots \\ a_7 & a_6 & a_5 & a_4 & a_3 & a_2 & a_1 & a_0 & \cdots \\ \vdots & \vdots & \vdots & \vdots & \vdots & \vdots & \vdots & \vdots & \\ 0 & 0 & 0 & 0 & 0 & 0 & 0 & 0 & \cdots \end{vmatrix} \tag{10-11}$$

这个行列式列出方式为:先沿对角线把特征方程式系数从 a_1 起依此写下来,行列式各行可以从对角线起,依次写入系数,向左下标逐渐增加,向右则渐减。其中下标大于方程次数或下标小于零的所有系数都用零代替。然后令

$$\Delta_1 = a_1; \Delta_2 = \begin{vmatrix} a_1 & a_0 \\ a_3 & a_2 \end{vmatrix}; \quad \Delta_3 = \begin{vmatrix} a_1 & a_0 & 0 \\ a_3 & a_2 & a_1 \\ a_5 & a_4 & a_3 \end{vmatrix}; \quad \cdots; \quad \Delta_n = a_n\Delta_{n-1} \tag{10-12}$$

称为 1 阶至 n 阶主子行列式。

霍尔维兹证明,方程(10-10)诸根有负实部的充要条件为:由 1 阶至 n 阶主子行列式的值均大于零。即

$$a_0 > 0, \quad \Delta_1 > 0, \quad \Delta_2 > 0, \quad \cdots, \quad \Delta_n > 0 \tag{10-13}$$

并且 $a_n = 0$ 和 $\Delta_{n-1} = 0$ 分别代表实根和复根稳定的临界情况。

对于飞行性能与控制中 $n=4$ 常用的特征方程的情况,此判据具体表达为

$$\left. \begin{aligned} & a_1, a_2, a_3, a_4 > 0 \\ & \Delta_3 = a_1a_2a_3 - a^2a_4 - a_0a_3^2 > 0 \end{aligned} \right\} \tag{10-14}$$

式中,$a_4 = 0$ 是实根稳定边界;$\Delta_3 = 0$ 是复根稳定边界。

10.2 飞机纵向动稳定性

10.2.1 纵向扰动运动特征方程

第 9 章中式(9-36)与式(9-37)是纵向小扰动运动方程组。在握杆和油门杆位置固定不变的情况下,小扰动量 $\Delta\delta_e$ 与 $\Delta\delta_T$ 均为零。此时,纵向小扰动运动方程的耦合方程在忽略一些小量的条件下转化为(动稳定性分析不考虑位移变化)

$$
\left.
\begin{aligned}
&\left[\frac{\mathrm{d}}{\mathrm{d}\bar{t}} - (C_P^V + 2C_{P_0})\cos(\alpha_0 + \varphi_\mathrm{T}) + 2C_{x_0} + C_x^{Ma}Ma_0\right]\Delta\bar{V} + \\
&\left[C_{P_0}\sin(\alpha_0 + \varphi_\mathrm{T}) + C_x^\alpha - C_G\cos\gamma_0\right]\Delta\alpha + C_G\cos\lambda_0\,\Delta\theta - \\
&\left[(C^P + 2C_{P_0}\bar{\rho}^H)\cos(\alpha_0 + \varphi_\mathrm{T}) + C_x^{Ma}Ma_0\bar{\alpha}^H - C_{x_0}\bar{\rho}^H\right]\Delta\bar{H} = \\
&-D^{\delta_\mathrm{e}}\,\Delta\delta_\mathrm{e} + T^{\delta_\mathrm{T}}\cos(\alpha_0 + \varphi_\mathrm{T})\Delta\delta_\mathrm{T} - \\
&\left[(C^P + 2C_{P_0})\sin(\alpha_0 + \varphi_\mathrm{T}) + 2C_{y_0} + C_y^{Ma}Ma_0\right]\Delta\bar{V} - \\
&\left[\frac{\mathrm{d}}{\mathrm{d}\bar{t}} + C_y^\alpha + C_{P_0}\cos(\alpha_0 + \varphi_\mathrm{T}) - C_G\sin\theta_0\right]\Delta\alpha + \\
&\left[\frac{\mathrm{d}}{\mathrm{d}\bar{t}} - C_G\sin\gamma_0\right]\Delta\theta - \left[(C^P + C_{P_0}\rho^{-H})\sin(\alpha_0 + \varphi_\mathrm{T}) - \right. \\
&\left. C_y^{Ma}Ma_0\bar{\alpha}^H + C_{y_0}\bar{\rho}^H\right]\Delta\bar{H} = L^{\delta_\mathrm{e}}\,\Delta\delta_\mathrm{e} + T^{\delta_\mathrm{P}}\sin(\alpha_0 + \varphi_\mathrm{T})\Delta\delta_\mathrm{T} - \\
&\frac{\mu_1}{z^2}\left[2m_{z_0} + m_z^{Ma}Ma_0\right]\Delta\bar{V} - \frac{1}{r^2}(m^z\frac{\mathrm{d}}{\mathrm{d}t} + \mu_1 m_z^\alpha)\Delta\alpha + \\
&\left(\frac{\mathrm{d}^2}{\mathrm{d}\bar{t}^2} - \frac{m_z^{\bar{\omega}_z}}{z^2}\frac{\mathrm{d}}{\mathrm{d}\bar{t}}\right)\Delta\theta + \frac{\mu_1}{z^2}(m_z^{Ma}Ma_0\bar{\alpha}^H - m_{z_0}\bar{\rho}^H)\Delta\bar{H} = M^{\delta_\mathrm{e}}\,\Delta\delta_\mathrm{e} - \\
&\sin\gamma_0\,\Delta\bar{V} + \cos\gamma_0\,\Delta\alpha - \cos\gamma_0\,\Delta\theta + \frac{1}{\mu_1}\frac{\mathrm{d}\Delta\bar{H}}{\mathrm{d}\bar{t}} = 0
\end{aligned}
\right\} \quad (10-15)
$$

上述方程为封闭的耦合方程,有 4 个独立的自变量:$\Delta\bar{V}(\bar{t})$、$\Delta\bar{\alpha}(\bar{t})$、$\Delta\bar{\theta}(\bar{t})$ 和 $\Delta\bar{H}(\bar{t})$。下标 "0" 代表基准运动状态,因此上述方程中各项系数都是常数。如果在方程中略去高度对气动力与气动力矩的影响,可略去高度项,则第 4 个方程为非耦合方程。引入以下简化符号:

$$
\left.
\begin{aligned}
&C_{xC}^{\bar{V}} = (C_P^{\bar{V}} + 2C_{P_0})\cos(\alpha_0 + \varphi_\mathrm{T}) - 2C_{x_0} - C_x^{Ma}Ma_0 \\
&C_{xC}^\alpha = C_{P_0}\sin(\alpha_0 + \varphi_\mathrm{T}) + C_x^\alpha \\
&C_{zC}^\alpha = (C^P + 2C_{P_0})\sin(\alpha_0 + \varphi_\mathrm{T}) + 2C_{z_0} + C_z^{Ma}Ma_0 \\
&C_{zC}^\alpha = C_z^\alpha + C_P\cos(\alpha_0 + \varphi_\mathrm{T}) \\
&\bar{m}_{y0} = \frac{m_{y0}}{\bar{r}_y^2}, \quad \bar{m}_y^{Ma} = \frac{m_y^{Ma}}{\bar{r}_y^2} \\
&\bar{m}_y^{\bar{\tau}} = \frac{m_y^y}{\bar{r}_y^2}, \quad \bar{m}_z^\alpha = \frac{m_z^\alpha}{\bar{r}_y^2} \\
&\bar{m}_y^{\bar{\omega}_y} = \frac{m_y^{\omega_y}}{\bar{r}_y^2}, \quad \bar{m}_{yC}^{\bar{V}} = 2\bar{m}_{y_0} + \bar{m}_y^{Ma}Ma
\end{aligned}
\right\} \quad (10-16)
$$

则式(10 - 15)转化成

$$
\left.
\begin{aligned}
&\left(\frac{\mathrm{d}}{\mathrm{d}\bar{t}} - C_{xC}^{\bar{V}}\right)\Delta\bar{V} + (C_{xC}^\alpha - C_G\cos\gamma_0)\Delta\alpha + C_G\cos\theta_0\,\Delta\theta = 0 \\
&-C_{zC}^{\bar{V}}\,\Delta\bar{V} - \left(\frac{\mathrm{d}}{\mathrm{d}\bar{t}} + C_{zC}^\alpha - C_G\sin\gamma_0\right)\Delta\alpha + \left(\frac{\mathrm{d}}{\mathrm{d}\bar{t}} - C_G\sin\gamma_0\right)\Delta\theta = 0 \\
&-\mu_1\bar{m}_{yC}^{\bar{V}}\,\Delta\bar{V} - \left(\bar{m}_y^{\bar{\alpha}}\frac{\mathrm{d}}{\mathrm{d}\bar{t}} + \mu_1\bar{m}_y^\alpha\right)\Delta\alpha + \left(\frac{\mathrm{d}^2}{\mathrm{d}\bar{t}^2} - \bar{m}_y^{\bar{\omega}_y}\frac{\mathrm{d}}{\mathrm{d}\bar{t}}\right)\Delta\theta = 0 \\
&-\sin\gamma_0\,\Delta\bar{V} + \cos\gamma_0\,\Delta\alpha - \cos\gamma_0\,\Delta\theta + \frac{1}{\mu_1}\frac{\mathrm{d}\Delta\bar{H}}{\mathrm{d}\bar{t}} = 0
\end{aligned}
\right\} \quad (10-17)
$$

由方程式(10-17)可以解得随时间的变化曲线。在研究动稳定时,特征根的性质也就是模态特性,下面首先通过一个具体的算例讨论方程式(10-17)的特征根及模态特性的情况,然后讨论飞机纵向小扰动方程运动的两种典型模态及其物理成因。

设初始条件为 $\Delta V = \Delta \overline{V}_0$,$\Delta \alpha = \Delta \alpha_0$,$\Delta \theta = \Delta \theta_0$,$\Delta \dot{\overline{\theta}} = \Delta \dot{\overline{\theta}}_0$,对式(10-17)进行拉氏变换得

$$
\left.
\begin{aligned}
&(s - C^{xC})\Delta \overline{V}(s) + (C^a_{xC} - C_G\cos\gamma_0)\Delta\alpha(s) + C_G\cos\gamma_0\Delta\theta(s) = \Delta \overline{V}_0 \\
&- C^{xC}\Delta \overline{V}(s) - (s + C^a_{xC} - C_G\sin\gamma_0)\Delta\alpha(s) + (s - C_G\sin\gamma_0)\Delta\theta(s) = - \Delta\alpha_0 + \Delta\theta_0 \\
&- \mu_1 \overline{m}^V_{yC}\Delta V(s) - (\overline{m}^{\overline{\alpha}}_y s + \mu_1 y^a)\Delta\alpha(s) + (s^2 - \overline{m}^{\omega_y}_y y_y)\Delta\theta(s) = \\
&\qquad\qquad - \overline{m}^{\overline{\alpha}}_y\alpha_0 + \Delta\theta_0 s - \overline{m}^{\overline{\omega}}_y\Delta\theta_0 + \Delta\dot{\overline{\theta}}_0 \\
&- \sin\gamma_0\Delta V(s) + \cos\gamma_0\Delta\alpha(s) - \cos\gamma_0\Delta\theta(s) + \frac{1}{\mu_1}\Delta H(s) = 0
\end{aligned}
\right\}
$$

$$(10-18)$$

方程(10-18)组成一个线性代数方程组,它的解依据线性代数形式可写成如下形式

$$\Delta \overline{V}(s) = \frac{\Delta_V}{\Delta}, \quad \Delta\alpha(s) = \frac{\Delta_a}{\Delta}, \quad \Delta\theta(s) = \frac{\Delta_\theta}{\Delta}, \quad \Delta H(s) = \frac{\Delta_H}{\Delta} \qquad (10-19)$$

式中

$$
\Delta =
\begin{vmatrix}
s - C^{\overline{V}}_{xC} & C^a_{xC} - C_G\cos\gamma_0 & C_G\cos\gamma_0 & 0 \\
- C^{\overline{V}}_{xC} & - (s + C^a_{xC} - C_G\sin\gamma_0) & s^2 - \overline{m}^{\omega_y}_{y} s & 0 \\
- \mu_1\overline{m}^{\overline{V}}_{yC} & - (\overline{m}^{\overline{\alpha}}_y s + \mu_1\overline{m}^a_y) & s^2 - \overline{m}^{\omega_y}_{y} s & 0 \\
\mu\sin\gamma_0 & - \mu\cos\gamma_0 & - \mu\cos\gamma_0 & 0
\end{vmatrix}
\qquad (10-20)
$$

$$
\Delta_V =
\begin{vmatrix}
\Delta \overline{V}_0 & C^a_{xC} - C_G\cos\gamma_0 & C_G\cos\gamma_0 \\
- \Delta\alpha_0 + \Delta\theta_0 & - (s + C^a_{xC} - C_G\sin\gamma_0) & s - C_G\sin\gamma_0 \\
- \overline{m}^{\overline{\alpha}}_y\Delta\alpha_0 + \Delta\dot{\overline{\theta}} + \Delta\theta_0 s - \overline{m}^{\omega_y}_{y}\Delta\theta_0 & - (\overline{m}^{\overline{\alpha}}_y s + \mu_1\overline{m}^a_y) & s^2 - \overline{m}^{\omega_y}_{s} s
\end{vmatrix}
$$

$$(10-21)$$

$$
\Delta_a =
\begin{vmatrix}
s - C^{\overline{V}}_{xC} & \Delta \overline{V}_0 & C_G\cos\gamma_0 \\
- C^{xC} & - \Delta\alpha_0 + \Delta\theta_0 & s - C_G\sin\gamma_0 \\
- \mu_1\overline{m}^{\overline{V}}_{yC} & - \overline{m}^{\overline{\alpha}}_y\Delta\alpha_0 + \Delta\dot{\overline{\theta}}_0 + \Delta\theta_0 s - \overline{m}^{\omega_y}_{y}\Delta\theta_0 & s^2 - \overline{m}^{\omega_y}_{y} s
\end{vmatrix}
\qquad (10-22)
$$

$$
\Delta_\theta =
\begin{vmatrix}
s - C^V_{xC} & C^a_{xC} - C_G\cos\gamma_0 & \Delta \overline{V}_0 \\
- C^V_{xC} & - (s + C^a_{xC} - C_G\sin\gamma_0) & - \Delta\alpha_0 + \Delta\theta_0 \\
- \mu_1\overline{m}^V_{yC} & - (\overline{m}^{\overline{\alpha}}_y s + \mu_1\overline{m}^a_y) & \overline{m}^{\overline{\alpha}}_y\Delta\alpha_0 + \Delta\dot{\overline{\theta}}_0 + \Delta\theta_0 s - \overline{m}^{\omega_y}_{y}\Delta\theta_0
\end{vmatrix}
\qquad (10-23)
$$

$$\Delta_H = 1$$

令 $\Delta = 0$,展开并作适当简化可得特征方程为

$$s^4 + a_1 s^3 + a_2 s^2 + a_3 s + a_4 = 0 \qquad (10-24)$$

式中

$$a_1 = C_{xC}^\alpha - (\overline{m}_y^{\bar\omega_y} + \overline{m}_y^{\bar\tau}) - (C_{xC}^{\bar V} + C_G\sin\gamma_0)$$

$$a_2 = -C_{xC}^\alpha \overline{m}_y^{\bar\omega_y} + (C_{xC}^{\bar V} + C_G\sin\theta_0)(\overline{m}_y^{\bar\omega_y} + \overline{m}_y^{\bar\tau}) -$$
$$\mu_1\overline{m}_y^\alpha - (C_{xC}^{\bar V}C_{xC}^\alpha + C_{xC}^\alpha C_{xC}^{\bar V}) + C_{xC}^{\bar V}C_G\cos\theta_0 +$$
$$C_{xC}^{\bar V}C_G\sin\gamma_0$$

$$a_3 = -C_{xC}^\alpha \overline{m}_{yC}^{\bar V} + (C_{xC}^{\bar V} + C_G\sin\gamma_0)\mu_1\overline{m}_y^\alpha +$$
$$(C_{xC}^{\bar V}C_{xC}^\alpha + C_{xC}^\alpha C_{xC}^{\bar V})\overline{m}_y^{\bar\omega_y} -$$
$$(C_{xC}^{\bar V}C_G\cos\gamma_0 + C_{xC}^\alpha C_G\sin\gamma_0)(\overline{m}_y^{\bar\omega_y} + \overline{m}_y^{\bar\tau})$$

$$a_4 = -(C_{xC}^{\bar V}C_G\cos\gamma_0 + C_{xC}^\alpha C_G\sin\gamma_0)\mu_1\overline{m}_y^\alpha +$$
$$(C_{xC}^\alpha C_G\cos\gamma_0 - C_{xC}^\alpha C_G\sin\lambda_0)\mu_1\overline{m}_{yC}^{\bar V}$$

$$(10-25)$$

求解方程式(10-24),就可求解纵向扰动运动方程的 4 个特征根,进而可分析扰动运动模态矢量图及相应的模态特性。

10.2.2 典型算例

(1)飞机原始数据及模态根。

某歼击机基准运动参数

$$Ma_0 = 1.5, \quad H_0 = 15\,000\text{ m}, \quad \theta_0 = 0, \quad \rho_0 = 0.193\,55\text{ kg/m}^3$$

飞机的构造参数为

$$G = 67\,690\text{ N}, \quad S = 23\text{ m}^2, \quad b_A = 4.002\text{ m}, \quad I_z = 54\,566.4\text{ kgm}^2$$
$$\varphi = 0, \quad y_P = 0(\text{推力线距离})$$

由上述参数算得

$$\mu_1 = \frac{2m}{\rho_0 Sb_A} = \frac{2G}{\rho_0 gSb_A} = 773.9$$
$$\tau_1 = \frac{2m}{\rho SV_0} = \frac{2G}{\rho_0 gSV_0} = 6.997\text{ s}$$
$$z^2 = \frac{I_z}{mb_A^2} = \frac{I_z g}{Gb_A^2} = 0.494$$
$$C_G = C_{z_0} = \frac{2G}{\rho_0 SV_0^2} = 0.1551(\text{因为 }\theta_0 = 0)$$

$$(10-26)$$

查气动手册得

$$C_z^\alpha = 0.037\,5(°)^{-1} = 2.149; \quad m_y^\alpha = -0.010\,5(°)^{-1} = -0.601\,7$$
$$m_y^{\bar\omega_y} = -1.85; \quad m_y^{\bar\tau} = -0.2; \quad C_x^\alpha = 0.247\,1$$
$$C_z^{Ma} = -0.058\,35; \quad m_y^{Ma} = -0.030\,1$$
$$C_P^{Ma} = -0.007\,8\left[C_{P_0} = \frac{2T_0}{\rho_0 V_0^2 S}(T_0\text{ 由发动机工作状态确定})\right]$$

中间变换数据为

$$C_{xC}^{\bar V} = 0.000\,525, \quad C_{xC}^\alpha = 0.247\,1, \quad C_{xC}^{\bar V} = 0.222\,7, \quad C_{xC}^\alpha = 2.149$$
$$\overline{m}_{yC}^V = -0.091\,14, \quad \overline{m}_y^\alpha = -1.217, \quad \overline{m}_y^{\bar\omega} = -3.743, \quad \overline{m}_y^{\bar\tau} = -0.404\,6$$

将上述值代入方程式(10-25),求出特征方程式(10-24)中的各个系数为

$$a_1 = 6.296, \quad a_2 = 947.7, \quad a_3 = -110.99, \quad a_4 = 8.983$$

这样可以求出两个共轭特征根,构成两个模态。

模态 1:$\lambda_{1,2} = -3.158 \pm 30.66i$。

模态 2:$\lambda_{3,4} = 0.009\,500 \pm 0.096\,78i$。

(2) 模态特性。

模态根代入式(10-4)～ 式(10-8)可以算出各模态特性如下:

模态 1:$T = 1.434$ s;　$t_{1/2} = 1.535$ s;　$N_{1/2} = 1.067$ 次。

模态 2:$T = 454.3$ s;　$t_2 = 510.4$ s;　$N_2 = 1.124$ 次。

可以看出,模态 1 是周期短、频率高、阻尼大、衰减快的阻尼振荡;而模态 2 是周期长、频率低的增幅振荡。前者称为短周期模态,后者称为长周期模态。注意此例中的长周期模态根的实部为正,属不稳定的。

下述求出这两个模态的模态矢量图。

模态 1:$\Delta \bar{V} : \Delta a : \Delta \theta = 0.008\,040 e^{85.6°i} : 1.005 e^{3\,997°i} : 1$

模态 2:$\Delta \bar{V} : \Delta a : \Delta \theta = 1.59 e^{81.94°i} : 0.117\,9 e^{262.0°i} : 1$

其相应的模态矢量图如图 10-3 所示。

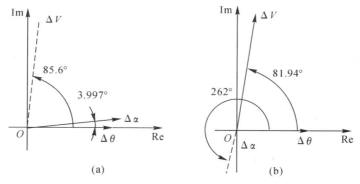

图 10-3　纵向扰动运动模态矢量图

(a) 短周期模态;　(b) 长周期模态

10.2.3　纵向扰动运动的两种典型运动模态

从算例看出,纵向扰动运动特征方程有两对共轭复根。一对为大根($\lambda_{1,2}$),它对应的是短周期模态;另一对为小根($\lambda_{3,4}$),它对应的是长周期模态(也称为沉浮模态)。飞机受到外界扰动后的扰动运动特性都由这两种典型模态特性决定。

由图 10-3(a)看出,短周期模态的主要扰动运动变量是迎角和俯仰角,速度的变化幅值可以忽略。由图 10-3(b)看出,长周期模态的主要扰动运动变量是速度和俯仰角。因此两种运动模态可近似看成二自由度的扰动运动。

进一步分析表明,在扰动运动的不同阶段,对不同的运动参数的影响是不同的。在扰动消失后的初始阶段,主要表现为迎角 $\Delta \alpha$ 及俯仰角 $\Delta \theta$ 的迅速变化,其速度基本不变;在扰动运动后期,则主要表现为飞行速度 $\Delta \bar{V}$ 和俯仰角(也即航迹角,此时 $\Delta \alpha$ 基本不变)的变化(见图10-4)。

为什么一般飞机都具有这种普遍规律呢? 这主要是由飞机的结构和空气动力特性决定

的。正常布局的飞机通常具有较强的纵向稳定性($|m_y^a|$较大)。相对而言,飞机绕 Oy 轴的惯性显得不大,因而受到扰动后产生的恢复力矩 $m_y^a \Delta a$ 较大,会出现较大的绕 Oy 轴角加速度,使迎角 α 和俯仰角 θ 迅速产生变化。同时,飞机具有较大的气动阻尼($m_y^{\bar{\omega}}$ 和 $m^{\dot{y}}$),使迎角和俯仰角的变化又很快衰减,此过程往往在几秒内即可完成,振动基本消失。在这一模态明显存在的过程中,飞行速度一般来不及有明显的变化。因此,可以认为短周期模态主要反映飞机受扰后力矩重新配平的过程。

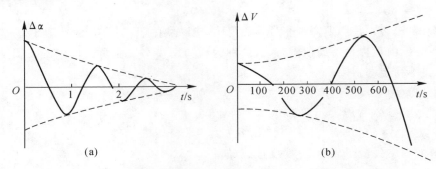

图 10 - 4　两种模态运动变量的不同变化规律

(a) 短周期模态;　(b) 长周期模态

长周期模态运动是由扰动后力的不平衡造成的。飞机受扰后,不仅力矩平衡遭到破坏,力的平衡也同样遭到破坏。因此,在出现角速度的同时,必然同时出现线加速度使飞机的飞行航迹和速度发生变化。鉴于不平衡力相对于飞机质量而言通常是小量,因而线加速度数值较小,在飞机受扰后的开始阶段反映(或积累)不明显。随时间的增加,线速度的变化逐渐积累增加。飞机升力也相应增大。当升力增大时,飞机出现不大的向上法向加速度 α_n,航迹和缓地上弯,$\Delta \gamma > 0$(见图 10-5)。但是上升时,重力在航迹切线方向上的分力将使速度减小,升力也随之减小。当变到 $L < G$ 时,γ 开始减小。当到图 10-5 中的 C 点时,$\Delta \gamma = 0$,飞机恢复平飞,速度减小至最小值。当 $L > G$ 时,γ 又开始增大。到 E 点时,$\Delta \gamma = 0$,飞机恢复平飞,之后飞机又转入上升。如此反复,即形成航迹角和速度的振荡过程。由于在这一振荡过程中,其恢复力作用的 $Y^v \Delta V$ 及起阻尼作用的 $\dfrac{\partial (T-D)}{\partial V} \cdot \Delta V$ 的数值都比较小,而相反,飞机的质量通常较大,因此振荡周期较长,衰减(或发散)较慢,形成长周期振荡模态。

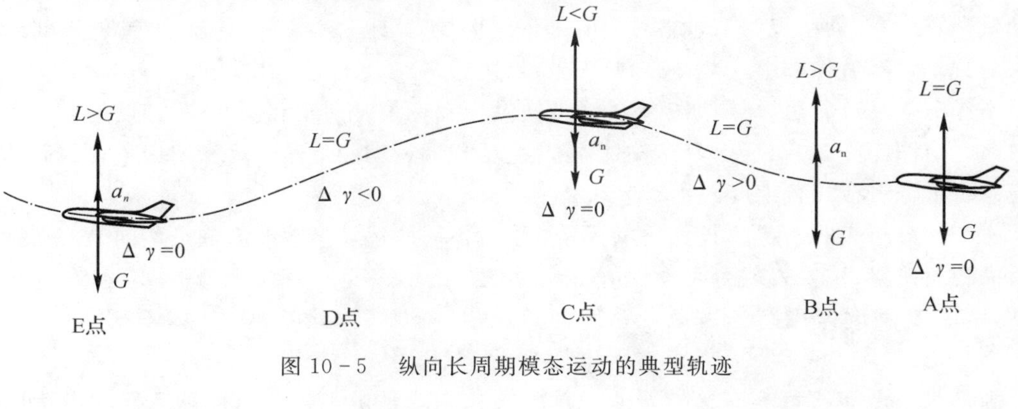

图 10 - 5　纵向长周期模态运动的典型轨迹

在长周期振荡过程中,飞机的重心时升时降,故又把这种模态称为沉浮模态。

将飞机的运动分为短周期模态和长周期模态对研究飞机的动稳定性具有重大的实际意义。这是因为在飞行过程中,飞行员对这两种运动模态的感觉和要求是不同的。对于短周期模态,由于振荡周期短、变化快,飞行员往往来不及修正,对飞行安全、射击的准确性影响很大。因此短周期运动模态特性往往是纵向扰动运动研究的重点。对于长周期模态,由于振荡周期长、变化慢,因而对这种运动模态的要求通常比短周期模态低。

10.2.4　纵向扰动运动的简化分析

飞机的纵向扰动运动的初始阶段主要表现为短周期运动,而后续阶段主要表现为长周期运动。据此可以对纵向扰动运动进行必要的简化处理。简化处理不仅可以使计算得到简化,更主要的是它可以突出问题的本质,便于分析各种因素对模态的影响。

10.2.4.1　短周期运动的简化分析

扰动运动初期的短周期运动,其扰动速度 $\Delta \overline{V}$ 基本保持不变。因此,在讨论扰动运动初期的短周期运动模态时,可以略去 $\Delta \overline{V}$ 这个自由度,也即认为切向力的平衡方程自动满足。考察方程式(10-18),第 1 式可以删去,第 2～4 式中 $\Delta \overline{V}$ 的项也可删去。设基准运动为水平直线飞行($\gamma_0 = 0$,$C_G = C_y$)。这样,短周期运动的扰动方程在不考虑高度影响的情况下,经拉氏变换后简化为

$$
\left.
\begin{array}{l}
(s + C_{zC}^{\alpha}) \Delta \alpha(s) - s \Delta \theta(s) = \Delta \alpha_0 - \Delta \theta_0 \\
(\overline{m}_y^{\dot{\alpha}} s + \mu_1 \overline{m}_y^{\alpha}) \Delta \alpha(s) - (s^2 - \overline{m}_y^{\omega_y} s) \Delta \theta(s) = \overline{m}_y^{\dot{\alpha}} \Delta \alpha_0 - \Delta \theta_0 s + \overline{m}_y^{\omega_y} \Delta \theta_0 - \Delta \dot{\overline{\theta}}_0
\end{array}
\right\}
$$

$$(10-27)$$

上式的特征方程为

$$
\Delta(s) = \begin{vmatrix} s + C_{zC}^{\dot{\alpha}} & -s \\ \overline{m}_y^{\dot{\alpha}} s + \mu_1 \overline{m}_y^{\alpha} & -(s^2 - \overline{m}_y^{\omega_y} s) \end{vmatrix} = 0
$$

$$(10-28)$$

展开可得

$$
s^3 + [C_{zC}^{\alpha} - (\overline{m}_y^{\omega_y} + \overline{m}_y^{\dot{\alpha}})] s^2 - (\mu_1 \overline{m}_y^{\alpha} + C_{zC}^{\alpha} \overline{m}_y^{\omega_y}) s = 0
$$

$$(10-29)$$

也即

$$
s\{s^2 + [C_{zC}^{\alpha} - (\overline{m}_y^{\omega_y} + \overline{m}_y^{\dot{\alpha}})] s - (\mu_1 \overline{m}_y^{\alpha} - C_{zC}^{\alpha} \overline{m}_y^{\omega_y})\} = 0
$$

$$(10-30)$$

式中 $s=0$ 对应 θ 模态,即在短周期运动中 θ 是中立稳定的。如果不考虑 θ 模态,则短周期运动方程简化为

$$
s^2 + [C_{zC}^{\alpha} - (\overline{m}_y^{\omega_y} + \overline{m}_y^{\dot{\alpha}})] s - (\mu_1 \overline{m}_y^{\alpha} - C_{zC}^{\alpha} \overline{m}_y^{\omega_y})
$$

$$(10-31)$$

根据稳定性判别准则,如果短周期运动是稳定的,则上述特征方程的系数必须大于零,即

$$
\left.
\begin{array}{l}
C_{zC}^{\alpha} - \overline{m}_y^{\omega_y} - \overline{m}_y^{\dot{\alpha}} > 0 \\
-\mu_1 \overline{m}_y^{\alpha} - C_{zC}^{\alpha} \overline{m}_y^{\omega_y} > 0
\end{array}
\right\}
$$

$$(10-32)$$

通常 $C_{zC}^{\alpha} = C_z^{\alpha} + C_{P_0} \cos(\alpha_0 + \varphi) > 0$,$\overline{m}_y^{\omega_y} < 0$,$\overline{m}_y^{\dot{\alpha}} < 0$。所以式(10-32)第 1 式自然满足大于零的条件,而

$$
-\mu_1 \overline{m}_y^{\alpha} - C_{zC}^{\alpha} \overline{m}_y^{\omega_y} = -\mu_1 \left(\overline{m}_y^{\dot{\alpha}} C_y + \frac{\overline{m}_y^{\omega_y}}{\mu_1} \right) C_{zC}^{\alpha}
$$

$$(10-33)$$

如果引用第 8 章中给出的"握杆机动点"概念,可将式(10-33)转化为

$$-\mu_1 \overline{m}_y^\alpha - C_{zC}^\alpha \overline{m}_y^{\omega_y} = \frac{\mu_1 C_{zC}^\alpha}{r_z^2}(\overline{x}_n - \overline{x}_G) \tag{10-34}$$

式(10-34)中$\overline{x}_n$为握杆机动点位置。当重心位置$\overline{x}_G$与$\overline{x}_n$重合时,式(10-34)的值为0,短周期运动蜕化为两个非周期模态。一个特征根为有限实数值的非周期收敛模态;另一个特征根为零,对应于保持扰动参数为常值,表现基准运动受扰之后,进入定常拉升状态。如果重心在机动点之前$\overline{x}_n - \overline{x}_G > 0$,则纵向短周期运动是稳定的;反之,重心在机动点之后$\overline{x}_n - \overline{x}_G < 0$,则纵向短周期运动变成不稳定。

用上述简化方法可将扰动运动的阻尼比与自振频率写成(假设存在阻尼振动)

$$\zeta_{sp} = \frac{C_{zC}^\alpha - (\overline{m}_y^{\omega_y} + \overline{m}_y^{\dot{\alpha}})}{2\sqrt{-(C_{zC}^\alpha \overline{m}_y^{\omega_y} + \mu_1 \overline{m}_y^\alpha)}} \tag{10-35}$$

$$\overline{\omega}_{nsp} = \sqrt{-(C_{zC}^\alpha \overline{m}_y^{\omega_y} + \mu_1 \overline{m}_y^\alpha)} \tag{10-36}$$

把10.2.2节算例数据带入上边两式,则可算得

$$\overline{\omega}_{nsp} = 30.83; \quad \zeta_{sp} = 0.1021; \quad \lambda_{1,2} = -3.149 \pm 30.69i$$

和10.2.2节算出的精确解的大根十分接近。因此,对于短周期模态,采用上述简化方法,准确度是足够的。这种方法突出反映了阻尼比ζ_{sp}和无阻尼自振频率对模态特性的作用,因而目前都广泛采用这种方法。

可以看出上述简化方法的以下特征:

(1)ζ_{sp}的大小决定了模态运动的周期性与衰减特性。当$0 < \zeta_{sp} < 1$时,特征根为共轭复根,短周期运动为振荡衰减运动,且ζ_{sp}越大,衰减越快;当$\zeta_{sp} > 1$时,特征根蜕化为一对实根,短周期运动为非周期的衰减运动;而$\zeta_{sp} = 1$则表示模态运动是一种介于振荡衰减与非振荡衰减的边界情况。

(2)$\overline{\omega}_{nsp}$的大小,直接与迎角静稳定度m_y^α有关,它决定了振荡的周期大小。$|m_y^\alpha|$值越大,恢复力矩增大,频率加快,周期就越短。

(3)短周期运动的实际阻尼$2\zeta_{sp}\overline{\omega}_{nsp} = C_{zC}^\alpha - (\overline{m}_y^{\omega_y} + \overline{m}_y^{\dot{\alpha}})$,除了包含对转动运动的气动阻尼$\overline{m}_y^{\omega_y}$和$\overline{m}_y^{\dot{\alpha}}$外,还有表示升力方向运动的阻尼$C_{zC}^\alpha$。后项是阻止飞机突然下沉与升起的阻尼。实际阻尼的大小决定了半衰期的长短。

10.2.4.2 长周期运动的简化分析

在研究长周期运动时,认为绕飞机转动的短周期运动已经结束。此时,飞机的转动角速度和角加速度很小,$\frac{d\alpha}{dt} \approx 0$,$\frac{d^2 \Delta\theta}{dt^2} = \frac{d\overline{\omega}_y}{dt} \approx 0$。因此,力矩方程中的"动"俯仰力矩($\overline{m}_y^{\dot{\alpha}}\dot{\alpha}$,$\overline{m}_y^{\omega_y}\overline{\omega}_y$)与静俯仰力矩($\mu_1\overline{m}_{yC}^\alpha$,$\mu_1\overline{m}_{yC}^{\overline{v}}$)相比是个小量,可以略去。这样扰动运动就可以得到简化。

假定飞机的基准运动为定直平飞,且略去高度影响,则根据上述思想,可将完整运动的特征行列式(10-20)中第三行第二列的$\overline{m}_y^{\dot{\alpha}}s$项和第三行第三列的$s^2$项删去而保留其余各项,得到简化的特征行列式为

$$\Delta = \begin{vmatrix} s - C_{xC}^{\overline{v}} & C_{xC}^\alpha - C_G & C_G \\ -C_{zC}^{\overline{v}} & -(s + C_{zC}^\alpha) & s \\ -\mu_1 \overline{m}_{yC}^{\overline{v}} & -\mu_1 \overline{m}_{yC}^\alpha & -\overline{m}_y^{\omega_y}s \end{vmatrix} = \begin{vmatrix} s - C_{xC}^{\overline{v}} & C_{xC}^\alpha & C_G \\ -C_{zC}^{\overline{v}} & -C_{zC}^\alpha & s \\ -\mu_1 \overline{m}_{yC}^{\overline{v}} & -\mu_1 \overline{m}_{yC}^\alpha - \overline{m}_y^{\omega_y}s & -\overline{m}_y^{\omega_y}s \end{vmatrix}$$

$$\tag{10-37}$$

按第三行展开,特征方程为

$$\Delta(s) = -\mu_1 \overline{m}_{yC}^a [C_{xC}^\alpha s + C_{xC}^\alpha C_G] + (\mu_1 \overline{m}_y^a + \overline{m}_y^{\omega_z} s)[(s - C_{xC}^V)s + C_{xC}^V C_G] +$$
$$\overline{m}_y^{\omega_y} s[(s - C_{xC}^V)C_{xC}^\alpha - C_{xC}^V C_{xC}^\alpha] = 0 \qquad (10-38)$$

式(10-38)为三次代数方程,需作进一步简化。

在式(10-38)中的第二个方括号中,由于 μ_1 通常是大值,而长周期模态的根为小根,即 s 的值小,可以略去 $\overline{m}_y^{\omega_z} s$ 这项,则式(10-38)可简化为

$$\Delta(s) = (\mu_1 \overline{m}_y^a + \overline{m}_y^{\omega_y} C_{xC}^\alpha)s^2 - [\mu_1 \overline{m}_y^a C_{xC}^V + \mu_1 \overline{m}_{yC}^V C_{xC}^\alpha + \overline{m}_y^{\omega_y}(C_{xC}^V C_{xC}^\alpha + C_{xC}^\alpha C_{xC}^V)]s +$$
$$\mu_1 C_G [\overline{m}_y^a C_{xC}^V - \overline{m}_{yC}^V C_{xC}^\alpha] = 0$$

上式亦可写成

$$s^2 + a_1 s + a_2 = 0 \qquad (10-39)$$

式中

$$a_1 = -\frac{1}{1 + \dfrac{\overline{m}_y^{\omega_y} C_{xC}^\alpha}{\mu_1 \overline{m}_y^a}} \left[C_{xC}^\alpha \frac{\overline{m}_{yC}^V}{\overline{m}_y^a} + C_{xC}^V \frac{\overline{m}_y^{\omega_y}}{\mu_1 \overline{m}_y^a}(C_{xC}^V C_{xC}^\alpha + C_{xC}^\alpha C_{xC}^V) \right] \qquad (10-40)$$

$$a_2 = -\frac{C_G}{1 - \dfrac{\overline{m}_y^{\omega_y} C_{xC}^\alpha}{\mu_1 \overline{m}_y^a}} \left[C_{xC}^V - \frac{\overline{m}_{yC}^V}{\overline{m}_y^a} C_{xC}^\alpha \right] \qquad (10-41)$$

由此解出长周期模态的简化根为

$$\lambda_{3,4} = -\frac{1}{2}a_1 \pm \mathrm{i}\sqrt{a_2 - \left(\frac{a_1}{2}\right)^2} \qquad (10-42)$$

将 10.2.2 节算例中的数值代入式(10-42)得

$$\lambda_{3,4} = -0.009\ 534 \pm 0.071\ 5\mathrm{i} \qquad (10-43)$$

同理有

$$\zeta_p = -0.097\ 76, \quad \overline{\omega}_{np} = 0.097\ 62$$

$$(10-44)$$

与前面的精确解十分接近。

10.2.4.3　影响纵向动稳定性的因素

动稳定性特性通常用 $t_{1/2}$、T、$N_{1/2}$ 来表征。对纵向动稳定性而言短周期模态特性起主要决定作用,而 ζ_{sp} 与 $\overline{\omega}_{nsp}$ 是影响短周期模态特性的关键。

1. ζ_{sp} 和 $\overline{\omega}_{nsp}$ 的变化规律

由式(10-38)和式(10-39)知,ζ_{sp} 与 $\overline{\omega}_{nsp}$ 主要由气动导数 C_{xC}^α,$\overline{m}_y^{\omega_y}$,$\overline{m}_y^a$,$\overline{m}_y^V$ 和相对密度 μ_1 决定。对于给定飞机,这些气动导数值决定于飞行马赫数(见图 10-6),而 μ_1 值直接与大气密度有关。因此,对于给定的飞机 ζ_{sp} 与 $\overline{\omega}_{nsp}$ 值主要随 Ma 和高度 H 而变化。$\overline{\omega}_{nsp}$ 随 Ma 变化规律如图 10-7 所示。由图可以看出,亚、跨声速范围内,由于气动导数的绝对值随 Ma 增加而增加,因此 $\overline{\omega}_{nsp}$ 就随 Ma 增加而增加;超声速阶段,各气动导数的绝对值随 Ma 增加而下降,则 $\overline{\omega}_{nsp}$ 亦随 Ma 增加而下降。

阻尼比 ζ_{sp} 与气动导数之间关系较复杂,但综合结果通常随 Ma 增加而一直下降,如图 10-8 所示。

由图 10-7 与图 10-8 还可看出,高度增加,对应于同一 Ma 下的 $\overline{\omega}_{nsp}$ 增加,ζ_{sp} 下降,这是

因为 μ_1 增大的缘故。

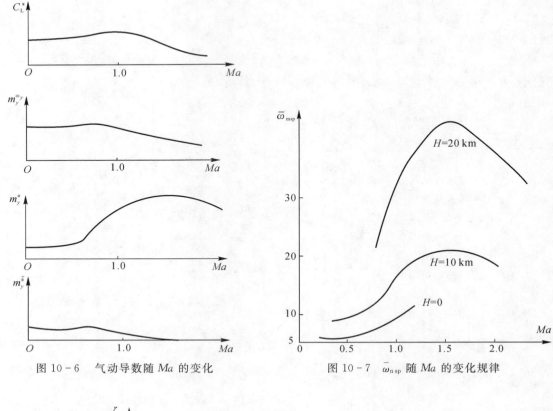

图 10-6　气动导数随 Ma 的变化

图 10-7　$\bar{\omega}_{nsp}$ 随 Ma 的变化规律

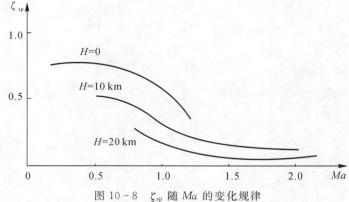

图 10-8　ζ_{sp} 随 Ma 的变化规律

2. 影响纵向动稳定性的因素

（1）Ma。

Ma 对模态特性 $t_{1/2}$、T、$N_{1/2}$ 的影响如图 10-9～图 10-11 所示。

一方面 Ma 增大，ζ_{sp} 减小，$N_{1/2}$ 就增加。另一方面由于 ζ_{sp}，$\bar{\omega}_{nsp}$ 和 τ_1 的综合作用，振荡周期随 Ma 的增加而下降。$t_{1/2}$ 的变化规律与 Ma 的具体范围有关，亚、跨声速阶段，$t_{1/2}$ 随 Ma 增大而下降，超声速阶段则随之增大。

（2）高度 H。

高度增加,由于 ζ_{sp} 和 $\bar{\omega}_{nsp}$ 的变化,特别是 τ_1 增加,$t_{1/2}$ 与 T 都要随之增大。另外,高度增加,ζ_{sp} 下降,导致 $N_{1/2}$ 必然也随高度增加而增大。

综上所述,高度增加,扰动运动衰减减慢,动稳定性变差,往往产生"纵向点头"现象。

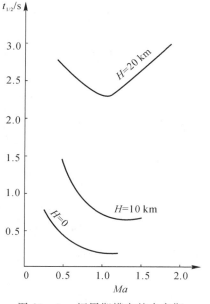

图 10 - 9　短周期模态的半衰期

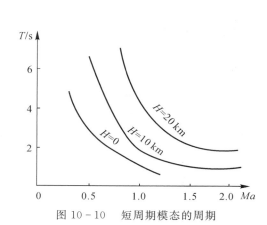

图 10 - 10　短周期模态的周期

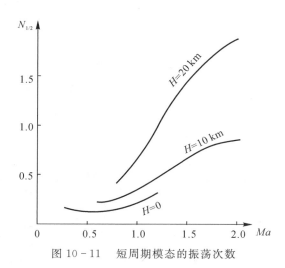

图 10 - 11　短周期模态的振荡次数

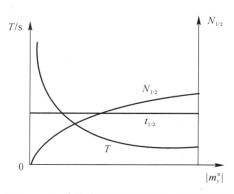

图 10 - 12　$|\bar{m}_y^a|$ 对短周期模态特性的影响

（3）重心位置。

重心位置前移,迎角静稳定度 $|\bar{m}_y^{C_L}|$ 增加,$\bar{\omega}_{nsp}$ 增加,而 ζ_{sp} 则下降。ζ_{sp} 的下降就会导致 $N_{1/2}$ 的增加;而 $\bar{\omega}_{nsp}$ 的增大,则使 T 下降如图 10 - 12 所示。可以看出,重心位置对 $t_{1/2}$ 影响不大。这是因为 $t_{1/2}$ 决定于 ζ_{sp} 与 $\bar{\omega}_{nsp}$ 的乘积,而 ζ_{sp} 与 $\bar{\omega}_{nsp}$ 的变化规律正好相反。

10.3　飞机横航向动稳定性

10.3.1　横航向扰动运动特征方程

第 9 章中式(9-38)、式(9-39)是横航向小扰动方程组。在握杆和操纵舵面不动的情况下,小扰动量 $\Delta\delta_a$、$\Delta\delta_r$ 均为零,飞机横航向只受到除舵面外的其他类型的扰动。此时横航向小扰动运动方程组为

$$
\left.\begin{aligned}
&\left[\frac{\mathrm{d}}{\mathrm{d}\bar{t}} - \frac{1}{2}\left(C_y^\beta - C_{x0}\right)\right]\beta - \left(\mu_2\alpha_0 + \frac{1}{2}C_y^{\bar{\omega}_x}\right)\bar{\omega}_x + \\
&\qquad \left(\mu_2 - \frac{1}{2}C_y^{\bar{\omega}_z}\right)\bar{\omega}_z - \frac{1}{2}C_G\cos\theta_0\,\phi = C^{\delta_r}\delta_r \\
&-\frac{m_x^\beta}{\bar{r}_x^2}\beta + \left(\frac{\mathrm{d}}{\mathrm{d}t} - \frac{m_x^{\bar{\omega}_x}}{\bar{r}_x^2}\right)\bar{\omega}_x - \left(\frac{\bar{r}_{xz}^2}{\bar{r}_x^2}\frac{\mathrm{d}}{\mathrm{d}t} + \frac{m_x^{\bar{\omega}_z}}{\bar{r}_x^2}\right)\bar{\omega}_z = L^{\delta_a}\delta_a + L^{\delta_r}\delta_r \\
&-\frac{m_z^\beta}{\bar{r}_z^2}\beta + \left(\frac{\mathrm{d}}{\mathrm{d}t} - \frac{m_z^{\bar{\omega}_z}}{\bar{r}_z^2}\right)\bar{\omega}_z - \left(\frac{\bar{r}_{xz}^2}{\bar{r}_z^2}\frac{\mathrm{d}}{\mathrm{d}t} + \frac{m_z^{\bar{\omega}_x}}{\bar{r}_z^2}\right)\bar{\omega}_x = N^{\delta_a}\delta_a + N^{\delta_r}\delta_r \\
&-\mu_2\bar{\omega}_x - \mu_2\tan\theta_0\bar{\omega}_z + \frac{\mathrm{d}\phi}{\mathrm{d}t} = 0
\end{aligned}\right\}
\tag{10-45}
$$

式(10-45)为耦合方程,求解过程是封闭的。如果基准运动现为定直平飞,并引入以下符号:

$$
\left.\begin{aligned}
\bar{m}_x^\beta &= \frac{m_x^\beta}{\bar{r}_x^2}, \quad & \bar{m}_x^{\bar{\omega}_x} &= \frac{m_x^{\bar{\omega}_x}}{\bar{r}_x^2} \\
\bar{m}_x^{\bar{\omega}_y} &= \frac{m_x^{\bar{\omega}_y}}{\bar{r}_x^2}, \quad & \bar{m}_z^\beta &= \frac{m_z^\beta}{\bar{r}_z^2} \\
\bar{m}_z^{\bar{\omega}_z} &= \frac{m_z^{\bar{\omega}_z}}{\bar{r}_z^2}, \quad & \bar{m}_z^{\bar{\omega}_x} &= \frac{m_z^{\bar{\omega}_x}}{\bar{r}_z^2} \\
K_1 &= \frac{\bar{r}_{xz}^2}{\bar{r}_x^2}, \quad & K_z &= \frac{\bar{r}_{xz}^2}{\bar{r}_z^2}
\end{aligned}\right\}
\tag{10-46}
$$

对方程式(10-45)进行拉氏变换得

$$
\left.\begin{aligned}
&\left[s - 0.5(C_y^\beta - C_{x0})\right]\beta(s) - (\mu_2\alpha_0 + 0.5C_y^{\bar{\omega}_x})\bar{\omega}_x(s) \\
&\qquad - (\mu_2 + 0.5C_y^{\bar{\omega}_z})\bar{\omega}_z(s) - 0.5C_G\cos\theta_0\,\phi(s) = \beta_0 \\
&-\bar{m}_x^\beta\beta(s) + (s - \bar{m}_x^{\bar{\omega}_x})\bar{\omega}_x(s) - (K_1 s + \bar{m}_x^{\bar{\omega}_y})\bar{\omega}_z(s) = \bar{\omega}_{x0} - K_1\bar{\omega}_{z0} \\
&-\bar{m}_y^{\bar{\alpha}}\beta\beta(s) - (K_2 s + \bar{m}_z^{\bar{\omega}_x})\bar{\omega}_x(s) + (s - \bar{m}_z^{\bar{\omega}_z})\bar{\omega}_z(s) = -K_2\omega_{x0} + \bar{\omega}_{z0} \\
&-\mu_2\omega_x(s) + \mu_2\tan\theta_0\bar{\omega}_z(s) + s\phi(s) = \phi_0
\end{aligned}\right\}
\tag{10-47}
$$

现在先通过一个具体算例讨论方程式(10-47)的特征根和模态特性的情况,然后讨论横航向小扰动运动的三个典型模态及物理成因。

方程式（10-47）组成一线性代数方程组，它的解依据线性代数知识可写成以下形式：

$$\Delta\beta(s)=\frac{\Delta_\beta}{\Delta}, \quad \bar{\omega}_x(s)=\frac{\Delta_{\bar{\omega}_x}}{\Delta}, \quad \bar{\omega}_z(s)=\frac{\Delta_{\bar{\omega}_z}}{\Delta}, \quad \phi(s)=\frac{\Delta_\phi}{\Delta} \tag{10-48}$$

式中

$$\Delta_\beta=\begin{vmatrix} \beta_0 & -(\mu_2\alpha_0+\frac{1}{2}C_y^{\bar{\omega}_x}) & -(\mu_2+\frac{1}{2}C_y^{\bar{\omega}_z}) & -\frac{1}{2}C_{\mathrm{G}}\cos\theta_0 \\ \bar{\omega}_{x0}-K_1\bar{\omega}_{z0} & s-\bar{m}_x^{\bar{\omega}_x} & -(K_1s+\bar{m}_x^{\bar{\omega}_z}) & 0 \\ -K_2\bar{\omega}_{x0}+\bar{\omega}_{z0} & -(K_2s+\bar{m}_z^{\bar{\omega}_x}) & s-\bar{m}_z^{\bar{\omega}_z} & 0 \\ \phi_0 & -\mu_2 & \mu_2\tan\theta_0 & s \end{vmatrix} \tag{10-49}$$

$$\Delta_{\bar{\omega}_x}=\begin{vmatrix} s-\frac{1}{2}(C_y^\beta-C_{x0}) & \beta_0 & -(\mu_2+\frac{1}{2}C_y^{\bar{\omega}_z}) & -\frac{1}{2}C_{\mathrm{G}}\cos\theta_0 \\ -\bar{m}_x^\beta & \bar{\omega}_{x0}-K_1\bar{\omega}_{z0} & -(K_1s+\bar{m}_x^{\bar{\omega}_z}) & 0 \\ -\bar{m}_z^\beta & -K_2\bar{\omega}_{x0}+\bar{\omega}_{z0} & s-\bar{m}_z^{\bar{\omega}_z} & 0 \\ 0 & \phi_0 & \mu_2\tan\theta_0 & s \end{vmatrix} \tag{10-50}$$

$$\Delta_{\bar{\omega}_y}=\begin{vmatrix} s-\frac{1}{2}(C_z^\beta-C_{x0}) & -(\mu_2\alpha_0+\frac{1}{2}C_y^{\bar{\omega}_x}) & \beta_0 & -\frac{1}{2}C_{\mathrm{G}}\cos\theta_0 \\ -\bar{m}_x^\beta & s-\bar{m}_x^{\bar{\omega}_x} & \bar{\omega}_{x0}-K_1\bar{\omega}_{z0} & 0 \\ -\bar{m}_z^\beta & -(K_2s+\bar{m}_z^{\bar{\omega}_x}) & -K_2\bar{\omega}_{x0}+\bar{\omega}_{z0} & 0 \\ 0 & -\mu_2 & \phi_0 & s \end{vmatrix} \tag{10-51}$$

$$\Delta_\gamma=\begin{vmatrix} s-\frac{1}{2}(C_y^\beta-C_{x0}) & -(\mu_2\alpha_0+\frac{1}{2}C_y^{\bar{\omega}_x}) & -(\mu_2+\frac{1}{2}C_y^{\bar{\omega}_z}) & \beta_0 \\ -\bar{m}_x^\beta & s-\bar{m}_x^{\bar{\omega}_x} & -(K_1s+\bar{m}_x^{\bar{\omega}_z}) & \bar{\omega}_{x0}-K_1\bar{\omega}_{z0} \\ -\bar{m}_z^\beta & -(K_2s+\bar{m}_z^{\bar{\omega}_x}) & s-\bar{m}_z^{\bar{\omega}_z} & -K_2\bar{\omega}_{x0}+\bar{\omega}_{z0} \\ 0 & -\mu_2 & \mu_2\tan\theta_0 & \phi_0 \end{vmatrix}$$

$$\tag{10-52}$$

$$\Delta=\begin{vmatrix} s-\frac{1}{2}(C_y^\beta-C_{x0}) & -(\mu_2\alpha_0+\frac{1}{2}C_y^{\bar{\omega}_x} & -(\mu_2+\frac{1}{2}C_y^{\bar{\omega}_z}) & -\frac{1}{2}C_{\mathrm{G}}\cos\theta_0 \\ -\bar{m}_x^\beta & s-\bar{m}_x^{\bar{\omega}_x} & -(K_1s+\bar{m}_x^{\bar{\omega}_z}) & 0 \\ -\bar{m}_z^\beta & -(K_2s+\bar{m}_z^{\bar{\omega}_x}) & s-\bar{m}_z^{\bar{\omega}_z} & 0 \\ 0 & -\mu_2 & \mu_2\tan\theta_0 & s \end{vmatrix} \tag{10-53}$$

令 $\Delta=0$，展开并简化可以得到特征方程：

$$\Delta(s)=s^4+b_1s^3+b_2s^2+b_3s+b_4=0 \tag{10-54}$$

式中

$$b_1 = -\left[\frac{1}{2}(C_y^\beta - C_{x0})(1 + K_1 K_2) + (\overline{m}_x^{\omega_x} + \overline{m}_z^{\omega_y} + K_1 \overline{m}_z^{\omega_x} + K_2 \overline{m}_x^{\omega_z})\right]$$

$$b_2 = \frac{1}{2}(C_z^\beta - C_{x0})(\overline{m}_x^{\omega_x} + \overline{m}_z^{\omega_z} + K_1 \overline{m}_z^{\omega_x} + K_2 \overline{m}_x^{\omega_z}) +$$

$$(\overline{m}_x^{\omega_x} \overline{m}_z^{\omega_z} - \overline{m}_x^{\omega_z} \overline{m}_z^{\omega_x}) - \mu_2 \left[\overline{m}_z^\beta (1 + K_1 a_0) + \overline{m}_x^\beta (1 + K_2)\right] -$$

$$\frac{1}{2}C_y^{\omega_z}(\overline{m}_z^\beta + K_2 \overline{m}_x^\beta) - \frac{1}{2}C_y^{\omega_x}(\overline{m}_z^\beta K_1 + \overline{m}_x^\beta)$$

$$b_3 = -\frac{1}{2}(C_z^\beta - C_{x0})(\overline{m}_x^{\omega_x} \overline{m}_z^{\omega_z} - \overline{m}_x^{\omega_z} \overline{m}_z^{\omega_x}) - (\mu_2 + \frac{1}{2}C_y^{\omega_z})(\overline{m}_x^\beta \overline{m}_z^{\omega_x} - \overline{m}_x^\beta \overline{m}_z^{\omega_x}) -$$

$$(\mu_2 a_0 + \frac{1}{2}C_y^{\omega_x})(\overline{m}_x^\beta \overline{m}_z^{\omega_z} - \overline{m}_z^\beta \overline{m}_x^{\omega_z}) +$$

$$\frac{\mu_2 C_G \cos\theta_0}{2}\left[\overline{m}_z^\beta(\tan\theta_0 - K_1) - \overline{m}_x^\beta(1 - \tan\theta_0 K_2)\right]$$

$$b_4 = \frac{1}{2}C_G \cos\theta_0 \mu_2 \left[\overline{m}_x^\beta \overline{m}_z^{\omega_z} - \overline{m}_z^\beta \overline{m}_x^{\omega_z} + \tan\theta_0(\overline{m}_x^\beta \overline{m}_z^{\omega_x} - \overline{m}_z^\beta \overline{m}_x^{\omega_x})\right] \tag{10-55}$$

可以看出式(10-53)和式(10-55)非常繁杂。一般对大多数正常构型的飞机在近似处理时,可作如下处理。

令 $K_1 = K_2 = 0, C_y^{\omega_x} = C_y^{\omega_z} = 0, C_{x0}$ 相对而言是小量亦可视为零,将 $C_G \cos\theta_0$ 以 C_{y0} 代替。则特征行列式可以简化成:

$$\Delta = \begin{vmatrix} s - \frac{1}{2}C_y^\beta & -\mu_2 a_0 & -\mu_2 & -\frac{1}{2}C_{z0} \\ -\overline{m}_x^\beta & s - \overline{m}_x^{\omega_x} & -\overline{m}_x^{\omega_z} & 0 \\ -\overline{m}_z^\beta & -\overline{m}_z^{\omega_x} & s - \overline{m}_z^{\omega_z} & 0 \\ 0 & -\mu_2 & \mu_2 \tan\theta_0 & s \end{vmatrix} \tag{10-56}$$

使式(10-56)等于零,并展开可以得到类似于式(10-54)的特征方程。此时,得特征方程诸系数为

$$b_1 = -\frac{1}{2}(C_y^\beta + \overline{m}_x^{\omega_x} + \overline{m}_z^{\omega_z})$$

$$b_2 = \frac{1}{2}C_y^\beta(\overline{m}_x^{\omega_x} + \overline{m}_z^{\omega_z}) + (\overline{m}_x^{\omega_x} \overline{m}_z^{\omega_z} - \overline{m}_x^{\omega_z} \overline{m}_z^{\omega_x}) - \mu_2(\overline{m}_z^\beta + a_0 \overline{m}_x^\beta)$$

$$b_3 = -\frac{1}{2}C_z^\beta(\overline{m}_x^{\omega_x} \overline{m}_z^{\omega_z} - \overline{m}_x^{\omega_z} \overline{m}_z^{\omega_x}) - \mu_2(\overline{m}_x^\beta \overline{m}_z^{\omega_z} - \overline{m}_z^\beta \overline{m}_x^{\omega_z}) + \tag{10-57}$$

$$\mu_2 a_0(\overline{m}_x^\beta \overline{m}_z^{\omega_x} - \overline{m}_z^\beta \overline{m}_x^{\omega_x}) + \frac{1}{2}\mu_2 C_G \cos\theta_0 \overline{m}_x^\beta(\tan\theta_0 - 1)$$

$$b_4 = \frac{1}{2}\mu_2 C_G \cos\theta_0 \left[(\overline{m}_x^\beta \overline{m}_z^{\omega_z} - \overline{m}_z^\beta \overline{m}_x^{\omega_y}) + \tan\theta_0(\overline{m}_x^\beta \overline{m}_z^{\omega_x} - \overline{m}_z^\beta \overline{m}_x^{\omega_x})\right]$$

求解方程式(10-54),就可解出横航向扰动运动的四个特征根,进而可分析模态矢量图以及相应的模态特性。

10.3.2 典型算例

以某歼击机为例,设基准运动状态为 $Ma = 1.5$, $H = 15$ km,飞机作对称定直平飞。

除纵向数据外,横航向气动及外形参数为

$$l = 7.15 \text{ m}, \quad G = 64\ 239 \text{ N}, \quad I_x = 4\ 488.4 \text{ kg} \cdot \text{m}^2$$
$$I_z = 58\ 035.6 \text{ kg} \cdot \text{m}^2, \quad I_{xz} = 0$$

计算得

$$C_{L0} = \frac{G}{\dfrac{1}{2}\rho V^2 S} = 0.147\ 4$$

查 $C_L - \alpha$ 曲线,得 $\alpha = 3.931° = 0.068\ 6$ rad

根据 Ma, C_z 查出相应的导数,算得其他有关数据如下:

$$C_y^\beta = -1.075, \quad \overline{m}_x^\beta = -1.638, \quad \overline{m}_z^\beta = -0.342\ 8$$
$$\overline{m}_x^{\overline{\omega}_x} = -4.643, \quad \overline{m}_z^{\overline{\omega}_z} = -1.163, \quad x^{\overline{\omega}_z} = -4.096$$
$$\overline{m}_z^{\overline{\omega}_x} = -0.247\ 6, \quad \mu_2 = 411.5, \quad \tau_2 = 3.324 \text{ s}$$

将上述数据代入式(10-57),可得

$$b_1 = 6.344, \quad b_2 = 194.8, \quad b_3 = 553.5, \quad b_4 = 12.72$$

这样可以算出特征根为

$$\lambda_1 = -2.971, \quad \lambda_2 = -0.023\ 17, \quad \lambda_{3,4} = -1.675 \pm 13.49\text{i}$$

这四个根中,一个为大的负实根,一个为小的负实根,另外两个为一对共轭复根,它们分别代表了飞机横航向小扰动运动的三个典型模态。其中 λ_1(大实根)代表了衰减很快的滚转模态;$\lambda_{3,4}$ 代表了振荡性的荷兰滚模态;而 λ_2(小的实根)则代表了衰减(或发散)较慢的螺旋模态。

用类似于纵向模态特性的计算方法可以算得上述各模态特性如下:

(1)滚转模态:$t_{1/2} = 0.775$ s。

(2)荷兰滚模态:$t_{1/2} = 1.375$ s,$T = 1.548$ s,$N_{1/2} = 0.883$ 次。

(3)螺旋模态:$t_2 = 99.4$ s。

其中各模态的模态比如下:

(1)滚转模态。

$$\beta : \overline{\omega}_x : \overline{\omega}_y : \phi = 24.17 : -26.2 : 1 : 363\ 8$$

即

$$|\phi| \gg |\beta|, \quad |\overline{\omega}_x| \gg |\overline{\omega}_z|$$

(2)荷兰滚模态。

$$\beta : \overline{\omega}_x : \overline{\omega}_y : \phi = 0.283\text{e}^{-9.3°\text{i}} : 0.033\ 6\text{e}^{96.6°\text{i}} : 0.007\ 06\text{e}^{83.5°\text{i}} : 1$$

可以看出,ϕ 接近于 β,但 $\phi > \beta$;$\overline{\omega}_x$ 也与 $\overline{\omega}_z$ 接近,但 $|\overline{\omega}_x| > |\overline{\omega}_z|$。其模态矢量如图 10-13 所示。

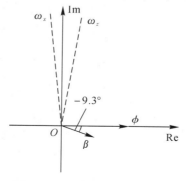

图 10-13　荷兰滚模态矢量图

(3) 螺旋模态。

$$\beta : \bar{\omega}_x : \bar{\omega}_y : \phi = -9.17 : 1 : 2.54 : -14\,650$$

可以看出

$$|\bar{\omega}_x| < |\bar{\omega}_z|, \quad |\phi| \gg |\beta|$$

10.3.3　横航向扰动运动的三种典型运动模态

纵向运动由两个振荡模态叠加而成,而横航向运动通常由两个非周期模态和一个振荡模态组成。飞机受扰动后,各个横航向运动参数变化规律都由这三个典型运动模态叠加而成。但是,进一步分析表明:在扰动运动的不同阶段,每个模态对每个运动参数的影响是不同的。

通常,在扰动运动初期主要是大的负根起作用,并且表现为飞机滚转角速度 $\bar{\omega}_x$ 及坡度 ϕ 的迅速变化,而 $\bar{\omega}_y$ 与 β 变化较小。也就是说,大的负根反映了扰动运动初期迅速衰减的滚转阻尼运动。因此把这种模态称为滚转模态。

在滚转阻尼运动后期快要结束之后,共轭复根的作用变得十分明显。其主要表现为 $\bar{\omega}_x$,$\bar{\omega}_z$,β,ϕ 等随时间按振荡方式周期地变化。其中 $|\bar{\omega}_x| > |\bar{\omega}_z|$,$|\phi| > |\beta|$。飞机一方面来回滚转,一方面左右偏航,同时带有侧滑。其航迹与滑冰中的"荷兰滚"花样动作颇为相似,因此,把此模态称为荷兰滚模态(见图 10-14)。由于此模态根的实部为负,因此它是随时间而衰减的收敛模态。

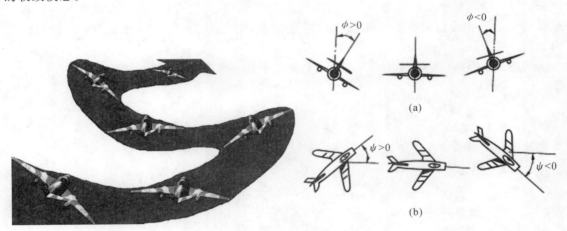

图 10-14　荷兰滚模态示意图

(a) 后视图;　(b) 俯视图

到了扰动运动后期,上述两个模态的影响已经很小,这时起主要作用的是小的实根。它表现为 ω_y,β,ϕ 单调而缓慢地变化。如果 $\lambda_2 > 0$,则偏航角 ψ 及坡度 ϕ 随时间而不断增大。由于 ϕ 的增大,飞机升力的垂直分量将小于飞机的重力,飞机高度将不断下降。这样飞机将沿着近似于螺旋线的航迹缓慢下降,因此称此模态为螺旋模态。

将飞机的横航向扰动运动划分为这样三种典型模态,具有重要的实际意义。由于滚转模态一般都是收敛的,而且一般飞机都具有较大的滚转阻尼,因此,在扰动运动初期,迅速衰减。对于后期才有明显表现的螺旋模态,由于运动参数变化非常缓慢,即使该模态是不稳定的,只要发散得不是很快,一般也是允许的。而基于前后两个阶段之间的荷兰滚模态,周期短,参数变化比较急剧,飞行员通常难以控制。因此对这个模态要求较高,不仅要求该模态应该是稳定的，而且要保证有足够的阻尼，即要求有良好的衰减特性。

这三种模态为什么能形成如此鲜明的特点呢？它取决于飞机的气动特性。

形成滚转模态的原因，可由飞机绕纵轴旋转时的物理特性看出。对于正常布局的飞机，绕纵轴的转动惯量 I_x 是三个转动惯量中最小的，容易产生滚转运动；而在此转动方向上却具有很大的滚转阻尼。这决定了飞机受扰动时引起的 $\bar{\omega}_x$ 值很快在气动阻尼力矩作用下消失。

对螺旋模态，一方面，因为模态特征根是小值根，对应的参数如 β 的变化很小，作用于飞机的横向力和力矩也就很小；另一方面，飞机的偏航转动惯量 I_y 较大，而偏航阻尼又较小，结果使偏航角和侧滑角以极其缓慢的方式变化。同时侧滑角的缓慢变化也引起坡度 ϕ 的缓慢变化。

荷兰滚模态可以这样来说明，如图 10-15 所示。假定飞机受到一个向右倾斜的扰动，继而出现右侧滑 β。随着 β 的出现，必然同时产生两个稳定力矩 $M_x^\beta \beta$ 和 $M_y^\beta \beta$。前者使飞机向左滚转，减小初始右坡度 ϕ，后者形成向右的偏航力矩，使右 β 逐渐减小。飞机在滚转和偏航过程中，由于阻尼力矩 $M_x^{\omega_x}\omega_x$ 及 $M_y^{\omega_z}\omega_z$ 的作用，使 ω_x 及 ω_z 不断减小。此外，在滚转和偏航过程中，还会产生交叉力矩 $M_x^{\omega_y}\omega_z$ 及 $M_z^{\omega_x}\omega_x$。这两个力矩对运动可能起发散作用，也可能起衰减作用，视其导数的符号而定。当飞机开始恢复到 $\phi=0$ 时，由于 ω_x 不能立即为零，飞机转而向左倾斜，继而向左侧滑。这样飞机便形成了又滚转又偏航外加侧滑的振荡运动。

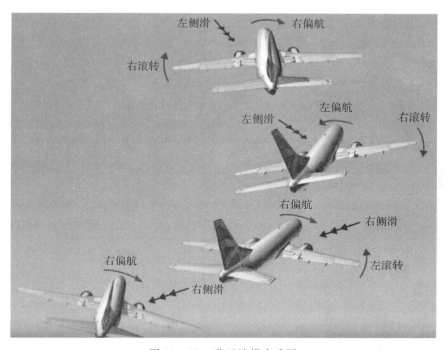

图 10-15　荷兰滚模态成因

10.3.4　横航向扰动运动的简化分析

横航向扰动运动的简化分析的目的是使对横航向各模态有用的解析式便于分析各模态的物理本质和便于近似求解。

1. 滚转收敛模态的简化分析

对此模态最原始的简化方法,是将飞机运动视为绕纵轴的单自由度滚转。即略去 β 与 $\bar{\omega}_z$,简化运动方程转变为 $\dfrac{d\bar{\omega}_x}{dt} - \bar{m}_x^{\omega_x} \omega_x = 0$,此方程近似的特征根为

$$\lambda_1 = \bar{m}_x^{\omega_x} \tag{10-58}$$

对算例飞机而言,$\lambda_1 = -4.643$,与精确解 $\lambda_1 = -2.971$ 相比较,显然误差很大。尽管如此,这里可以看到滚转阻尼导数在此模态中所起的主导作用。

2. 荷兰滚模态的简化分析

荷兰滚模态可以做如下简化,即认为该模态的近似运动模型为一种"平面"的偏航和测滑运动,亦即在运动中略去滚转角 ϕ 和滚转角速度 $\bar{\omega}_x$。此时,有关滚转方向的方程可以略去。则扰动运动方程式(10-47)简化为(令 $K_1 = K_2 = 0, C_y^{\bar{\omega}_x} = C_y^{\bar{\omega}_z} = 0$)

$$\left.\begin{array}{l} \left[s - \dfrac{1}{2}(C_y^\beta - C_{x0})\right]\beta(s) - \mu_2 \bar{\omega}_z(s) = \beta_0 \\ -\bar{m}_z^\beta \beta(s) + (s - \bar{m}_z^{\omega_z})\bar{\omega}_z(s) = \bar{\omega}_{z0} \end{array}\right\} \tag{10-59}$$

其特征方程为

$$s^2 - \left[\dfrac{1}{2}(C_y^\beta - C_{x0}) + \bar{m}_z^{\omega_z}\right]s - \mu_2 \bar{m}_z^\beta + \dfrac{1}{2}(C_y^\beta - C_{x0})\bar{m}_z^{\omega_z} = 0 \tag{10-60}$$

方程式(10-60)中的无阻尼自振频率为

$$\bar{\omega}_{nd} = \sqrt{-\mu_2 \bar{m}_z^\beta + \dfrac{1}{2}(C_y^\beta - C_{x0})\bar{m}_z^{\omega_z}} \approx \sqrt{-\mu_2 \bar{m}_z^\beta} \tag{10-61}$$

阻尼比为

$$\zeta_d \approx \dfrac{\dfrac{1}{2}(C_y^\beta - C_{x0}) + \bar{m}_z^{\omega_z}}{2\bar{\omega}_{nd}} \tag{10-62}$$

因此,荷兰滚无阻尼自振频率主要由 $-\mu_2 \bar{m}_z^\beta$ 决定,而阻尼比与 $\bar{m}_z^{\omega_z}$ 有关。

3. 螺旋模态的简化分析

由于螺旋模态对应最小的实根,因此,初步估算时,可略去特征方程式(10-54)的高次项(前三项)而只保留其中的最后两项,即特征方程简化为

$$b_3 s + b_4 = 0 \tag{10-63}$$

由此求得螺旋运动的特征根为

$$\lambda_2 = -\dfrac{b_4}{b_3} \tag{10-64}$$

如果忽略 b_3, b_4 中的一些次要项,并设 θ_0 很小,则

$$b_3 \approx -\mu_2(\bar{m}_x^\beta \bar{m}_z^{\omega_x} - \bar{m}_z^\beta \bar{m}_x^{\omega_x}), \quad b_4 \approx \dfrac{1}{2}C_{x0}\mu_2(\bar{m}_x^\beta \bar{m}_z^{\omega_z} - \bar{m}_z^\beta \bar{m}_x^{\omega_z})$$

则

$$\lambda_2 = -\dfrac{b_4}{b_3} = -\dfrac{\dfrac{1}{2}C_{x0}(\bar{m}_x^\beta \bar{m}_z^{\omega_z} - \bar{m}_z^\beta \bar{m}_x^{\omega_z})}{\bar{m}_x^\beta \bar{m}_z^{\omega_x} - \bar{m}_z^\beta \bar{m}_x^{\omega_x}} \tag{10-65}$$

式(10-65)中 b_3 在一般情况下大于零,因此只要 $b_4 > 0$,螺旋模态必然是稳定的。由

$$b_4 = \dfrac{1}{2}C_{x0}\mu_2(\bar{m}_x^\beta \bar{m}_z^{\omega_z} - \bar{m}_z^\beta \bar{m}_x^{\omega_z}) = \dfrac{1}{2}C_{x0}\mu_2 \bar{m}_z^\beta \left(\dfrac{\bar{m}_x^\beta}{\bar{m}_z^\beta}\bar{m}_z^{\omega_z} - \bar{m}_x^{\omega_z}\right) \tag{10-66}$$

可以看出，为了保证螺旋模态稳定性，航向静稳定性不能太大，横向静稳定性不能太小。否则飞机将成为螺旋不稳定。

10.4　飞机的动操纵性

飞机的动操纵性是指飞机对飞行员的操纵反应（简称操纵反应），也就是指飞机在接受操纵后的整个过渡过程的品质及其跟随能力。

飞机的静操纵特性只研究飞机平衡状态相互转换时所需的杆力、杆位移特性，不能全面地反映飞机的操纵特性。例如，有的飞机平衡状态时所需的杆力、杆位移很合适，但实际操纵后达到预定平衡状态所需时间很长、飞行参数波动幅度大或者跟随能力差（即相位滞后大），这样不仅会造成瞄准射击困难，甚至会造成过载超过预定值而威胁飞行安全。因此，必须研究飞机的动操纵性问题。

从研究方法看，飞机的动操纵性与飞机受到的外界干扰后的响应特性相类似，只是现在的"外界干扰"换成了典型操纵动作而已。

本节研究的动操纵性，只研究飞机对飞行员的操纵反应，而不考虑飞机运动参数对飞行员的反馈作用，即研究飞机的开环控制。以俯仰角为例，其作用原理如图 10-16 所示。

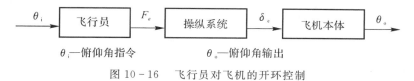

θ_i—俯仰角指令　　　　　　θ_o—俯仰角输出

图 10-16　飞行员对飞机的开环控制

10.4.1　飞机的纵向传递函数

近年来，由于广泛采用计算机技术，非常容易对许多基准运动下的动操纵运动直接进行有因次量的计算。以下采用有因次的传递函数。假设发动机油门杆位置不变，忽略飞行高度的变化和小项 X^{δ_z}，$L^{\dot{a}}$，L^{ω_y} 后，飞机纵向扰动运动方程可简化写成

$$\dot{X} = AX + B\hat{\delta}_e \tag{10-67}$$

式中，$X = [\Delta V, \Delta\alpha, \Delta\omega_y, \Delta\theta]^T$

$$A = \begin{bmatrix} \overline{X}_C^V & \overline{X}_C^a + g\cos\gamma_0 & 0 & -g\cos\gamma_0 \\ -\overline{L}_C^V & -\overline{L}_C^a + \dfrac{g}{V}\sin\gamma_0 & 1 & -\dfrac{g}{V_0}\sin\gamma_0 \\ \overline{M}_{yC}^V V - \overline{M}_y^{\dot{z}}\overline{L}_C^V & \overline{M}_y^a - \overline{M}_z^{\dot{a}}\left(\overline{L}_C^a - \dfrac{g}{V_0}\sin\gamma_0\right) & \overline{M}_y^{\dot{\tau}}\omega_y + \overline{M}_y^{\dot{a}} & -\overline{M}_y^{\dot{a}}\dfrac{g}{V_0}\sin\gamma_0 \\ 0 & 0 & 1 & 0 \end{bmatrix}$$

$$\tag{10-68}$$

$$B = [0, -\overline{L}^{\delta_e}, \overline{M}_y^{\dot{a}}\delta_e - \overline{M}_y^{\dot{a}}\overline{L}^{\delta_e}, 0]^T \tag{10-69}$$

其中各简写符号见表 10-1。

表 10 - 1　　矩阵形式的飞机纵向小扰动运动方程中的简写符号

简写符号	单位	简写符号	单位
$\overline{X}_C = \dfrac{1}{m}[T\cos(\alpha + \varphi_T) - D]$	$m \cdot s^{-2}$	$C^V = \dfrac{1}{m}[T^V\sin(\alpha_0 + \varphi_T) - D^V]$	s^{-1}
$\overline{L}_C = \dfrac{1}{mV}[T\sin(\alpha + \varphi_T) + L]$	s^{-1}	$C^V = \dfrac{1}{mV_0}[T^V\sin(\alpha_0 + \varphi_T) + L^V]$	m^{-1}
$\overline{M}_{yC} = \dfrac{1}{I_y}[M_y - T \cdot Z_P]$	s^{-2}	$\overline{M}_{yC}^V V = \dfrac{1}{I_y}[M_y^V - T^V \cdot Z_P]$	$m^{-1} \cdot s^{-1}$
$\overline{X}_C^{\hat{\alpha}} = \dfrac{1}{m}[T_0\sin(\alpha_0 + \alpha) + D^{\alpha}]$	$m \cdot s^{-2}$		
$\overline{L}_C^{\alpha} = \dfrac{1}{mV_0}[T_0\cos(\alpha_0 + \alpha) + L^{\alpha}]$	s^{-1}	$\overline{M}_y^{\bar{\omega}}\omega_y = \dfrac{1}{I_y}M_y^{\omega_y}$	s^{-1}
$\overline{M}_y^{\alpha} = \dfrac{1}{I_y}M_y^{\alpha}$	s^{-2}	$\overline{M}_y^{\bar{\alpha}}\delta_e = \dfrac{1}{I_y}M_y^{\delta_e}$	s^{-2}
$\overline{M}_y^{\bar{\tau}} = \dfrac{1}{I_y}M_y^{y}$	s^{-1}	$\overline{L}^{\delta_e} = \dfrac{1}{mV_0}L^{\delta_e}$	s^{-1}

　　将俯仰角 $\Delta\theta$ 和俯仰角速度 $\Delta\omega_z$ 的关系式代回方程式(10-67)中法向力和纵向力矩方程,消去变量 $\Delta\omega_z$ 后,进行零初始条件的拉氏变换,得到

$$s\boldsymbol{X}(s) = \boldsymbol{A}\boldsymbol{X}(s) + \boldsymbol{B}\delta_e(s) \tag{10-70}$$

　　于是有

$$(s\boldsymbol{I} - \boldsymbol{A})\boldsymbol{X}(s) = \boldsymbol{B}\delta_e(s) \tag{10-71}$$

展开为

$$\begin{bmatrix} s - \overline{X}_C^V & \overline{X}_C^{\alpha} - g\cos\gamma_0 & g\cos\gamma_0 \\ -\overline{L}_C^V & -s + \overline{L}_C^{\alpha} - \dfrac{g}{V_0}\sin\gamma_0 & s - \dfrac{g}{V}\sin\gamma_0 \\ -\overline{M}_{yC}^V V & -(\overline{M}_y^{\bar{\alpha}}s + \overline{M}_y^{\alpha}) & s(s - \overline{M}_y^{\bar{\omega}}\omega_y) \end{bmatrix} \begin{bmatrix} \Delta V(s) \\ \Delta\alpha(s) \\ \Delta\theta(s) \end{bmatrix} = \begin{bmatrix} 0 \\ \overline{L}^{\delta_e} \\ \overline{M}_y^{\alpha}\delta_e \end{bmatrix} \Delta\delta_e(s)$$
$$\tag{10-72}$$

　　$(s\boldsymbol{I} - \boldsymbol{A})$ 为系统的特征矩阵,它的行列式即为特征行列式,令

$$|s\boldsymbol{I} - \boldsymbol{A}| = 0 \tag{10-73}$$

就是前几节经常提及的特征方程式。

　　考查方程式(10-72),易于写出以舵面为输入的飞机各参数的传递函数为

$$G_{V\delta_e}(s) = \frac{\Delta V(s)}{\Delta\delta_e(s)} = \frac{\Delta_V(s)}{\Delta(s)}$$

$$G_{\alpha\delta_e}(s) = \frac{\Delta\alpha(s)}{\Delta\delta_e(s)} = \frac{\Delta_\alpha(s)}{\Delta(s)} \tag{10-74}$$

$$G_{\theta\delta_e}(s) = \frac{\Delta\theta(s)}{\Delta\delta_e(s)} = \frac{\Delta_\theta(s)}{\Delta(s)}$$

其中各表达式的值见表 10-2。

　　法向过载的传递函数推导如下:当飞机航迹角 γ_0 不大和升降舵偏转引起速度变化 ΔV 较小时,按法向力平衡方程写出

$$\frac{V_0}{g}\frac{\mathrm{d}\Delta\gamma}{\mathrm{d}t} \approx \Delta n_n \tag{10-75}$$

则

$$\Delta n_n(s) \approx \frac{V_0}{g}s\big[\Delta\theta(s) - \Delta\alpha(s)\big]$$

$$G_{n_n\delta_e} = \frac{\Delta n_n(s)}{\Delta\delta_e(s)} = \frac{V_0}{g}s \cdot \big[G_{\theta\delta_e}(s) - G_{\alpha\delta_e}(s)\big] = \frac{V_0}{g}\frac{\Delta_{n_n}(s)}{\Delta(s)} \quad (10-76)$$

表 10-2　各表达式的值

项目	表达式
$\Delta(s)$	$\Delta(s) = s^4 + a_1 s^3 + a_2 s^2 + a_3 s + a_4$ $a_1 = \overline{Y}_C^\alpha - \overline{M}_y^{\omega z} - \overline{M}_y^{\dot\alpha} - \overline{X}_C^V - \dfrac{g}{V_0}\sin\theta_0$ $a_2 = -\overline{M}_y^\alpha - \overline{L}_C^\alpha\overline{M}_{yy} - \overline{X}_C^V(\overline{L}_C^\alpha - \overline{M}_{yy} - \overline{M}_y^{\dot\alpha}) - \overline{L}_C^V(\overline{X}_C^\alpha - g\cos\gamma_0) + \dfrac{g}{V_0}\sin\theta_0(\overline{X}_C^V + \overline{M}_{yy} + \overline{M}_y^{\dot\alpha})$ $a_3 = \overline{X}_C^V(\overline{M}_y^\alpha + \overline{L}_C^\alpha\overline{M}_{yy}) + \overline{X}_C^\alpha\overline{M}_{yC}^V - \overline{L}_C^V[-\overline{X}_C^\alpha\overline{M}_{yy} + (\overline{M}_{yy} + \overline{M}_y^{\dot\alpha})g\cos\gamma_0] + \dfrac{g}{V_0}\sin\theta_0[\overline{M}_y^\alpha - \overline{X}_C^V(\overline{M}_{yy} + \overline{M}_y^{\dot\alpha})]$ $a_4 = (\overline{M}_{yC}^V\overline{L}_C^\alpha - \overline{L}_C^V\overline{M}_y^\alpha)g\cos\gamma_0 + \dfrac{g}{V_0}\sin\theta_0(\overline{M}_{yC}^V\overline{X}_C^\alpha + \overline{X}_C^V\overline{M}_y^\alpha)$
$\Delta_V(s)$	$\Delta_V(s) = a_{0V}s^2 + a_{1V}s + a_{2V}$ $a_{0V} = \overline{L}^{\delta_e}(\overline{X}_C^\alpha - g\cos\gamma_0)$ $a_{1V} = \overline{L}^{\delta_e}[(\overline{M}_{yy} + \overline{M}_y^{\dot\alpha})g\cos\gamma_0 - \overline{X}_C^\alpha\overline{M}_{yy}] - \overline{M}_y^{\delta_e}\overline{X}_C^\alpha$ $a_{2V} = \overline{L}^{\delta_e}\overline{M}_y^\alpha g\cos\gamma_0 + \overline{M}_y^{\delta_e}(\overline{X}_C^\alpha\dfrac{g}{V}\sin\gamma_0 - \overline{L}_C^\alpha g\cos\gamma_0)$
$\Delta_\alpha(s)$	$\Delta_\alpha(s) = a_{0\alpha}s^3 + a_{1\alpha}s^2 + a_{2\alpha}s + a_{3\alpha}$ $a_{0\alpha} = -\overline{L}^{\delta_e}$ $a_{1\alpha} = \overline{L}^{\delta_e}(\overline{X}_C^V + \overline{M}_{yy}) + \overline{M}_y^{\delta_e}$ $a_{2\alpha} = -\overline{L}^{\delta_e}\overline{X}_C^V\overline{M}_{yy} - \overline{M}_y^{\delta_e}(\overline{X}_C^V + \dfrac{g}{V_0}\sin\gamma_0)$ $a_{3\alpha} = -\overline{L}^{\delta_e}\overline{M}_{yC}^V g\cos\gamma_0 + \overline{M}_y^{\delta_e}(\overline{L}_C^V g\cos\gamma_0 + \overline{X}_C^V\dfrac{g}{V_0}\sin\gamma_0)$
$\Delta_\gamma(s)$	$\Delta_\gamma(s) = a_{0\gamma}s^2 + a_{1\gamma}s + a_{2\gamma}$ $a_{0\theta} = \overline{M}_y^{\delta_e} - \overline{L}^{\delta_e}\overline{M}_y^{\dot\alpha}$ $a_{1\gamma} = \overline{L}^{\delta_e}(\overline{M}_y^\alpha\overline{X}_C^V - \overline{M}_y^\alpha) + \overline{M}_y^{\delta_e}(\overline{L}_C^\alpha - \dfrac{g}{V_0}\sin\gamma_0 - \overline{X}_C^V)$ $a_{2\gamma} = \overline{L}^{\delta_e}[\overline{M}_y^\alpha\overline{X}_C^V + \overline{M}_{yC}^V(\overline{X}_C^\alpha - g\cos\gamma_0)] - \overline{M}_y^{\delta_e}[\overline{X}_C^V(\overline{L}_C^\alpha - \dfrac{g}{V_0}\sin\gamma_0) + \overline{L}_C^V(\overline{X}_C^\alpha - g\cos\gamma_0)]$
$\Delta_{n_n}(s)$	$\Delta_{n_n}(s) = s(a_{0n_n}s^3 + a_{1n_n}s^2 + a_{2n_n}s + a_{3n_n})$ $a_{0n_n} = \overline{L}^{\delta_e}$ $a_{1n_n} = -\overline{L}^{\delta_e}(\overline{X}_C^V + \overline{M}_y^{\omega z} + \overline{M}_y^{\dot\alpha})$ $a_{2n_n} = \overline{L}^{\delta_e}\overline{X}_C^V(\overline{M}_{yy} + \overline{M}_y^{\dot\alpha}) - \overline{L}^{\delta_e}\overline{M}_y^\alpha + \overline{M}_y^{\delta_e}\overline{L}_C^\alpha$ $a_{3n_n} = \overline{L}^{\delta_e}(\overline{M}_y^\alpha\overline{X}_C^V + \overline{M}_{yC}^V\overline{X}_C^\alpha) - \overline{M}_y^{\delta_e}(\overline{X}_C^\alpha\overline{L}_C^\alpha + \overline{L}_C^V\overline{X}_C^\alpha)$

短周期近似是忽略了速度变化,并假设力方程能自动平衡。由方程式(10-67),忽略 ΔV

项,并且由于 $\Delta\theta$ 与 $\Delta\omega_y$ 是有一定耦合关系的,因此保留 $\Delta\alpha$、$\Delta\omega_y$ 项,得

$$\frac{d}{dt}\begin{bmatrix}\Delta\alpha\\\Delta\omega_y\end{bmatrix}=\begin{bmatrix}-\overline{L}_C^a+\dfrac{g}{V_0}\sin\gamma_0 & 1\\ \overline{M}_y^a-\overline{M}_y^{\dot{a}}\left(\overline{L}_C^a-\dfrac{g}{V_0}\sin\gamma_0\right) & \overline{M}_y^{\omega_y}+\overline{M}_y^{\dot{a}}\end{bmatrix}\begin{bmatrix}\Delta\alpha\\\Delta\omega_y\end{bmatrix}+\begin{bmatrix}-\overline{L}^{\delta_e}\\ \overline{M}_y^{\delta_e}-\overline{M}_y^{\dot{a}}\overline{L}^{\delta_e}\end{bmatrix}\Delta\delta_e$$

$$(10-77)$$

或写成

$$\dot{X}=A_{sp}X+B_{sp}\delta_e \tag{10-78}$$

式中

$$X_{sp}=\begin{bmatrix}\Delta\alpha, & \Delta\omega_y\end{bmatrix}^T$$

$$A_{sp}=\begin{bmatrix}-\overline{L}_C^a+\dfrac{g}{V_0}\sin\gamma_0 & 1\\ \overline{M}_y^a-\overline{M}_y^{\dot{a}}\left(\overline{L}_C^a-\dfrac{g}{V_0}\sin\gamma_0\right) & \overline{M}_y^{\omega_y}+\overline{M}_y^{\dot{a}}\end{bmatrix} \tag{10-79}$$

$$B_{sp}=\begin{bmatrix}-\overline{L}^{\delta_e}, & \overline{M}_y^{\delta_e}-\overline{M}_y^{\dot{a}}\overline{L}^{\delta_e}\end{bmatrix}^T$$

式(10-78)与式(10-79)中有关导数的表达式见表 10-1,注意应略去速度影响项。

当 γ_0 不大时,可进一步忽略小项 $\dfrac{g}{V_0}\sin\gamma_0$,由此建立的近似传递函数为

$$G_{\alpha\delta_e}(s)=\frac{\Delta\alpha(s)}{\Delta\delta_e(s)}=\frac{-\overline{L}^{\delta_e}s+(\overline{L}^{\delta_e}\overline{M}_y^{\omega_z}+\overline{M}_y^{\delta_e})}{\Delta'(s)} \tag{10-80}$$

$$G_{\omega_y\delta_e}(s)=\frac{\Delta\omega_y(s)}{\Delta\delta_e(s)}=\frac{(\overline{M}_y^{\delta_e}-\overline{L}^{\delta_e}\overline{M}_y^{\dot{a}})s+(\overline{L}_C^a\overline{M}_y^{\delta_e}-\overline{M}_y^a\overline{L}^{\delta_e})}{\Delta'(s)} \tag{10-81}$$

$$G_{n_n\delta_e}(s)=\frac{\Delta n_n(s)}{\Delta\delta_e(s)}=\frac{V_0}{g}\frac{\overline{L}^{\delta_e}s^2-\overline{L}^{\delta_e}(\overline{M}_y^{\omega_y}+\overline{M}_y^{\dot{a}})s+\overline{L}_C^a\overline{M}_y^{\delta_e}-\overline{M}_y^a\overline{L}^{\delta_e}}{\Delta'(s)} \tag{10-82}$$

以上式中

$$\left.\begin{aligned}\Delta'(s)&=s^2+a'_1 s+a'_2\\ a'_1&=\overline{L}_C^a-(\overline{M}_y^{\omega_y}+\overline{M}_y^{\dot{a}})\\ a'_2&=-(\overline{M}_y^a+\overline{L}_C^a\overline{M}_y^{\omega_y})\end{aligned}\right\} \tag{10-83}$$

如果飞机的 $\overline{L}^{\delta_e}\ll\overline{L}_C^a$,则可忽略平尾(升降舵)偏转引起飞机升力变化,此时迎角和过载传递函数的近似表达式可进一步简化为

$$\left.\begin{aligned}G_{\alpha\delta_e}(s)&\approx\frac{\overline{M}_z^{\delta_e}}{\Delta'(s)}\\ G_{n_n\delta_e}(s)&\approx\frac{V_0}{g}\overline{L}_C^a\frac{\overline{M}_y^{\delta_e}}{\Delta'(s)}\\ G_{\omega_y\delta_e}(s)&\approx\frac{\overline{M}_y^{\delta_e}(s+\overline{L}_C^a)}{\Delta'(s)}\end{aligned}\right\} \tag{10-84}$$

其中: $\Delta'(s)=s^2+2\zeta_{sp}\omega_{nsp}s+\omega_{nsp}^2$; $2\zeta_{sp}\omega_{nsp}=a'_1$; $\omega_{nsp}^2=a'_2$。

式(10-84)写成自控原理中的常用表达式为

$$G(s)=\frac{K\omega_{nsp}^2}{\Delta'(s)} \tag{10-85}$$

对于迎角传递函数,其静增益为

$$K_\alpha = -\frac{\overline{M}_y^{\delta_e}}{(\overline{M}_y^\alpha + \overline{L}_C^\alpha \overline{M}_{y^y}^{\omega_y})} \tag{10-86}$$

过载静增益为

$$K_{n_n} = \frac{V_0}{g} \overline{L}_C^\alpha K_\alpha \tag{10-87}$$

显然式(10-83)就是有因次形式的短周期模态近似表达式。

10.4.2　飞机的横航向传递函数

横航向的操纵舵面通常由副翼和方向舵组成,其中副翼为飞机横航向的主要操纵舵面,方向舵只起"协调"作用。

假定基准飞行为对称定值飞行且舵面操纵相当于小扰动。考查方程式(6-65),在基准运动为定直飞行下,$V_{x0} = V_0$,$V_{y0} = 0$。当选用稳定轴系时,θ_0 换为 γ_0 并去掉式中的 α_0 项,忽略小量 Z^{ω_x}、Z^{ω_z}。则可用矩阵形式表达为

$$\dot{Y} = CY + D\delta \tag{10-88}$$

式中

$$Y = [\Delta\beta, \Delta\omega_x, \Delta\omega_z, \Delta\phi]^\mathrm{T}$$

$$C = \begin{bmatrix} \overline{Z}^\beta & 0 & 1 & \dfrac{g}{V}\cos\gamma_0 \\ \overline{M}_x^\beta & \overline{M}_x^{\omega_x} & \overline{M}_x^{\omega_e} & 0 \\ \overline{M}_z^\beta & \overline{M}_z^{\omega_x} & \overline{M}_z^{\omega_z} & 0 \\ 0 & 1 & -\tan\gamma_0 & 0 \end{bmatrix}, \quad D = \begin{bmatrix} 0 & \overline{Z}^{\delta_r} \\ \overline{M}_x^{\delta_a} & \overline{M}_x^{\delta_r} \\ 0 & 0 \end{bmatrix}, \quad \delta = \begin{bmatrix} \Delta\delta_a \\ \Delta\delta_r \end{bmatrix}$$

$$\overline{Z} = \frac{Z}{mV_0}, \quad \overline{M}_x = \frac{M'_x}{I'_x} = \frac{M_x}{I_x} + \frac{I_{xz}}{I_z}M_z, \quad \overline{M}_z = \frac{M'_z}{I'_z} = \frac{M_z}{I_z} + \frac{I_{xz}}{I_x}M_x$$

在基准运动为对称定直飞行下,$\cos\gamma_0 = 1$,$\tan\gamma_0 = 0$,则 $\Delta\dot{\phi} = \Delta\omega_x$,代入方程消去变量 $\Delta\omega_x$ 并进行零初始条件下拉氏变换后,可得

$$\begin{bmatrix} s - \overline{Z}^\beta & -1 & -\dfrac{g}{V_0} \\ -\overline{M}_x^\beta & -\overline{M}_x^{\omega_z} & s^2 - \overline{M}_x^{\omega_x}s \\ -\overline{M}_z^\beta & s - \overline{M}_z^{\omega_z} & -\overline{M}_z^{\omega_x}s \end{bmatrix} \begin{bmatrix} \Delta\beta(s) \\ \Delta\omega_z(s) \\ \Delta\phi(s) \end{bmatrix} = \begin{bmatrix} 0 & \overline{Z}^{\delta_r} \\ \overline{M}_x^{\delta_a} & \overline{M}_x^{\delta_r} \\ \overline{M}_z^{\delta_a} & \overline{M}_z^{\delta_r} \end{bmatrix} \begin{bmatrix} \Delta\delta_a(s) \\ \Delta\delta_r(s) \end{bmatrix} \tag{10-89}$$

建立副翼输入时的飞机的传递函数为

$$\left. \begin{aligned} G_{\beta\delta_a}(s) &= \frac{\Delta\beta(s)}{\Delta\delta_a(s)} = \frac{\Delta_\beta(s)}{\Delta(s)} \\[2mm] G_{\omega_z\delta_a}(s) &= \frac{\Delta\omega_z(s)}{\Delta\delta_a(s)} = \frac{\Delta_{\omega_z}(s)}{\Delta(s)} \\[2mm] G_{\phi\delta_a}(s) &= \frac{\Delta\phi(s)}{\Delta\delta_a(s)} = \frac{\Delta_\phi(s)}{\Delta(s)} \\[2mm] G_{\omega_x\delta_a}(s) &= sG_{\phi\delta_a}(s) \end{aligned} \right\} \tag{10-90}$$

其中各项系数见表 10-3(a)。

表 10 - 3(a)　各项系数

项　目	表达式
$\Delta(s)$	$\Delta(s) = s^4 + b_1 s^3 + b_2 s^2 + b_3 s + b_4$ $b_1 = -(\overline{Z}^\beta + \overline{M}_x^{\omega_x} + \overline{M}_z^{\omega_z})$ $b_2 = \overline{Z}^\beta(\overline{M}_x^{\omega_x} + \overline{M}_z^{\omega_z}) + M_x^{\omega_x}\overline{M}_z^{\omega_z} - \overline{M}_z^{\omega_x}\overline{M}_x^{\omega_z} - \overline{M}_z^\beta$ $b_3 = \overline{Z}^\beta(\overline{M}_x^{\omega_x}\overline{M}_z^{\omega_z} - M_x^{\omega_z}\overline{M}_z^{\omega_x}) + \overline{M}_x^{\omega_x}\overline{M}_z^\beta - \overline{M}_x^\beta\overline{M}_z^{\omega_x} - \dfrac{g}{V_0}\overline{M}_x^\beta$ $b_4 = \dfrac{g}{V_0}(\overline{M}_x^\beta\overline{M}_y^{\omega_y} - \overline{M}_z^\beta\overline{M}_x^{\omega_z})$
$\Delta_\beta(s)$	$\Delta_\beta(s) = \overline{M}_z^{\delta_a}(s^2 + b_{1\beta}s + b_{2\beta})$ $b_{1\beta} = \dfrac{\overline{M}_x^{\delta_a}}{\overline{M}_z^{\delta_a}}\left(\overline{M}_z^{\omega_z} + \dfrac{g}{V_0}\right) - \overline{M}_x^{\omega_x}$ $b_{2\beta} = \dfrac{g}{V_0}\left(\overline{M}_x^{\omega_x} - \dfrac{\overline{M}_x^{\delta_a}}{\overline{M}_z^{\delta_a}}\overline{M}_z^{\omega_z}\right)$
$\Delta_{\omega_z}(s)$	$\Delta_{\omega_z} = \overline{M}_z^{\delta_a}(s^3 + b_{1\omega_z}s^2 + b_{2\omega_z}s + b_{3\omega_z})$ $b_{1\omega_z} = \dfrac{\overline{M}_x^{\delta_a}}{\overline{M}_z^{\delta_a}}\overline{M}_x^{\omega_x} - (\overline{Z}^\beta + \overline{M}_z^{\omega_z})$ $b_{2\omega_y} = \overline{Z}^\beta\left(\overline{M}_x^{\omega_x} - \dfrac{\overline{M}_x^{\delta_a}}{\overline{M}_z^{\delta_a}}\overline{M}_z^{\omega_x}\right)$ $b_{3\omega_z} = \dfrac{g}{V_0}\left(\dfrac{\overline{M}_x^{\delta_a}}{\overline{M}_z^{\delta_a}}\overline{M}_z^\beta - \overline{M}_x^\beta\right)$
$\Delta_\phi(s)$	$\Delta_\phi(s) = \overline{M}_x^{\delta_a}(s^2 + b_{1\phi}s + b_{2\phi})$ $b_{1\phi} = \dfrac{\overline{M}_z^{\delta_a}}{\overline{M}_x^{\delta_a}}\overline{M}_x^{\omega_x} - (\overline{Z}^\beta - \overline{M}_z^{\omega_z})$ $b_{2\phi} = \overline{Z}^\beta\left(\overline{M}_z^{\omega_z} - \dfrac{\overline{M}_z^{\delta_a}}{\overline{M}_x^{\delta_a}}\overline{M}_x^{\omega_z}\right) + \dfrac{\overline{M}_z^{\delta_a}}{\overline{M}_x^{\delta_a}}\overline{M}_x^\beta - \overline{M}_z^\beta$

类似地也可建立方向舵输入时的飞机传递函数，其结果见表 10 - 3(b)。

表 10 - 3(b)　各项系数

项　目	表达式
$\Delta(s)$	同表 10 - 3(a)
$\Delta_\beta(s)$	$\Delta_\beta(s) = c_{0\beta}s^3 + c_{1\beta}s^2 + c_{2\beta}s + c_{3\beta}$ $c_{0\beta} = \overline{Z}^{\delta_r}$ $c_{1\beta} = -\overline{Z}^{\delta_r}(\overline{M}_x^{\omega_x} + \overline{M}_z^{\omega_z}) + \overline{M}_z^{\delta_r}$ $c_{2\beta} = \overline{Z}^{\delta_r}(\overline{M}_x^{\omega_x}\overline{M}_z^{\omega_z} + \overline{M}_y^{\omega_y}\overline{M}_z^{\omega_x}) + \overline{M}_x^{\delta_r}\left(\dfrac{g}{V_0} + \overline{M}_z^{\omega_x}\right) - \overline{M}_z^{\delta_r}\overline{M}_x^{\omega_x}$ $c_{3\beta} = \dfrac{g}{V_0}(\overline{M}_z^\chi\overline{M}_x^{\delta_r} - \overline{M}_z^{\delta_r}\overline{M}_x^\beta)$

续表

项　目	表达式
$\Delta_{\omega_y}(s)$	$\Delta_{\omega_y}(s) = c_{0\omega_z}s^3 + c_{1\omega_z}s^2 + c_{2\omega_z}s + c_{3\omega_z}$ $c_{0\omega_z} = \overline{M}_z^{\delta}\mathrm{r}$ $c_{1\omega_z} = \overline{Z}^{\delta}\mathrm{r}\overline{M}_z^{\beta} + \overline{M}_{x^r}^{\delta}\overline{M}_z^{\omega_x} - \overline{M}_{z^r}^{\delta}(\overline{Z}^{\beta} + \overline{M}_x^{\omega_x})$ $c_{2\omega_z} = \overline{Z}^{\delta}\mathrm{r}(\overline{M}_x^{\beta}\overline{M}_z^{\omega_x} - \overline{M}_x^{\omega_x}\overline{M}_z^{\beta}) - \overline{M}_{x^r}^{\delta}\overline{Z}^{\beta}\overline{M}_x^{\omega_x} + \overline{M}_{z^r}^{\delta}\overline{Z}^{\beta}\overline{M}_x^{\omega_x}$ $c_{3\omega_z} = \dfrac{g}{V_0}(\overline{M}_z^{\beta}\overline{M}_{x^r}^{\delta} - \overline{M}_x^{\beta}\overline{M}_{z^r}^{\delta})$
$\Delta_{\gamma}(s)$	$\Delta_{\gamma}(s) = c_{0\gamma}s^2 + c_{1\gamma}s + c_{3\gamma}$ $c_{0\gamma} = \overline{M}_{x^r}^{\delta}$ $c_{1\gamma} = \overline{Z}^{\delta}\mathrm{r}\overline{M}^{\beta} - \overline{M}_{x^r}^{\delta}(\overline{Z}^{\beta} + \overline{M}_z^{\omega_z}) + \overline{M}_{z^r}^{\delta}\overline{M}_x^{\omega_z}$ $c_{2\gamma} = -\overline{Z}^{\delta}\mathrm{r}(\overline{M}_x^{\beta}\overline{M}_z^{\omega_z} - \overline{M}_z^{\beta}\overline{M}_x^{\omega_z}) + \overline{M}_{x^r}^{\delta}(\overline{Z}^{\beta}\overline{M}_z^{\omega_z} - \overline{M}_z^{\beta})$

对于横航向传递函数的其他近似处理,如纯滚转操纵与纯偏航操纵,可参阅有关文献。

10.4.3　飞机动态反应的解析解

10.4.3.1　飞机的典型操纵动作

由于不同的操纵动作,会带来不同的操纵反应,因此,为了便于比较飞机的动操纵性,必须根据飞机实际操纵情况,选择具有代表性的典型操纵动作。归纳起来,典型操纵动作有以下 4 种类型,如图 10-17 所示。

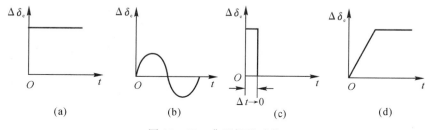

(a)　　　　　(b)　　　　　(c)　　　　　(d)

图 10-17　典型操纵动作

(1)阶跃型操纵。

阶跃型操纵代表了飞行员实施机动飞行而急剧偏转舵面,偏转过程极短的一种极限情况〔见图 10-17(a)〕。其数学表达式为

$$\left.\begin{array}{l} \Delta\delta_e(t) = A \cdot 1[t] \\ \Delta\delta_e(s) = \dfrac{A}{s} \end{array}\right\} \tag{10-91}$$

通常为了方便,取 $A = 1$(即单位阶跃),则

$$\left.\begin{array}{l} \Delta\delta_e(t) = 1[t] \\ \Delta\delta_e(s) = \dfrac{1}{s} \end{array}\right\} \tag{10-92}$$

（2）谐波型操纵。

谐波型操纵代表了飞行员实施精确跟踪和精确航迹时，理想化了的正弦形式的反复修正如图 10-17(b)所示。其数学表达式为

$$\left.\begin{array}{l}\Delta\delta_e(t)=A\sin\omega t\\[2mm]\Delta\delta_e(s)=\dfrac{A\omega}{s^2+\omega^2}\end{array}\right\} \qquad (10-93)$$

同样，为了方便起见，取 $A=1$，则

$$\left.\begin{array}{l}\Delta\delta_e(t)=\sin\omega t\\[2mm]\Delta\delta_e(s)=\dfrac{\omega}{s^2+\omega^2}\end{array}\right\} \qquad (10-94)$$

（3）脉冲型操纵。

这种瞬时的脉冲型舵面动作，相当于飞机在大气紊流中飞行时所遇到的瞬时干扰[见图 10-17(c)]。其数学表达式为

$$\left.\begin{array}{l}\Delta\delta_e(t)=\delta(t)\\[2mm]\Delta\delta_e(s)=1\end{array}\right\} \qquad (10-95)$$

（4）梯形操纵。

梯形操纵是等速偏舵与阶跃偏舵的组合，代表了缓慢的机动飞行[见图 10-17(d)]，如平飞加减速中的舵面偏转。

10.4.3.2　短周期近似时飞机对平尾的操纵反应

在飞机纵向的各种传递函数确定之后，飞机对平尾（升降舵）阶跃操纵的反应，可以通过如下步骤求出。

首先根据舵面偏角的阶跃输入（或其他类型）的拉氏变换式和 $\Delta\alpha,\Delta\theta,\omega_y,\Delta n_n$ 等对舵面偏角的传递函数，求出 $\Delta\alpha,\Delta\theta,\omega_y,\Delta n_z$ 的拉氏变换式

$$\left.\begin{array}{l}\Delta\alpha(s)=G_{\alpha\delta_e}(s)\dfrac{1}{s}\\[3mm]\Delta\theta(s)=G_{\theta\delta_e}(s)\dfrac{1}{s}\\[3mm]\Delta\omega_y(s)=G_{\omega_y\delta_e}(s)\dfrac{1}{s}\\[3mm]\Delta n_n(s)=G_{n_z\delta_e}(s)\dfrac{1}{s}\end{array}\right\} \qquad (10-96)$$

然后通过反变换，求出各运动参数随时间的变化规律，即过渡过程为

$$\left.\begin{array}{l}\Delta\alpha(t)=L^{-1}\left[G_{\alpha\delta_e}(s)\dfrac{1}{s}\right]\\[3mm]\Delta\theta(t)=L^{-1}\left[G_{\theta\delta_e}(s)\dfrac{1}{s}\right]\\[3mm]\Delta\omega_y(t)=L^{-1}\left[G_{\omega_y\delta_e}(s)\dfrac{1}{s}\right]\\[3mm]\Delta n_n(t)=L^{-1}\left[G_{n_z\delta_e}(s)\dfrac{1}{s}\right]\end{array}\right\} \qquad (10-97)$$

由于确定各运动参数的时间历程的方法是一样的，由此这里仅以 Δn_n 为例来加以说明。

为分析方便起见,以短周期为例,并略去一些小量,列出短周期近似情况下的 $G_{n_n \delta_e}(s)$:

$$G_{n_n \delta_e}(s) = \frac{V_0}{g} \bar{L}_C^\alpha \frac{\bar{M}_z^{\delta_e}}{\Delta'(s)} = \frac{K_{n_n} \omega_{nsp}^2}{s^2 + 2\zeta_{sp}\omega_{nsp}s + \omega_{nsp}^2} \qquad (10-98)$$

式中

$$K_{n_n} = \frac{V_0}{g} \bar{L}_C^\alpha K_\alpha$$

输入信号为阶跃型操纵时

$$\Delta n_n(s) = \frac{K_{n_n} \omega_{nsp}^2}{s(s^2 + 2\zeta_{sp}\omega_{nsp}s + \omega_{nsp}^2)} \qquad (10-99)$$

则有

$$\Delta n_n(t) = L^{-1}\left\{\frac{K_{n_n} \omega_{nsp}^2}{s(s^2 + 2\zeta_{sp}\omega_{nsp}s + \omega_{nsp}^2)}\right\} \qquad (10-100)$$

当 $0 \leq \zeta_{sp} < 1$ 时,可得

$$\Delta n_n(t) = K_{n_n}\left[1 - \frac{1}{\sqrt{1-\zeta_{sp}^2}}\exp(-\zeta_{sp}\omega_{nsp}t)\sin(\omega_{nsp}\sqrt{1-\zeta_{sp}^2}t + \tau_1)\right] \qquad (10-101)$$

式中,$\tau_1 = \arctan\dfrac{\sqrt{1-\zeta_{sp}^2}}{\zeta_{sp}} = \arcsin\sqrt{1-\zeta_{sp}^2}$。

按式(10-92),可画出如图 10-17(a)所示的单位阶跃操纵曲线。由式(10-101)和图 10-18 可见:

(1)当 $t=0$ 时,$\Delta n_n = 0$。

(2)当 $t \to \infty$ 时,$\Delta n_n(\infty) \to K_{n_n}$。

这一点可用中值定理证明之,即

$$\Delta n_n(\infty) = \lim_{s \to 0} s \Delta n_n(s) = K_{n_n}$$

也就是说,单位阶跃操纵下,过载的稳态值为 K_{n_n}。

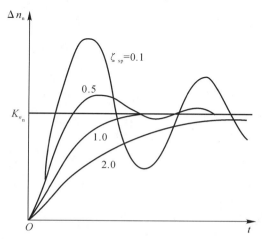

图 10-18 单位阶跃操纵 Δn_n 的变化曲线

由此可以推论,如果舵面为非单位的阶跃操纵,则 $\Delta n_n(\infty) = K_{n_n}\Delta\delta_e$。如果把 K_{n_n} 值代入,则

$$\Delta n_n(\infty) = \frac{V_0}{g} \overline{Y}_C^a K_a \tag{10-102}$$

(3)在 $t = 0 \sim t \to \infty$ 的过渡过程与 ζ_{sp} 的值有关。

当 $0 \leqslant \zeta_{sp} < 1$ 时,过渡过程为一振荡方程。其振荡幅值随 ζ_{sp} 的减小而增大。

当 $\zeta_{sp} \geqslant 1$ 时,过渡过程为一单调过程。但必须注意,此时式(10-106)已不再适用,必须按 $\zeta_{sp} > 1$ 重新推导。

$\Delta \alpha, \Delta \theta, \omega_y$ 的变化情况大致与此类似,这里不再重复。

10.4.3.3 阶跃操纵时的操纵性能参数

对于阶跃操纵,通常以超调量、峰值时间、调整时间、振荡次数来说明其品质的好坏。现在仍以过载过渡过程为例加以说明(见图 10-19)。

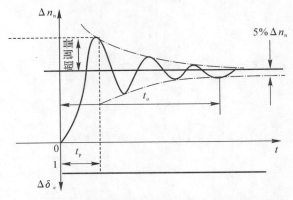

图 10-19 平尾阶跃操纵时的过渡过程性能参数

(1)超调量与超调度。超调量是指过渡过程中的运动参数的最大值与稳态值之差;而超调度则是指此差值与稳态值之比。以过载为例,过载的超调量为 $\Delta n_{nmax} - n_{ns}$,过载的超调度为

$$\sigma_{n_n} = \frac{\Delta n_{nmax} - \Delta n_{ns}}{\Delta n_{ns}}。$$

超调度越大,说明飞行员操纵舵面后,飞机的运动状态变化幅度大,不易达到预定值,动操纵性差。特别是对过载来说,超调度大,容易使过载超出最大允许值而破坏飞机结构。因此,从动操纵性角度,希望超调度不要过大(例如 σ_{n_n},一般要求小于 30%)。

有的飞机超调度较大。例如,歼 7 飞机在高度高于 15 km 以及 $Ma > 1.2$ 超声速飞行时,过载超调度 $> 30\%$,这就要求飞行员在作机动飞行时,动作不能过猛。

(2)峰值时间 t_p。峰值时间 t_p 是指飞机在阶跃操纵后,运动参数到达第一个峰值的时间。峰值时间短,说明飞机反应快,快速性好。

(3)调整时间 t_a。调整时间是指飞机在阶跃操纵后,运动参数衰减至与稳定值相差 5%(指其包络线)时过渡过程所经历的时间。对过载来说,t_a 即为 $|\Delta n_n - \Delta n_{ns}| = 5\% \Delta n_{zs}$ 时所经历的时间。调整时间越短,动操纵性越好。

(4)振荡次数 N。振荡次数是指整个调整时间内,飞机的运动参数的振荡次数。振荡次数越少,动操纵性越好。一般要求 $N > 2$。

(5)放大系数 K_A。放大系数是指稳态时输出量与输入量之比。以过载为例,有

$$K_A = \lim_{t \to \infty} \frac{\Delta n_n}{\Delta \delta_e} \qquad (10-103)$$

需要指出的是,谐波操纵时还有一个性能参数在动操纵性中也具有重要地位,即相位滞后。相位滞后是指飞机运动参数滞后于舵面操纵的相位角,相位角越大,飞机跟随能力越差,动操纵性也越差。大的相位滞后有时会引起人机耦合振荡,即后面介绍的驾驶员诱发振荡现象。

10.4.3.4　操纵性能参数的计算

1. 峰值时间 t_p

仍以过载为例,峰值时间可以用求极值的方法确定。为此,将式(10-101)求导,并令导数等于零,则有

$$\frac{\mathrm{d}\Delta n_n(t)}{\mathrm{d}t} = K^n \left[\frac{\zeta_{sp}\omega_{nsp}}{\sqrt{1-\zeta_{sp}^2}} \exp(-\zeta_{sp}\omega_{nsp}t)\sin(\omega_{nsp}\sqrt{1-\zeta_{sp}^2}\,t + \tau_1) - \right.$$
$$\left. \omega_{nsp}\exp - (\zeta_{sp}\omega_{nsp}t)\cos(\omega_{nsp}\sqrt{1-\zeta_{sp}^2}\,t + \tau_1) \right] = 0$$

即

$$\frac{\zeta_{sp}\omega_{nsp}}{\sqrt{1-\zeta_{sp}^2}}\left[\sin(\omega_{nsp}\sqrt{1-\zeta_{sp}^2}\,t + \tau_1) - \cos(\omega_{nsp}\sqrt{1-\zeta_{sp}^2}\,t + \tau_1) \right] = 0$$

因为

$$\tan\tau_1 = \frac{\sqrt{1-\zeta_{sp}^2}}{\zeta_{sp}} = \frac{\sin\tau_1}{\cos\tau_1}, \qquad \frac{\zeta_{sp}}{\sqrt{1-\zeta_{sp}^2}} = \frac{\cos\tau_1}{\sin\tau_1}$$

所以上式可简化为

$$\cos\tau_1\left[\sin(\omega_{nsp}\sqrt{1-\zeta_{sp}^2}\,t + \tau_1) - \sin\tau_1\cos(\omega_{nsp}\sqrt{1-\zeta_{sp}^2}\,t + \tau_1) \right] = 0$$

或

$$\sin(\omega_{nsp}\sqrt{1-\zeta_{sp}^2}\,t) = 0$$

可得

$$\omega_{nsp}\sqrt{1-\zeta_{sp}^2}\,t = 0, \pi, 2\pi\cdots$$

由图 10-18 可见,峰值时间产生在 0(第一个极值点)以后的第二个极值点,所以

$$t_p = \frac{\pi}{\omega_{nsp}\sqrt{1-\zeta_{sp}^2}} \qquad (10-104)$$

2. 超调度 σ_{n_n}

把 t_p 代入式(10-101),即可求得过载最大值 $\Delta n_{z\max}$,然后按照超调度的含义,即可求得

$$\sigma_{n_n} = \frac{\Delta n_{n\max} - \Delta n_n(\infty)}{\Delta n_n(\infty)} = \frac{-K^n\dfrac{1}{\sqrt{1-\zeta_{sp}^2}}\exp\left(-\zeta_{sp}\omega_{nsp}\dfrac{\pi}{\omega_{nsp}\sqrt{1-\zeta_{sp}^2}}\right)\sin(\pi+\tau_1)}{K^n} =$$

$$\frac{1}{\sqrt{1-\zeta_{sp}^2}}\exp\left(\frac{-\zeta_{sp}\pi}{\sqrt{1-\zeta_{sp}^2}}\right)\sin\tau_1$$

考虑到

$$\sin\tau_1 = \sqrt{1-\zeta_{sp}^2}$$

所以

$$\sigma_{n_n} = \mathrm{e}^{-\dfrac{\zeta_{sp}\pi}{\sqrt{1-\zeta_{sp}^2}}} \qquad (10-105)$$

3. 调整时间 t_a

按 t_a 的定义，当 $\Delta n_n(t)$ 的包络线与 $\Delta n_y(\infty)$ 相差 5% 时所需的时间为调整时间。从式 (10-101) 可知，$\Delta n_n(t)$ 的包络线方程为

$$\Delta n_n(t)=K^n\left[1-\frac{1}{\sqrt{1-\zeta_{sp}^2}}\exp(-\zeta_{sp}\omega_{sp}t)\right]$$

当 $t_a=t$ 时，有

$$\frac{\left|K^n\left[1-\frac{1}{\sqrt{1-\zeta_{sp}^2}}\exp(-\zeta_{sp}\omega_{sp}t_a)\right]-K^n\right|}{K^n}=0.05$$

化简、整理可得

$$\exp(-\zeta_{sp}\omega_{sp}t_a)=0.05\sqrt{1-\zeta_{sp}^2}$$

解之得

$$t_a=\frac{1}{\zeta_{sp}\omega_{nsp}}\ln\frac{20}{\sqrt{1-\zeta_{sp}^2}} \tag{10-106}$$

4. 振荡次数 N

振荡次数可按下式计算：

$$N=\frac{t_a}{T}=\frac{t_a}{\frac{2\pi}{\omega}}=\frac{\omega t_a}{2\pi} \tag{10-107}$$

因为振荡频率

$$\omega=\sqrt{1-\zeta_{sp}}\,\omega_{nsp}$$

所以

$$N=\frac{\sqrt{1-\zeta_{sp}^2}\,\omega_{nsp}}{2\pi}t_a=\ln\frac{20}{\sqrt{1-\zeta_{sp}^2}} \tag{10-108}$$

通常取其整数。

5. 放大系数

放大系数为稳态输出与输入之比

$$K_A=\frac{x_0(\infty)}{x_i}\bigg|_{t\to\infty}$$

根据终值定理

$$x_0(\infty)=\lim_{s\to0}sx_0(s)$$

对于单位阶跃输入，有

$$x_i=\frac{1}{s}$$

可得

$$x_0(s)=\frac{G(s)}{s}$$

$$x_0(\infty)=\lim_{s\to0}s\cdot\frac{G(s)}{s}=\lim_{s\to0}G(s)$$

故

$$K_A = \lim_{s \to 0} G(s) \qquad\qquad (10-109)$$

对于过载来说

$$K_A = \lim_{s \to 0} G_{n_y \delta_z}(s) = K_{n_y}$$

对于谐波操纵的相位滞后角,理论计算公式为(这里不作推导)

$$\varphi = \zeta_{sp} \frac{\bar{\omega}/\bar{\omega}_{nsp}}{1 - (\bar{\omega}/\bar{\omega}_{nsp})^2}$$

其中,ω 为谐波操纵频率。可见,相位滞后不仅与飞机特性有关,还与飞行员操纵频率有关。

10.5　驾驶员诱发振荡

驾驶员诱发振荡(Pilot Induced Oscillation,PIO),是指由驾驶员操纵引起的飞机持久的,或不可抑制的纵向或横航向振荡。它是 20 世纪 40 年代前后飞机使用中出现的一个新问题。这些年来,随着飞机性能的提高,飞行包线的扩大,驾驶员诱发振荡出现的可能性也逐渐增大。

驾驶员诱发振荡对飞机的飞行品质及飞机安全的影响是十分严重的,因此,目前国内外飞行品质规范中都规定"飞机不应有驾驶员诱发的纵向振荡趋势和横航向振荡趋势"。

以纵向为例,根据诱发振荡的定义,可以把诱发振荡看成是人-机系统闭环稳定性问题。如果该系统是稳定的,则不发生诱发振荡,反之则产生诱发振荡。系统的输入可以是过载或俯仰角。所以,驾驶员诱发振荡就是人-机系统的闭环不稳定现象。

驾驶员诱发振荡有关的因素很多,包括飞机短周期动态特性、操纵系统动态特性、感觉系统状态、操纵力操纵位移梯度、操纵系统非线性和飞行员等。由于驾驶员诱发振荡与飞行员和操纵系统非线性因素有关,使得常用的线性系统稳定性理论分析方法不再适用。也正因为如此,驾驶员诱发振荡至今仍然是航空界尚未解决的难题。驾驶员诱发振荡的研究可以通过数字仿真的方法来进行。要进行数字仿真,就必须建立人-机系统数学模型,即系统的结构图和各环节的数学模型。

课 后 习 题

1. 飞机纵向小扰动运动可以分为几种模态?各有什么特点?物理成因是什么?

2. 飞机横航向小扰动运动可以分为几种模态?各有什么特点?物理成因是什么?

3. 什么是飞机的动操纵性?如何研究飞机的动操纵性?

4. 什么是驾驶员诱发振荡?它和哪些因素有关?

5. 某飞机在 11 km,$Ma = 1.6$ 飞行。已知:$\theta = 0°$,$\rho = 0.363\,9$ kg/m³,$G = 67\,000$ N,$T = 216.65$ K,$S = 23$ m²,$b_A = 4.002$ m,$I_y = 54\,500$ kg · m²。查气动手册得到:$C_z^\alpha = 0.038(°)^{-1}$,$m_y^\alpha = -0.007(°)^{-1}$,$m_y^{\bar{\omega}_y} = -1.5$,$m_y^{\bar{\alpha}} = -0.45$,$C_z^{\bar{\delta}} = 0$,$m_y^{\delta_e} = -0.005(°)^{-1}$,$m_y^{Ma} = -0.03$。短周期近似时,飞机纵向运动方程成为

$$\begin{bmatrix} \dfrac{d\Delta\alpha}{dt} \\[2mm] \dfrac{d\bar{\omega}_y}{dt} \end{bmatrix} = \begin{bmatrix} -C_z^\alpha & \mu_1 \\[2mm] \overline{m}_y^\alpha - \dfrac{C_z^\alpha}{\mu_1} \cdot \overline{m}_y^{\bar{\alpha}} & \overline{m}_y^{\bar{\omega}_y} + \overline{m}_y^{\bar{\alpha}} \end{bmatrix} \cdot \begin{bmatrix} \Delta\alpha \\[2mm] \Delta\bar{\omega}_y \end{bmatrix} + \begin{bmatrix} 0 \\[2mm] \overline{m}_y^{\delta_e} \end{bmatrix} \cdot \Delta\delta_e$$

(1)计算分析此状态飞机是否速度静稳定？是否动稳定？

(2)求短周期阻尼比 ζ_{sp}，无阻尼自振频率 $\bar{\omega}_{nsp}$。

(3)求迎角对平尾偏角的传递函数 $G_{\alpha \delta_e}(s)$。

(提示：$a = 20.1 \cdot \sqrt{T}$，$\mu_1 = \dfrac{2m}{\rho \cdot S \cdot b_A}$，$\bar{r}_z^2 = \dfrac{I_z}{m \cdot b_A^2}$)

第三篇　飞机闭环控制

在论述了飞机的性能、品质（开环特性）以后，这一篇来阐述飞机的闭环控制。

目前的先进飞机中，已经广泛采用了各种控制装置。对飞机的控制就不再是简单的开环控制，而是形成了闭环控制，这就必须研究自动化飞行的理论基础——飞机闭环控制。

现代飞机常常采用主动控制技术以改善飞机稳定性和操纵性，提高飞机作战性能，这些也是本部分要讨论的主要内容。

对飞机的控制或操纵，是通过飞行控制系统或操纵系统来实现的。所以，本篇着重讲述安装增稳操纵系统（SAS）、控制增稳操纵系统（CAS）和电传操纵系统（FBWS）的现代飞机的飞行品质，并给出了 YF－16 等飞机的电传操纵系统作为实例。

飞行控制技术在经历了飞行稳定系统、电传操纵系统以后，逐渐向主动控制技术以及综合控制技术阶段发展。综合飞行控制是综合自动化技术的具体体现，是当前发展的必然趋势。所以本篇最后简单地讨论飞行器综合控制方面的概念，同时介绍光传飞行控制和其他先进控制技术。

第 11 章 飞机闭环控制及主动控制技术

当前的先进飞机中,已经广泛采用了各种自动控制仪器。此时,飞机本体的开环特性已经不能代表飞机飞行时真实的动态特性。因此,为了适应自动飞行的需要,必须研究自动飞行的理论基础——飞机的闭环控制。

11.1 飞机闭环控制的基本原理

飞机闭环控制的重要组成部分就是飞机的飞行操纵或控制系统。

11.1.1 飞机飞行操纵系统概述

飞机飞行操纵系统是根据飞行员或飞控机发出的控制指令的要求,传递操纵信号,偏转舵面,使飞机完成预定飞行动作的机械/电气系统。飞机飞行操纵系统是飞机的主要系统之一,它的工作性能是否良好,在很大程度上影响着飞机的性能和品质。

11.1.1.1 飞机飞行操纵系统的分类

飞机飞行操纵系统的分类从不同的角度出发,有不同的分类方法。根据操纵信号的来源,通常把飞机飞行操纵系统分为两大类:一类是人工飞行操纵系统,其操纵信号是由飞行员发出的;另一类是自动飞行控制系统,其控制信号是由系统本身自动产生的。

飞机的纵向、横向和方向操纵系统,增升和增阻操纵系统,人工配平系统,直接力操纵系统以及其他用人工来改变飞机外形的操纵系统,均属于人工操纵系统。

自动飞行控制系统是对飞机实施自动或半自动控制、协助飞行员工作或自动控制飞机对扰动响应抑制的系统。如自动驾驶仪、发动机油门的自动控制、结构振动模态抑制等控制系统都属于这一类。

在人工飞行操纵系统中,通常又分为主操纵系统和辅助操纵系统。对飞机飞行品质产生重大影响的是飞机俯仰、滚转和偏航操纵。这三个轴的操纵系统称为主操纵系统。增稳或控制增稳操纵系统和主动控制技术中的某些系统作为主操纵系统的附加系统,也属于主操纵系统。其他如襟翼、减速板、配平调整片的操纵系统和改变机翼后掠角的操纵系统均属于辅助操纵系统。对随控布局飞机来说,其操纵面除全动平尾、副翼和方向舵外,还可能有前、后缘襟翼、水平鸭翼和前鳍(垂直鸭翼)等操纵面,因而不能很明显地划分主、副操纵系统。

11.1.1.2 飞机飞行操纵系统的发展和展望

自飞机诞生以后的前 30 多年中,飞机的主操纵系统是简单的机械操纵系统,先是钢索(软式)操纵,后发展成为拉杆(硬式)操纵。在这种操纵系统中,驾驶杆(或脚蹬)的运动即相当于舵面运动,可以不考虑系统本身的动态特性问题。只要对摩擦、间隙和系统的弹性变形加以限制,就可以获得满意的系统性能。

随着飞机尺寸和质量的增加,飞行速度不断提高,即使使用了气动力补偿,驾驶杆操纵力仍不足以克服舵面铰链力矩。20世纪40年代末出现了液压助力器,实现了助力操纵。助力操纵系统有两种类型,一种是可逆的助力操纵系统,一种是不可逆的助力操纵系统。

超声速飞机出现之后,飞机在超声速飞行时的焦点大幅度后移,纵向稳定力矩剧增,此时需要相当大的操纵力矩以满足飞机机动性的要求。可此时在机翼和尾翼上出现了超声速区,堵塞了扰动向前传播的道路,导致升降舵的操纵效能大幅下降。这样就不得不采用全动平尾。全动平尾的铰链力矩数值变化范围较大,无法选择适合的传动比,因而不得不采用不可逆的助力操纵系统。不可逆的助力操纵系统的操纵力由人工载荷感觉器提供,并设置了调整片效应机构。为了满足从低空到中高空大速度飞行时的静操纵指标,又设置了力臂自动调节器。这样就组成了相当复杂的不可逆助力机械操纵系统。

由于高超声速飞机的飞行包线较大,飞机气动外形很难既满足低空低速要求,同时又满足高空高速要求。因而在高空超声速飞行时,飞机的纵向静稳定性急剧增强而固有阻尼变小,会出现动稳定性的问题,即出现纵向短周期振荡;由于荷兰滚阻尼的下降,飞机会出现较强的横航向振荡问题。

飞行员对于上述两种模态来不及反应,也无能为力。这两种模态改变迅速,飞行员来不及有效应对。对于超声速飞行时飞行品质恶化的问题,提高纵向阻尼和横向阻尼是有效的解决方式。为了提高纵向阻尼和横航向阻尼的方法是在飞机的三个轴向操纵系统上各附加上自动增稳系统,从而形成增稳操纵系统(SAS)。增稳操纵系统是用速率陀螺和加速度计测量飞机的振荡模态,并借助舵面的偏转运动来造成人工阻尼,使振荡模态很快衰减下来,弥补飞机外形和质量分布上的缺陷,使飞机在高空、高速或在大迎角飞行状态下也具有良好的稳定性。从飞行员的操纵角度来看,增稳操纵系统是飞机的组成部分,与飞机本体组成"等效飞机"。飞行员所操纵的正是这种"等效飞机"。通常在系统设计时要求:当增稳操纵系统工作时,飞机具有良好的飞行性能;当系统失效时,飞机仍具有可以控制的飞行状态,以保证飞行安全。因此,增稳操纵系统的操纵权限不宜太大,一般只有全权限的3%~6%。

由于增稳操纵系统在增大飞机阻尼和改善动稳定性的同时,必然会在一定程度上削弱飞机操纵反应灵敏度,从而降低飞机的操纵性。为了消除这个缺陷,在自动增稳操纵系统的基础上研制了控制增稳操纵系统(CAS)。控制增稳操纵系统与增稳操纵系统的不同之处在于,前者除了具有来自速率陀螺和加速度计起增稳作用的电信号外,还综合了来自飞行员操纵驾驶杆(或脚蹬)的电指令信号,两者的极向是相反的。因此,控制增稳操纵系统可以采用较高的反馈增益,提高回路阻尼和增加飞机的稳定性。若飞行员进行操纵,输出控制信号可使高阻尼信号减小,从而获得所需的响应,改善飞机的操纵性和机动性。此外,控制增稳操纵系统的操纵权限可以增大到全权限的30%。考虑故障安全,系统必须是余度系统。

综上,以不可逆助力机械操纵系统为主操纵系统的飞行操纵系统越来越复杂化,而且由于机械系统中存在着摩擦、间隙和弹性变形,始终难以解决精微操纵信号的传递问题。20世纪70年代,电传操纵系统(FBWS)得以成功实现,它正在取代不可逆助力机械操纵系统而成为主操纵系统。图11-1所示为上述飞行操纵系统发展的构成特点。

电传操纵系统是控制增稳操纵系统的必然产物。若把操纵权限全部赋予控制增稳操纵系统,并使电信号优先于机械信号而工作,机械系统居于备用地位,这就成为"准电传操纵系统"。若把备用的机械操纵系统取消,就成为"纯电传操纵系统",简称"电传操纵系统"。电传操纵系统和部分大权限的控制增稳操纵系统又称为高增益系统。高增益系统的出现,就把飞机特性和操纵系统特性有机地结合成一体。研究飞机的静、动态特性,就必须结合操纵系统的静、动态特性一起研究。

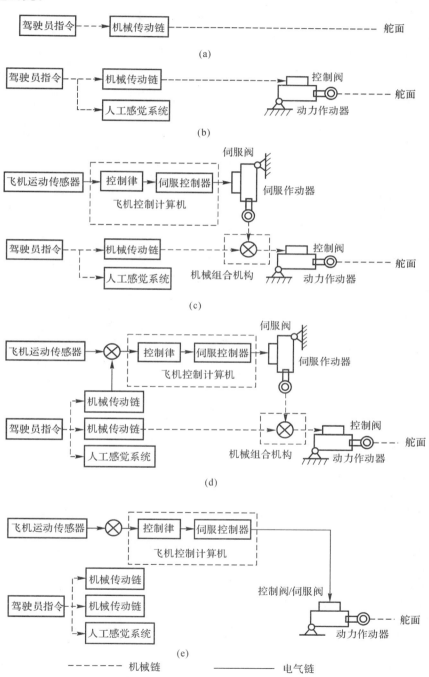

图 11 - 1　飞机飞行操纵系统发展类型及构成特点

(a)机械操纵系统(MCS):人工直接操纵; (b)机械操纵系统(MCS):动力操纵;

(c)增稳操纵系统(SAS); (d)控制增稳操纵系统(CAS); (e)电传飞行控制系统(FBWS)

11.1.2 飞机的闭环控制

第二篇讨论的飞机特性属于开环特性。飞机开环特性仅仅讨论了飞机对舵面输入的响应，而不考虑操纵后飞机到达的实际状态和要求状态之间的误差（见图 11-2）。这种控制，在自动控制理论中属于开环控制。开环控制往往不能反映实际飞行情况。实际飞行情况是，对飞机的操纵，必须考虑操纵后所产生的误差，并加以修正。在没有自动驾驶仪的飞机中，这种误差修正由飞行员来完成，而在自动化飞行中，误差的修正则由自动驾驶仪来完成，如图 11-3 所示。这种操纵（或控制）形式，称为闭环控制。在这种控制形式中，飞机只是整个系统中的一个部分。以图 11-3(a) 为例，整个系统应该包括飞行员、操纵系统及飞机本体，即人-机系统，而它的动态特性，也应该是指整个系统的闭环动态特性。

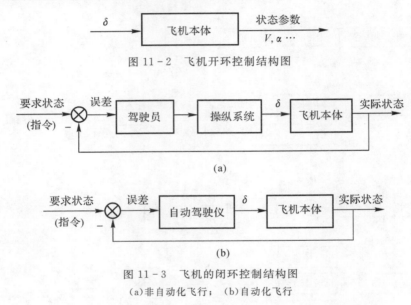

图 11-2　飞机开环控制结构图

(a)

(b)

图 11-3　飞机的闭环控制结构图
(a)非自动化飞行；　(b)自动化飞行

必须指出，飞机的闭环控制问题，既是飞行力学所要研究的问题（通过研究，分析自动器对飞机动态特性的影响），又是控制工程所要研究的问题（通过研究，确定对自动器的具体要求）。控制工程的研究重点放在自动器上，把飞机本体尽量化简为一个简单的传递函数。而对飞行力学来说，则把自动器尽量简化，不考虑它们的惯性、滞后及某些非线性因素，即用理想自动器来代替，而把研究重点放在加入自动器后，飞机动态特性的改变。这就是飞行力学与控制工程的不同之处。

11.1.3 自动驾驶仪的基本组成

自动飞行主要是由自动驾驶仪来完成的。自动驾驶仪是一种能够代替飞行员稳定和控制飞机状态的自动控制装置。它一般由"给定""测量""放大""执行""反馈"等元件组成。其简单结构图如图 11-4 所示。

给定元件也称操纵元件，它根据飞行员的要求输出给定信号（或称操纵信号）。给定信号反映了飞行员所要求的飞机飞行状态。在自动驾驶仪中，飞行员利用操纵台或其他操纵装置，输出给定信号。

测量元件用以测量飞机的运动状态参数(如 θ,H,V 等),输出相应的电信号。

放大元件用以对给定信号和测量信号进行功率放大。

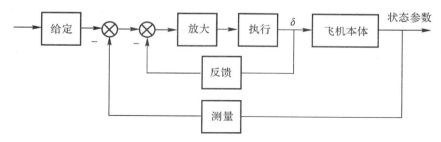

图 11 - 4 自动驾驶仪结构图

执行元件是根据放大元件输出的信号进行舵面操纵。自动驾驶仪的执行元件称为舵机或伺服器。

反馈元件是根据舵面的偏转产生反馈信号。反馈信号一般分为位置反馈和速度反馈两类。

由放大元件、执行元件和反馈元件构成的回路,称为内回路,或称舵回路。内回路、飞机本体及测量元件又构成一个外回路。内回路保证舵偏角与综合信号之间的正确关系。外回路用以控制飞机飞行状态。它的基本原理是:通过测量元件随时测量飞机的飞行状态参数,并将测量信号与给定信号进行比较,得到偏差信号(即综合信号),偏差信号通过内回路控制舵面偏转,操纵飞机以达到消除偏差的目的。

可供自动驾驶仪控制的飞机操纵面主要有三个:升降舵(平尾)、副翼和方向舵。所以自动驾驶仪的内回路也有三个:升降舵(平尾)回路、副翼回路和方向舵回路。此外,某些飞机还装有油门回路,自动器可通过油门杆来控制发动机推力的大小。

自动驾驶仪从信号的产生,经过综合、放大,直到带动舵面偏转,这样一条途径称为通道。一套完整的驾驶仪,一般由两个或三个通道组成。这些通道分别称为升降舵(平尾)通道(或称俯仰通道、纵向通道)、副翼通道(或称倾斜通道、横向通道)和方向舵通道(或称偏航角通道)。

11.2 自动飞行控制原理

11.2.1 反馈控制

反馈控制是指将系统的输出信息反馈到输入端,并与输入信息进行比较,利用输入、输出的误差对系统进行控制的过程。反馈控制其实是用过去的情况来指导现在和将来。在控制系统中,如果返回的信息的作用是抵消输入信息,称为负反馈,负反馈可以使系统趋于稳定;若其作用是增强输入信息,则称为正反馈,正反馈可以使信号得到加强。

在自动控制理论中,"反馈控制"是指信号沿前向通道(或称前向通路)和反馈通道进行闭路传递,从而形成一个闭合回路的控制方法。为了与给定信号比较,必须把反馈信号转换成与给定信号具有相同量纲和相同量级的信号。控制器根据反馈信号和给定信号相比较后得到的偏差信号,经运算后输出控制作用去消除偏差,使被控量(系统的输出)等于给定值。对于大多数控制过程而言,闭环控制系统都是负反馈控制系统。

通过上面的介绍可知,反馈控制就是以系统输入-输出误差为基础,通过控制器的控制律对这些误差信号进行处理,输出控制指令,并由系统的执行机构执行控制指令,消除系统误差的过程,如图 11-5 所示。因此,反馈调节过程三个必要条件如下:

(1)明确的控制目标;

(2)系统的状态可测;

(3)有执行机构完成调整。

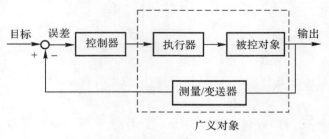

图 11-5　典型反馈控制系统结构图

11.2.2　理想自动器的几种基本控制律

所谓控制律,对飞机而言,指的就是飞机操纵面的偏转规律。下面以俯仰角 θ 控制为例,来分析理想自动器的几种基本控制律。如果把自动驾驶仪看成是没有惯性、滞后等特性的理想自动器,则自动飞行的基本原理可由图 11-6 来表示。图中 $G_c(S)$ 代表自动器的基本控制规律,这些控制规律有比例、微分、积分等形式。对于控制律设计来说,误差信号一般表示为输入信号和输出状态的差值,即

$$e(t) = \theta_i - \theta_o \tag{11-1}$$

图 11-6　理想自动控制器控制原理图

11.2.2.1　比例式控制律

所谓比例式控制律,是指理想自动器传递函数:

$$G_c(s) = K_c \tag{11-2}$$

此时自动器输出信号 $\Delta\delta_e$ 与综合(误差)信号成正比,即

$$\Delta\delta_e = G_c(s)(\theta_i - \theta_o) = K_c(\theta_i - \theta_o) \tag{11-3}$$

此即为比例式控制规律,简称比例控制。式中,θ_i 为输入指令参数,θ_o 为输出参数。

比例式控制规律具有"放大"特性,比例式控制器是一个放大器。实际上,由于升降舵面偏转角度的限制,其控制调节能力也有一定的限制,即 $\Delta\delta_e$ 也被限制在一定的范围内。也就是说,升降舵的偏转角度仅在一定范围内和误差输出量成正比关系。这里就涉及比例带的

概念。

在过程控制中,通常用比例度表示控制输出与偏差成线性关系的比例控制器输入(偏差)的范围。因此,比例度又称为比例带,其定义为

$$\delta = \frac{e/\mid e_{max}-e_{min}\mid}{u/\mid u_{max}-u_{min}\mid} \times 100\% \tag{11-4}$$

$[e_{min},e_{max}]$为误差信号范围,即机载传感器的量程;$[u_{min},u_{max}]$为控制器输出信号范围,即控制器输出的工作范围。

δ的物理意义如下:

(1)u代表调节机构开度的变化量,δ就代表使调节机构开度改变100%,即从全关到全开时,所需要的被调量的变化范围。例如,若测量仪表的量程为100,则$\delta=50\%$就表示被调量需要改变50才能使调节机构从全关到全开。

(2)被调量处在"比例带"以内,调节机构的开度(变化)与偏差成比例;超出这个"比例带",调节机构已处于全关或全开的状态,调节器的输入与输出不再保持比例关系。

比例调节的阶跃响应特点如下:

(1)比例调节对偏差信号能及时做出反应,没有丝毫的滞后。

(2)输出u实际上是对其起始值的增量。因此,若误差e为零,并不意味着调节器没有输出,只说明此时有$u=u_0$。

(3)u_0的大小是可以通过调整调节器的工作点加以改变的。

如果广义被控对象的传递函数$G_p(s)$具有一阶惯性加纯迟延的形式,则当控制器$G_c(s)$采用比例控制时,系统的闭环传递函数可表示为

$$G_o(s)=G_c(s)G_p(s)=K_c\frac{K}{Ts+1}e^{-\tau s}=\frac{K_cK}{Ts+1}e^{-\tau s} \tag{11-5}$$

当系统的输入在幅值为A的阶跃信号激励时,其响应的稳态误差为

$$e_{ss}=\lim_{s\to 0}sE(s)=\lim_{s\to 0}s\frac{1}{1+G_o(s)}R(s)=\lim_{s\to 0}\frac{1}{1+G_o(s)}\frac{A}{s}=\frac{A}{1+K_cK} \tag{11-6}$$

由式(11-6)可知,该系统的稳态误差与输入的幅值成正比,与系统的开环增益成反比,它为一有限值。也就是说,只要广义被控对象的增益K与控制器的比例增益K_c乘积不为无穷大,系统的稳态误差就不会为零。因此,比例调节的显著特点是一种有差调节。

如果采用比例调节,则在负荷扰动下的调节过程结束后,被调量不可能与设定值准确相等,它们之间一定有残差。残差(或静差)是指被调参数的稳定值与给定值不相等而形成的差值。根据比例调节的特点,只有调节器的输入有变化,即被调量和设定值之间有偏差,调节器的输出才会发生变化。

比例调节残差的大小与调节器的放大系数K或比例带δ有关,放大系数越小,即比例带越大,残差就越大;放大系数越大,即比例带越小,比例调节作用越强,残差就越小。

综合来看,比例调节的特点如下:

(1)在比例带范围内,比例调节的输出增量与输入增量呈一一对应的比例关系,即$u=K_ce$。

(2)比例调节反应速度快,输出与输入同步,没有时间滞后,其动态特性好。

(3)比例调节的结果不能使被调参数完全回到给定值,而产生残差。

比例调节对系统稳定性的影响如下:

（1）可能使得不稳定的系统变为稳定系统；

（2）也可能使得稳定的系统变为不稳定系统。

11.2.2.2 积分式控制律

如果理想自动器的传递函数为 $\dfrac{1}{S}$，则升降舵偏转角与俯仰角误差信号的积分成比例，即

$$\Delta\delta_e = S_0 \int_0^t (\theta_i - \theta_o)\,\mathrm{d}t$$

$$\Delta\delta_e = \frac{S_0}{S}(\theta_i - \theta_o)$$

$$(11-7)$$

式中，S_0 称为积分速度，可视情况取正值或负值。这种控制规律称为积分式控制规律，简称积分控制。

积分调节的阶跃响应特点如下：

（1）积分调节器的输出不仅与偏差信号的大小有关，还与偏差存在的时间长短有关。

（2）只要偏差存在，调节器的输出就会不断变化，直到偏差为零，调节器的输出才稳定下来才不再变化。积分调节作用能自动消除残差。注意：积分调节的输出不像比例调节那样随偏差为零而变化到零。

（3）积分调节的滞后性。对于同一个被控对象，采用积分调节时，其调节过程的进行总比采用比例调节时缓慢，除非积分速度无穷大，否则积分调节就不可能像比例调节那样及时对偏差加以响应，而是滞后于偏差的变化，它的滞后特性使其难以对干扰进行及时控制。所以，一般在工业中很少单独使用积分调节，而基本采用比例-积分调节代替纯积分调节。

从积分调节的阶跃响应特点可知，积分调节的特点是无差调节。也就是说，只要偏差不为零，控制输出就不为零，它就要动作到把被调量的静差完全消除为止；而一旦被调量误差 e 为零，积分调节器的输出就会保持不变。调节器的输出可以停在任何数值上，即被控对象在负荷扰动下的调节过程结束后，被调量没有残差，而调节机构则可以停在新的负荷所要求的开度上。

积分调节的稳定性作用比比例调节差，采用积分调节不可能使原本不稳定的系统变成稳定的系统，但不当的积分调节能使原本稳定的系统变成不稳定系统。根据奈氏稳定判据可知，对于非自衡的被控对象采用比例调节时，只要加大比例带总可以使系统稳定（除非被控对象含有一个以上的积分环节）；如果采用积分调节则不可能得到稳定的系统。

如果广义被控对象的传递函数 $G_p(s)$ 具有一阶惯性加纯迟延的形式，则当控制器 $G_c(s)$ 采用积分控制时，系统的闭环传递函数可表示为

$$G_o(s) = G_c(s)G_p(s) = \frac{S_0}{s}\frac{K}{Ts+1}e^{-\tau s} = \frac{S_0 K}{s(Ts+1)}e^{-\tau s} \qquad (11-8)$$

由式（11-8）可知，采用积分调节时，控制系统的增益与积分速度 S_0 成正比，且增大积分速度会降低系统的稳定程度。

当系统的输入在幅值为 A 的阶跃信号激励时，其响应的稳态误差为

$$e_{ss} = \lim_{s\to 0} s\frac{1}{1+G_o(s)}R(s) = \lim_{s\to 0}\frac{1}{1+G_o(s)}\frac{A}{s} = \frac{A}{1+\infty} = 0 \qquad (11-9)$$

由式（11-9）可知，该系统在阶跃信号作用下的稳态误差始终为零。

积分速度（积分常数）的大小对调节过程的影响如下（见图 11-7）：

（1）增大积分速度，则

1）调节机构的速度加快，但系统的稳定性降低；

2）当积分速度大到超过某一临界值时，整个系统变为振荡过程；

3）S_0 愈大，则调节机构的动作愈快，就愈容易引起和加剧振荡，而最大动态偏差则愈来愈小。

（2）减小积分速度，则

1）调节机构的速度减慢，结果是系统的稳定性增加了，但调节速度变慢了；

2）当积分常数小到某一临界值时，调节过程变为非振荡过程。

无论增大还是减小积分速度，被调量最后都没有残差。

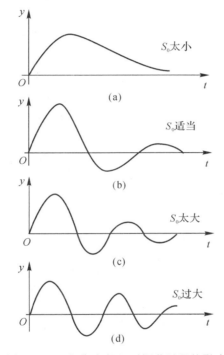

图 11 - 7　积分速度 S_0 对调节过程的影响

11.2.2.3　比例积分（PI）调节

比例调节和积分调节对比，有以下特点：

（1）比例调节是有差调节，积分调节是无差调节；

（2）比例调节能立即响应偏差变化，积分调节过程缓慢；

（3）当被调参数突然出现较大的偏差时，比例调节能立即按比例把调节机构的开度开得很大，但积分调节器需要一定的时间才能将调节机构的开度开大或减小，如果系统干扰作用频繁，积分调节会显得十分乏力；

（4）单独的积分调节系统较罕见，它作为一种辅助调节规律与比例调节一起组成比例积分调节规律。

比例积分调节就是综合比例、积分两种调节的优点，利用比例调节快速抵消干扰的影响，同时利用积分调节消除残差的。比例积分调节规律为

$$u = K_{\mathrm{P}}e + S_0 \int_0^t e \mathrm{d}t$$
$$u = \frac{1}{\delta}\left(e + \frac{1}{T_{\mathrm{I}}}\int_0^t e \mathrm{d}t\right)$$

(11-10)

比例积分调节的特点如下：

(1) 具有比例调节作用反应快、无滞后的优点，可以加快调整作用，缩短调节时间，又具有积分调节的优点，可以消除静差。

(2) 对于一般调节对象，均可用比例积分调节。若比例带和积分时间选择合适，基本可以满足生产工艺要求。

具有积分作用的控制器，只要被控变量与设定值之间有偏差，其输出就会不停地变化。如果由于某种原因（如阀门关闭、舵机故障等），被控变量偏差一时无法消除，然而控制器还是要试图校正这个偏差，结果经过一段时间后，控制器输出将进入深度饱和状态，这种现象称为积分饱和。

进入深度积分饱和的控制器，要等被控变量偏差反向以后才慢慢从饱和状态中退出来，重新恢复控制作用。积分饱和现象常出现在自动启动间歇过程的控制系统、串级系统中的主控制器以及选择性控制这样的复杂控制系统中，后者积分饱和的危害性更为严重。造成积分饱和现象的内因是控制器包含积分作用，外因是控制器长期存在偏差。因此，在偏差长期存在的条件下，控制器输出会不断增加或减小，直到极限值。

抗积分饱和的措施如下：

(1) 限制 PI 调节器的输出。

$u_{\mathrm{PI}} >$ 设定限值时，$u_{\mathrm{PI}} = u_{\max}$。

结果：这样有可能在正常操作中不能消除系统的残差。

(2) 积分分离法。

$e >$ 设定限值时，改用纯 P 调节。

结果：既不会积分饱和又能在小偏差时利用积分作用消除偏差。

(3) 遇限削弱积分法（抗积分饱和法）。

$u_{\mathrm{PI}} >$ 设定限值时，只累加负偏差，反之亦然。

结果：可避免控制量长时间停留在饱和区。

11.2.2.4 微分式控制律

微分调节器的输出与被调量或其误差 e 对于时间的导数成正比，则升降舵输出量与误差信号的速率成正比，即

$$\Delta \delta_{\mathrm{e}} = S_2(\theta_{\mathrm{i}} - \theta_{\mathrm{o}})$$

(11-11)

此即为微分式控制规律，简称微分控制。式中，S_2 为微分时间。

微分调节只与偏差的变化成比例，偏差变化越剧烈，由微分调节器给出的控制作用越大，从而及时地抑制偏差的增长，提高系统的稳定性。微分调节的特点如下：

(1) 比例和积分是根据已经形成的被调参数与给定值之偏差而动作的（即对偏差的方向和大小进行调节）。微分调节是根据偏差信号的微分，即偏差变化的速度而动作的。

(2) 只要一有偏差出现的趋势，调节器就立即动作，以求更好的调节效果。

(3) 偏差没有变化，微分调节不起作用。

（4）微分调节主要用于克服调节对象有较大的传递滞后和容量滞后。

微分调节作用如下：

（1）微分作用反映系统误差信号的变化率，具有预见性，能预见偏差变化的趋势，因此能产生超前控制作用，在误差还没有形成之前，已被微分调节作用消除。因此，微分调节可以改善系统的动态性能。

（2）在微分时间选择合适的情况下，可以减少超调，减少调节时间。

（3）微分作用对噪声干扰有放大作用，因此过强的微分调节对系统抗干扰不利。

（4）此外，微分反应的是变化率，而当输入没有变化时，微分作用输出为零。

（5）微分作用不能单独使用，需要与另外两种调节规律相结合，组成 PD 或 PID 控制器。

使用微分调节应注意的问题如下：

（1）微分调节不能消除残差，因此微分调节只对误差的变化做出反应，而与误差的大小无关。

（2）单纯的微分调节器也是不能工作的。实际的调节器都有一定的失灵区，若调节误差的变化速度缓慢，以至于调节器不能察觉，纯微分调节器将不会动作，此时调节误差会不断累积却得不到校正。

对于工业控制来说，一般采用比例、积分、微分三种控制规律组合使用，其一般形式为

$$G_c(s) = K_1 + K_2 s + \frac{K_3}{s} \tag{11-12}$$

实现自动化飞行的任务，就是如何选择 K_1、K_2、K_3，组成所需的闭环控制系统的过程。

PID 控制具有以下优点：

（1）原理简单，使用方便。

（2）适应性强，可以广泛应用于化工、热工、冶金、炼油以及造纸、建材等各种生产部门。

（3）鲁棒性强，即其控制品质对被控对象特性的变化不太敏感。

（4）对模型依赖少。

11.2.2.5　根轨迹分析

根轨迹分析法是利用根轨迹分析和设计闭环控制系统的图解方法。特征方程的根随某个参数由零变到无穷大时在复数平面上形成的轨迹，称为根轨迹。

根轨迹法的应用范围：

（1）利用系统的根轨迹可以分析结构和参数已知的闭环系统的稳定性和瞬态响应特性；

（2）分析参数变化对系统性能的影响；

（3）在设计线性控制系统时，可以根据对系统性能指标的要求确定可调整参数以及系统开环零极点的位置，即根轨迹法可以用于系统的分析与综合。

从根轨迹图能得到的信息如下：

（1）根轨迹的分支数等于开环传递函数极点的个数。

（2）根轨迹的始点（相应于 $K=0$）为开环传递函数的极点，根轨迹的终点（相应于 $K \to \infty$）为开环传递函数的有穷零点或无穷远零点。

（3）根轨迹形状对称于坐标系的横轴（实轴）。

（4）实轴上的根轨迹按下述方法确定：将开环传递函数的位于实轴上的极点和零点由右至左顺序编号，由奇数点至偶数点间的线段为根轨迹。

（5）实轴上两个开环极点或两个开环零点间的根轨迹段上，至少存在一个分离点或会合点，根轨迹将在这些点产生分岔。

（6）在无穷远处根轨迹的走向可通过画出其渐近线来决定。渐近线的条数等于开环传递函数的极点数与零点数之差。

（7）根轨迹沿始点的走向由出射角决定，根轨迹到达终点的走向由入射角决定。

（8）根轨迹与虚轴（纵轴）的交点对分析系统的稳定性很重要，其位置和相应的 K 值可利用代数稳定判据来决定。

根轨迹的应用有以下几方面：

（1）用于分析开环增益（或其他参数）值变化对系统行为的影响：在控制系统的极点中，离虚轴最近的一对孤立的共轭复数极点对系统的过渡过程行为具有主要影响，称之为主导极点对。在根轨迹上，很容易看出开环增益不同取值时主导极点位置的变化情况，由此可估计出其对系统行为的影响。

（2）用于分析附加环节对控制系统性能的影响：为了某种目的常需要在控制系统中引入附加环节，这就相当于引入新的开环极点和开环零点。通过根轨迹便可估计出引入的附加环节对系统性能的影响。

（3）用于设计控制系统的校正装置：校正装置是为了改善控制系统性能而引入系统的附加环节，利用根轨迹可确定它的类型和参数设计。

11.3　纵向闭环控制的基本原理

纵向闭环控制的基本原理如图 11-8 所示。其中 $G_c(s)$ 为自动控制器传递函数，$\frac{\xi(s)}{\delta(s)}$ 为飞机本体的传递函数。其可能的控制量 δ（控制信号）和指令 ξ（系统的输入信号）见表 11-1。控制系统根据不同的指令和控制量，形成不同的控制。

表 11-1　纵向闭环控制的指令和控制量

指　　令	ξ	控制量	δ
俯仰角	θ	升降舵（平尾）偏角	δ_e
轨迹倾角	γ	襟翼位置	δ_f
迎角	α	油门杆位置	δ_T
俯仰角速度	ω_y		
飞行高度	H		
飞行速度	V		
纵向加速度	a_n		
法向过载	n_n		

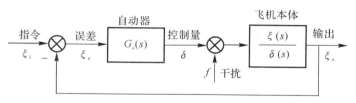

图 11 - 8　纵向闭环控制基本原理

11.3.1　俯仰姿态控制

最简单的俯仰姿态控制是比例控制，其结构图如图 11-9 所示。最早的自动驾驶仪就是采用这种方法来控制俯仰姿态的。其控制规律为

$$\Delta\delta_e(s)=K_\theta\left[\theta_i(s)-\theta_o(s)\right]=K_\theta\theta_e(s) \tag{11-13}$$

式中，θ_e 为系统的俯仰角误差信号。

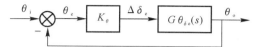

图 11 - 9　采用比例控制的俯仰姿态控制结构图

加入自动器后，系统的闭环传递函数为

$$G(s)=K_\theta G_{\theta\delta_e}(s)=\frac{K_\theta A_\theta\left(s+\frac{1}{T_{1\theta}}\right)\left(s+\frac{1}{T_{2\theta}}\right)}{\Delta_{sp}(s)\Delta_p(s)} \tag{11-14}$$

式(11-14)中俯仰角对平尾偏角的传递函数 $G_{\theta\delta_e}(s)$ 采用了零极点的形式，是飞机传递函数的另一种表示方法，本篇中飞机的传递函数均采用这种零极点的形式，以后不再重述。

K_θ 变化时闭环系统根轨迹图如图 11-10 所示，可见，随着 K_θ 的增加，长周期运动的阻尼比增加，但频率基本不变。在 K_θ 不太大的情况下，长周期运动衰减特性很快得到改善。

但是，从根轨迹图可看到，比例控制在改善长周期特性的同时，短周期阻尼将要减小，短周期固有频率将要增加。特别是对于短周期阻尼比原来就小（例如高空超声速飞行）的情况，影响尤其显著，此时短周期阻尼迅速降低，短周期模态特性急剧恶化。

如果在控制 θ、改善长周期模态特性的同时，需要改善短周期模态特性，则必须在控制规律中引入角速度（微分）信号。如果需要减少稳态误差，提高系统的稳态精度，则还需要在控制规律中引入积分信号。

11.3.2　高度控制

对于设计良好的飞机来说，俯仰姿态本身是稳定的。即如果没有自动器，飞机受扰动后，不需飞行员操纵也可以自动恢复到原来的俯仰姿态。但是，对于高度来说，飞机的高度模态是中立稳定的，也就是说，飞机本身没有保持高度的能力。飞机受扰动后，即使飞机俯仰姿态稳定性很好，飞机仍要偏离原来的飞行高度，因此，对高度控制来说加装自动器尤为重要。

飞行高度的控制与稳定，可以通过升降舵（平尾）或油门来实现，也可以通过两者同时操纵来实现。一般来说，用油门来改变飞行高度较慢，而用升降（平尾）来改变飞行高度较快。

因此，本书主要讨论升降舵（平尾）对高度的控制原理。

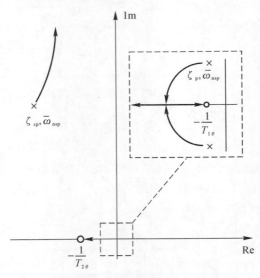

图 11-10　俯仰姿态控制系统的根轨迹图

高度控制最简单的也是比例控制，采用比例控制时，系统理想的控制规律为

$$\Delta\delta_e(s)=K_{\bar H}\left[\bar H_i(s)-\bar H_o(s)\right]=K_{\bar H}\bar H_e(s) \tag{11-15}$$

式中，$\bar H_e$ 为无量纲的高度误差信号。此时，系统的控制原理结构图如图 11-11 所示。为了更好地画出系统的根轨迹，首先分析传递函数 $G_{\bar H\delta_z}(s)$ 的零极点分布情况，则有

$$G_{\bar H\delta_e}(s)=\frac{A_{\bar H}\left(s+\frac{1}{T_{1\bar H}}\right)\left(s+\frac{1}{T_{2\bar H}}\right)\left(s+\frac{1}{T_{3\bar H}}\right)}{s\Delta_{sp}(s)\Delta_p(s)} \tag{11-16}$$

可见，系统的开环极点有五个。除了代表长、短周期的四个极点外，还有一个零值极点，这个零值极点即代表高度模态。这就是飞机没有保持高度能力的原因。

系统的开环零点有三个。对于正常布局的飞机，一般均为实数。其中两个为数值相近、符号相反的大值零点，一个为小值零点。小值零点的位置，取决于飞机处于正操纵区还是反操纵区。正操纵区处于左半平面，反操纵区处于右半平面。

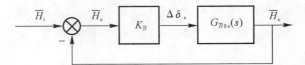

图 11-11　采用比例形式控制的高度控制结构图

闭环系统的根轨迹如图 11-12 所示。由图可以看出，随着 $K_{\bar H}$ 的增加，表征高度模态的零值极点将向左移动而趋于零点 $-\frac{1}{T_{1\bar H}}$，高度模态将由原来的中立状态变成稳定状态。

由图 11-12 还可以看出，引入高度控制信号后，短周期模态的阻尼比和固有频率都随 $K_{\bar H}$ 的增加而增加，但它对长周期模态的影响是不利的。随着 $K_{\bar H}$ 的增加，长周期的阻尼比逐渐下降。当 $K_{\bar H}$ 增加到一定程度时，长周期模态将出现不稳定现象。

为了避免长周期模态的恶化,通常可引入高度的微分控制。同样,为了提高系统的稳态精度,还需要引入积分信号。

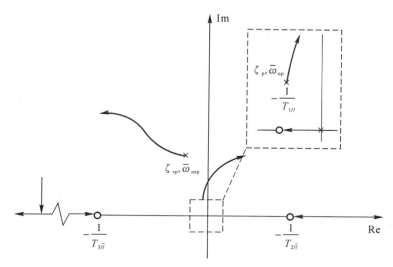

图 11 - 12　高度控制系统根轨迹图

11.3.3　速度控制

飞行速度控制系统要比飞机的姿态控制和高度控制发展晚,其原因是亚声速飞机在巡航状态时有较大的速度稳定性,且速度变化又是缓慢的长周期过程,飞行员可以及时地对速度进行修正。另外,巡航飞行时,对速度的稳定精度要求不高,飞行员一旦建立发动机最佳工作状态,则在整个飞行过程中只要注意飞行速度是否在允许的最大值与最小值之间就可以了。

随着航空事业的发展,要求飞行员在恶劣的气象条件下自动进场着陆。此时,引起飞机速度变化的因素很多,而着陆本身又对速度精度要求很高,这就必然导致对速度进行自动控制。

速度控制的第二个功能是协助进行轨迹倾角的控制。例如,当飞行员由平飞转入上升而加大油门时,由于长周期运动阻尼很小,如果采用开环控制而无速度反馈时,达到一定轨迹倾角所需的时间往往很长,如图 11 - 13 中虚线所示。由图可看出,当飞行员推油门(阶跃输入)时,飞机加速,由于舵面不偏转,因此迎角基本保持不变,飞机只是随着速度的增大而逐渐增大升力,从而使飞行轨迹发生变化。由此可见,这种没有速度反馈的开环控制过程是一个长周期振荡过程,轨迹倾角建立所需的时间甚至长达十几分钟。

如果采用具有速度反馈的闭环控制(不管是采用自动器还是人工修正),加上舵面偏转的作用,这一过程可以大大缩短。由图 11 - 13 中可以看出,当用人工或推力自动控制器加油门爬升时,速度控制系统为保持速度基本不变,通过速度反馈信号迅速偏转舵面,相当于改善了长周期模态的动态特性,因而可以迅速而稳定地达到预定的轨迹倾角。整个过程可以从十几分钟缩短到 10 s 左右。

速度控制主要通过速度信号反馈(即比例控制)来实现。为了提高控制品质,有时需加入速度的微分(加速度)信号或积分信号。

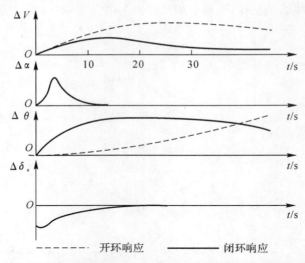

图 11-13　某喷气飞机最佳油门时，开环操纵和闭环操纵的比较（$H = 9\,000$ m）

采用比例控制的速度控制系统原理结构图如图 11-14 所示。图中

$$G_{\bar{V}\delta_e}(s) = \frac{A_{\bar{V}}\left(s + \dfrac{1}{T_{1\bar{V}}}\right)\left(s + \dfrac{1}{T_{2\bar{V}}}\right)}{\Delta_{sp}(s)\Delta_p(s)} \tag{11-17}$$

升降舵控制规律为

$$\Delta\delta_e(s) = K_{\bar{V}}\left[\bar{V}_i(s) - \bar{V}_o(s)\right] = K_{\bar{V}}\bar{V}_e(s) \tag{11-18}$$

系统的闭环传递函数为

$$G(s) = K_{\bar{V}}G_{\bar{V}\delta_e}(s) = \frac{K_{\bar{V}}A_{\bar{V}}\left(s + \dfrac{1}{T_{1\bar{V}}}\right)\left(s + \dfrac{1}{T_{2\bar{V}}}\right)}{\Delta_{sp}(s)\Delta_p(s)} \tag{11-19}$$

式中，零点 $-\dfrac{1}{T_{1\bar{V}}}$ 在左半平面；而零点 $-\dfrac{1}{T_{2\bar{V}}}$ 可能在左半平面，也可能在右半平面，取决于飞机是正常布局还是鸭式布局，以及 $\dfrac{C_L}{C_D^\alpha}$ 是大于 1 还是小于 1。但不管是在左半平面还是右半平面，它们都远离原点，因此，对于大部分实际问题来说，可以略去。

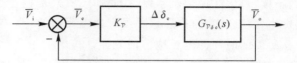

图 11-14　采用比例控制的速度控制系统结构图

略去 $-\dfrac{1}{T_{2\bar{V}}}$ 之后，闭环系统的根轨迹如图 11-15 所示。可见，这种控制系统对长周期模态的无阻尼固有频率的影响很大，同时这也增加了长周期模态的阻尼比。因此，速度稳定性过程得到实现（如果开环是不稳定的）或得以缩短，轨迹角的形成也可加速。

由图 11-15 可以看出，$K_{\bar{V}}$ 不大时，ζ_p 改善不显著，只有较大的 $K_{\bar{V}}$ 才能使 ζ_p 增加得足够多，而过大的 $K_{\bar{V}}$ 又会引起短周期模态特性的恶化。为了既改善长周期模态特性，又保持良好的短周期模态特性,实际使用的控制系统,往往在速度信号的基础上,加上速度的微分(加速度)信号。如果要消除系统的稳态误差,尚需引入积分信号。

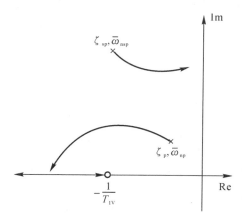

图 11 - 15　速度控制系统根轨迹图

11.4　横航向闭环控制的基本原理

横航向闭环控制原理同纵向基本一致,只是此时输入、输出及系统的各种传递函数都对应为横航向参数。同样在考虑自动器时,仍然将其作为理想自动器。

根据飞机所需完成的任务及要求的飞行品质,自动器可以引入不同的指令。横航向自动器中最常见的指令(即飞机的输入信号)与控制量(控制信号)见表 11 - 2。

表 11 - 2　侧向自动器的常见指令和控制量

指　令	ξ	控制量	δ
倾斜角	ϕ	副翼偏角	δ_a
偏航角	ψ	方向舵偏角	δ_r
侧滑角	β		
滚转角速度	ω_x		
偏航角速度	ω_z		
侧向加速度	a_y		
侧向位移及其导数	$y, \dot{y}$		

11.4.1　倾斜角控制

保持无倾斜飞行的自动驾驶仪很早就采用了。这种自动驾驶仪实际上是一种比例控制,它的敏感元件是一个垂直陀螺。通过垂直陀螺感受倾斜角信号,输入舵机,偏转副翼,从而达到控制倾斜角的目的。其结构图如图 11 - 16 所示。其中

$$G_{\phi\delta_a}(s) = \frac{B_\phi(s^2 + 2\zeta_\phi\bar{\omega}_\phi s + \phi^2)}{\left(s + \frac{1}{T_R}\right)\left(s + \frac{1}{T_S}\right)(s^2 + 2\zeta_d\bar{\omega}_d s + \bar{\omega}_d^2)} \tag{11-20}$$

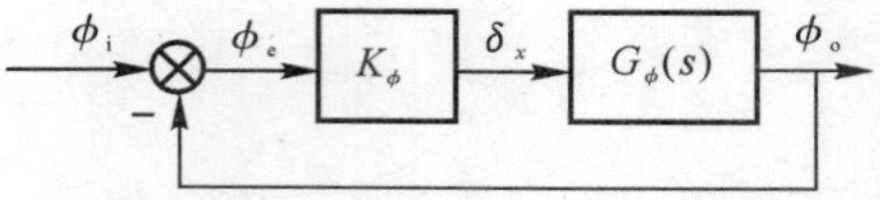

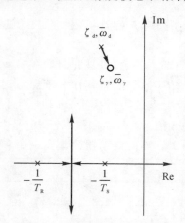

图 11 - 16   倾斜角控制系统结构图

式(11-20)中的复数零点与荷兰滚极点通常很接近。这种驾驶仪的控制规律为

$$\delta_a(s) = K_\phi[\phi_i(s) - \phi_o(s)] = K_\phi\phi_e(s) \tag{11-21}$$

此时,系统的闭环传递函数为

$$G(s) = \frac{B_\phi A_\phi(s^2 + 2\zeta_\phi\bar{\omega}_\phi s + \phi^2)}{\left(s + \frac{1}{T_R}\right)\left(s + \frac{1}{T_S}\right)(s^2 + 2\zeta_d\bar{\omega}_d s + \bar{\omega}_d^2)} \tag{11-22}$$

闭环系统的根轨迹图如图11-17所示。可见,随着 K_ϕ 的增加,螺旋模态特性得到改善,滚转模态衰减减慢,并且在 K_ϕ 值超过某一值后,螺旋模态和滚转模态耦合成一对复根。

图 11 - 17   倾斜角控制系统根轨迹图

为了进一步分析倾斜角控制的基本作用,根据零点和荷兰滚极点接近的特点,取

$$G_{\phi\delta_a}(s) = \frac{B_\phi}{\left(s + \frac{1}{T_R}\right)\left(s + \frac{1}{T_S}\right)} \tag{11-23}$$

通常有

$$\frac{1}{T_S} \ll \frac{1}{T_R} \tag{11-24}$$

可得

$$G_{\phi\delta_a}(s) \approx \frac{B_\phi}{s\left(s + \frac{1}{T_R}\right)} \tag{11-25}$$

当副翼以单位阶跃输入时,开环系统稳态时的倾斜角为

$$\phi(\bar{t}) = \lim_{t \to \infty} s \cdot \frac{1}{s} \cdot G_{\phi\delta_a}(s) = \lim_{s \to 0} \frac{B_\phi}{s\left(s + \frac{1}{T_R}\right)} = \infty \tag{11-26}$$

亦即开环操纵时，δ_a 与 γ、ϕ 没有一一对应的关系。

将式(11-22)作式(11-25)的等效变换，则此时系统的闭环传递函数为

$$\phi_{\phi\delta_a}(s) = \frac{G_{\phi\delta_a}(s)}{1 + K_\phi G_{\delta_a}^\phi(s)} \tag{11-27}$$

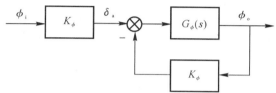

图 11-18　倾斜角控制系统结构图的等效变换图

如果仍以单位阶跃为输入，则闭合系统稳态时的倾斜角

$$\phi(\bar{t}) = \lim_{t \to \infty} s \cdot \frac{1}{s} \cdot \frac{G_{\delta_a}(s)}{1 + K_\phi G_{\delta_a}^\phi(s)} = \lim_{s \to 0} \frac{B_\phi}{s\left(s + \frac{1}{T_R}\right) + K_\phi B_\phi} = \frac{1}{K_\phi} \tag{11-28}$$

亦即有了反馈控制后，对于常值副翼偏转，飞机将稳定在某一倾斜角上，改变了原来"角速度控制"的特性。当副翼偏转角为零时，飞机将稳定在无倾斜的位置上。此时，如果飞机受到干扰倾斜到某个角度时，将能自动恢复到原来的无坡度状态，而无需飞行员干预。

这一原理可作如下的物理解释：当飞机出现倾斜角扰动时，自动器将使副翼偏转，产生一个企图消除倾斜角的气动力矩：

$$x^{\delta_a}\delta_a = x^{\delta_a}K_\phi\phi$$

也就是说，使飞机具有类似静稳定的特性。

引入比例控制后，虽然解决了倾斜角的控制问题，但是前面已经指出，此时滚转模态特性变差，特别是 K_ϕ 增加到一定值后，滚转模态和螺旋模态还会耦合成衰减较慢、周期较长的振荡运动。这种特性是飞行员所不欢迎的。因此，在倾斜角控制的自动器中，很少采用单独的比例控制。要消除或减轻这种不利影响，可以在比例控制的基础上，加上微分信号（即滚转加速度信号）。

11.4.2　偏航角控制

偏航角的自动控制有三种方案：方向舵控制、副翼控制以及方向舵和副翼协调控制。

11.4.2.1　偏航角的方向舵控制

最早的自动驾驶仪就是用方向舵来控制飞机的偏航角的。它的基本原理如图 11-19 所示。其中方向舵控制规律为

$$\delta_r(s) = K_{\psi r}\left[\psi_i(s) - \psi_o(s)\right] = K_{\psi r}\psi_e(s) \tag{11-29}$$

而

$$G_{\psi\delta_r}(s) = \frac{B_\psi\left(s + \frac{1}{T_{\psi z}}\right)\left[s^2 + 2\zeta_{\psi z}\,\psi z\,s + (\psi z)^2\right]}{s\left(s + \frac{1}{T_R}\right)\left(s + \frac{1}{T_S}\right)(s^2 + 2\zeta_d\bar{\omega}_d s + \bar{\omega}_d^2)} \qquad (11-30)$$

其中的零值特征根就代表着偏航角模态。可见,如果没有偏航角反馈,偏航角运动模态是中立稳定的,飞机受扰动后,不能恢复原来的偏航角。引入偏航角反馈后,其根轨迹图如图11-20所示。可见,此时零值极点很快与螺旋模态耦合成一对复根,系统偏航角运动模态由中立稳定变为稳定,偏航角控制的目的也就达到了。

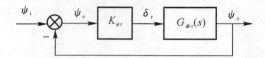

图 11-19　用方向舵控制偏航角的控制系统结构图

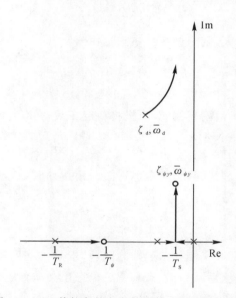

图 11-20　偏航角的方向舵控制系统的根轨迹图

由图11-20还可看出,采用上述控制,荷兰滚模态和滚转模态特性都要变差。为了克服上述缺点,可以在上述控制的基础上,加上偏航角的微分控制信号。

11.4.2.2　偏航角的副翼控制

除了用方向舵控制偏航角外,也可以用副翼来执行偏航角控制的任务。

对用副翼控制偏航角来说,最简单的仍然是比例控制,其控制律为

$$\delta_a(s) = K_{\psi a}\left[\psi_i(s) - \psi_o(s)\right] = K_{\psi a}\psi_e(s) \qquad (11-31)$$

系统的结构图如图 11-21 所示。其中

$$G_{\psi\delta_r}(s) = \frac{A_\psi\left(s + \frac{1}{T_{\psi a}}\right)\left[s^2 + 2\zeta_{\psi a}\bar{\omega}_{\psi a}s + (\bar{\omega}_{\psi a})^2\right]}{s\left(s + \frac{1}{T_R}\right)\left(s + \frac{1}{T_S}\right)(s^2 + 2\zeta_d\bar{\omega}_d s + \bar{\omega}_d^2)} \qquad (11-32)$$

由式(11-32)可见,用副翼控制也能使飞机的偏航角运动模态由中立稳定变成稳定,从而达到控制偏航角的目的。但是,滚转模态和荷兰滚模态的模态特性会变差,特别是对荷兰滚模态影响更大。为了克服此缺点,与方向舵控制相仿,亦需引入微分信号。

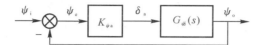

图 11-21　偏航角的副翼控制系统结构图

11.4.2.3　偏航角的副翼和方向舵协调控制

这种偏航角控制是用副翼和方向舵协调控制来完成的。例如,KJ-6 型自动驾驶仪就采用了这种控制方法,其基本控制规律为

$$\left.\begin{aligned}
\delta_a &= K_{\omega_x}\bar{\omega}_x + K_{\gamma x}\phi_e + K_{\psi x}\psi_e \\
\delta_r &= K_{\omega_z}\bar{\omega}_z + K_{\gamma z}\phi_e
\end{aligned}\right\} \tag{11-33}$$

这种双通道同时工作的理论分析比较复杂,这里不再分析。

11.5　主动控制技术

11.5.1　概述

随着现代飞机飞行包线的不断扩大,飞机稳定性、操纵性和飞行性能之间的矛盾,飞行性能、结构质量和飞行安全之间的矛盾越来越突出。例如,为了保证飞机在高空超声速大迎角飞行时具有足够的横航向静稳定性,必须增大垂尾面积,而这会增大飞机的结构质量和飞行阻力等。这使得仅依靠采用飞机气动布局、结构设计和发动机设计协调配合的常规飞机设计方法,越来越不能满足设计高性能飞机的要求。20 世纪 60 年代,人们提出了一种新的飞机设计思想,即在飞机设计过程中就主动地将自动控制技术作为飞机设计的基本因素,用于解决飞机设计过程中出现的稳定性、操纵性、控制面设计、重心位置等问题,使飞机具有合理的气动布局、结构强度配置和载荷分布,以满足高性能飞机设计的要求。这种主动应用自动控制技术改善飞机稳定性和操纵性设计及提高飞机作战性能的技术,就叫做主动控制技术(Active Control Technique,ACT)。从飞机设计的角度来说,主动控制技术是在飞机设计的初始阶段就考虑到自动飞行控制系统对飞机总体设计的影响,充分发挥飞行控制系统潜力的一种飞行控制技术。

主动控制技术的采用,不仅解决了飞机稳定性和操纵性之间的矛盾,大大提高了飞机的飞行性能,而且对飞机的设计方法也产生了重大影响。

采用主动控制技术的设计方法和常规设计方法有什么不同呢? 我们就从常规的飞机设计方法谈起。常规飞机设计方法的过程是这样的:根据任务要求,考虑气动布局、结构强度和动力装置三大因素,并在它们之间进行折中以满足任务要求,这样为获得某一方面的性能就必须在其他方面做出让步或牺牲,例如为实现更好的气动稳定性就必须在尾翼的重量和阻力方面付出代价。折中之后就确定了飞机的构形,再经过风洞吹风后,对飞机的各分系统(其中包括飞行控制系统)提出设计要求。这里飞行控制系统和其他分系统一样,处于被动地位,其基本功能是辅助飞行员进行姿态航迹控制,如图 11-22 所示。

采用主动控制技术的设计方法则打破了这一格局,把飞行控制系统提高到和上述三大因素同等重要的地位,成为选型必须考虑的四大因素之一,并起积极作用,如图 11-23 所示。在飞机的初步设计阶段就考虑全时间、全权限的自动飞行控制系统的作用,综合选型,选型后再对飞行控制系统以外的其他分系统提出设计要求。这样就可以放宽对气动布局、结构强度和动力装置方面的限制,依靠控制系统主动提供人工补偿。于是飞行控制由原来的被动地位变为主动地位,充分发挥了飞行控制的主动性和潜力,因而称这种技术为主动控制技术。

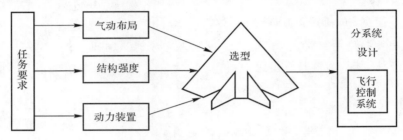

图 11-22　常规设计方法的设计步骤

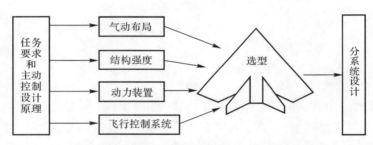

图 11-23　采用主动控制技术的设计方法的设计步骤

正是由于采用了主动控制技术的设计方法,在飞机选形和布局的过程中,都将控制系统作为一个主要因素来考虑,所以这种技术又被称作随控布局技术(Control Configured Vehicle Technique)。利用这种技术和思想设计的飞机叫做随控布局飞机(Control Configured Vehicle,CCV)。这种飞机在不同的飞行状态下会自动偏转有关舵面、改变飞机的外形,以获得最优的效果。自动控制系统是这种飞机上不可缺少的主要组成部分,在飞机的整个飞行过程中全权限、全时间地工作。

近几十年来,主动控制技术在理论研究和实际应用方面都取得了很大的进展。这一方面是由于提高军用战斗机机动性、经济性和可靠性的要求,另一方面是由于现代控制理论和技术以及计算机技术的飞速发展、系统设计方法的日趋成熟,而电传操纵系统的引入更为主动控制技术的应用提供了可靠的基础。此外,由于空气动力学的发展,出现了许多新的气动布局方案,这些也为在飞机设计中应用主动控制技术创造了有利条件。

目前主动控制技术已经在飞机上得到了应用。国外的第三代战斗机都广泛采用了主动控制技术,例如 F-16,F-18,Su-27,Mig-29 等。民航飞机也有采用主动控制技术的,例如波音 777、空中客车 A320 等。主动控制技术主要包括:放宽静稳定性(Relaxed Static Stability)、直接力控制(Direct Force Control)、阵风减缓控制(Gust Alleviation Control)、乘感控制(Ride

Control)、机动载荷控制（Maneuvering Load Control）和主动颤振抑制（Active Flutter Depression）等。这些技术，有的已经使用，有的仍然在研究之中。下面讲述放宽静稳定性。

11.5.2　放宽静稳定性

放宽静稳定性（Relaxed Static Stability，RSS）是指在飞机设计中放弃传统飞机设计中的静稳定性要求，允许将飞机设计成欠稳定的、中立稳定的，甚至是静不稳定的，而由此带来的飞机稳定性和操纵性问题则借助于自动控制系统加以解决的一种技术。

放宽静稳定性包括放宽纵向静稳定性和放宽横航向静稳定性两种类型，其基本原理是类似的。下面以放宽纵向静稳定性为例，介绍放宽静稳定性的基本原理。

11.5.2.1　放宽纵向静稳定性问题的提出

放宽纵向静稳定性指的是放宽迎角静稳定性。飞机的纵向迎角静稳定性主要由迎角稳定度 $m_y^{C_L}$ 度量，并且有

$$m_y^{C_L} = \bar{x}_G - \bar{x}_F \qquad (11-34)$$

在常规飞机设计中，一般要求焦点位于重心之后，即 $m_y^{C_L} < 0$，并且具有一定的数值大小。对于轻型战斗机，亚声速飞行时的迎角静稳定度绝对值 $|m_y^{C_L}|$ 应不小于 $3\% \sim 5\%$；对于重型轰炸机和运输机，其迎角静稳定度绝对值 $|m_y^{C_L}|$ 不小于 10%。在跨声速飞行时，飞机焦点位置会随飞行马赫数增大而迅速后移，使得飞机超声速飞行时具有过强的迎角静稳定性，这将带来一系列问题。首先是使飞机超声速飞行时的平飞配平平尾偏角绝对值增大，使飞机可用于机动飞行的平尾偏角减小，加上单位过载平尾偏角绝对值增大，将使飞机的机动能力降低；其次，配平平尾偏角绝对值增大，平尾负载增大，必然会导致飞机结构质量增加，飞机的飞行性能变差；最后，配平平尾偏角绝对值增大，平尾负升力增大，还会引起机翼升力载荷增大，这会使飞机的气动特性恶化。这些问题对于大后掠角小展弦比的高性能战斗机显得更为严重。放宽纵向静稳定性设计就是为解决这些问题而提出的。

11.5.2.2　放宽静稳定性的好处

对于放宽静稳定性的飞机来说，亚声速飞行时飞机可能是迎角静不稳定的，即焦点位于重心之前，而超声速飞行时飞机是迎角静稳定的，即焦点位于重心之后，但这时其 $|m_y^{C_L}|$ 将明显小于常规飞机的 $|m_y^{C_L}|$，如图 $11-24$ 所示。这将带来一系列的好处。

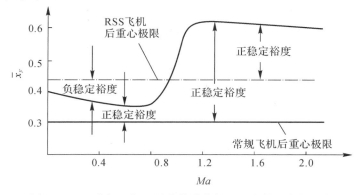

图 $11-24$　常规飞机和放宽静稳定性飞机的静稳定性比较

1. 提高飞机配平升力系数斜率和升阻比

当飞机作等速直线水平飞行时,作用于飞机的外力矩之和应为零,即

$$m_{y_0} + m_y^\alpha \alpha + m_y^{\delta_e} \delta_e = 0 \tag{11-35}$$

其中,m_{y_0} 为零升力矩系数,也可理解为平尾偏角 $\delta_e = 0$;飞机迎角 $\alpha = 0$ 时的飞机俯仰力矩系数,也叫零迎角俯仰力矩系数。

由式(11-35)可得

$$\delta_e = -\frac{m_{y_0}}{m_y^{\delta_e}} - \frac{m_y^\alpha}{m_y^{\delta_e}}\alpha = \delta_{e_0} - \frac{m_y^\alpha}{m_y^{\delta_e}}\alpha \tag{11-36}$$

式中,$\delta_{e_0} = -\frac{m_{y_0}}{m_y^{\delta_e}}$ 为平衡零升力矩所需的平尾偏角。

由式(11-36)可以看出,当飞机重心向后移动时,飞机的迎角静稳定性减弱,m_y^α 向正向增大,平尾平衡偏角正向增大(前缘上偏);相反,当飞机重心前移时,飞机迎角静稳定性增强,m_y^α 向负向增大,平尾平衡偏角负向增大(前缘下偏)。可以看出,放宽静稳定性要求,必然会导致平尾负升力减小或者平尾正升力增大。

飞机作等速直线水平飞行时,飞机的总升力应等于飞机重力,称其为配平升力,记为 L_{trim}。飞机的总升力由平尾偏角 $\delta_e = 0$ 时的全机升力 $L_{\delta_e=0}$ 和平尾附加升力 ΔL 组成,即

$$L_{\text{trim}} = L_{\delta_e=0} + \Delta L \tag{11-37}$$

写成升力系数形式为

$$C_{L\text{trim}} = C_{L\delta_e=0} + C_L^{\delta_e}\delta_e \tag{11-38}$$

将式(11-36)代入式(11-38),可得

$$C_{L\text{trim}} = C_{L\delta_e=0} + C_L^{\delta_e}\left(\delta_{e_0} - \frac{m_y^\alpha}{m_y^{\delta_e}}\alpha\right) \tag{11-39}$$

两边对迎角取导数,可得

$$C_{L\text{trim}}^\alpha = C_{L\delta_e=0}^\alpha - \frac{m_y^\alpha}{m_y^{\delta_e}}C_L^{\delta_e} \tag{11-40}$$

式中,$C_{L\delta_e=0}^\alpha$ 为平尾偏角为零时的飞机升力线斜率;$C_L^{\delta_e}$ 为单位平尾偏角增量产生的飞机升力系数增量,并且有 $C_L^{\delta_e} > 0$。

由式(11-40)可知,当飞机迎角中立静稳定,即 $m_y^\alpha = m_y^{C_L} = 0$ 时,飞机的配平升力系数斜率

$$C_{L\text{trim}}^\alpha = C_{L\delta_e=0}^\alpha \tag{11-41}$$

当 $m_y^\alpha < 0$ 时,也就是当飞机迎角静稳定时,飞机的配平升力系数斜率为

$$C_{L\text{trim}}^\alpha = C_{L\delta_e=0}^\alpha - \frac{m_y^\alpha}{m_y^{\delta_e}}C_L^{\delta_e} < C_{L\delta_e=0}^\alpha \tag{11-42}$$

飞机配平升力系数斜率随 $|m_y^\alpha|$(或 $|m_y^{C_L}|$)增大而减小,随 $|m_y^\alpha|$(或 $|m_y^{C_L}|$)减小而增大。

当 $m_y^\alpha > 0$ 时,也就是当飞机迎角静不稳定时,飞机的配平升力系数斜率为

$$C_{L\text{trim}}^\alpha = C_{L\delta_e=0}^\alpha - \frac{m_y^\alpha}{m_y^{\delta_e}}C_L^{\delta_e} < C_{L\delta_e=0}^\alpha \tag{11-43}$$

且随着迎角静不稳定性的增强而增大。

在飞机气动外形和飞行重量不变的情况下,飞机配平升力系数斜率的变化必然会引起飞机配平迎角的改变。纵向迎角静稳定性降低,配平升力系数斜率增大,飞机保持等速直线水平

飞行所需的迎角减小,这会使飞机的诱导阻力减小,从而引起飞机配平阻力系数减小,升阻比增大。图 11-25 给出了德国 MRCA 运输机采用常规设计和放宽静稳定性设计时配平升力系数曲线的比较情况。可以看出,放宽静稳定性设计使飞机配平升力系数斜率和升阻比明显增大。

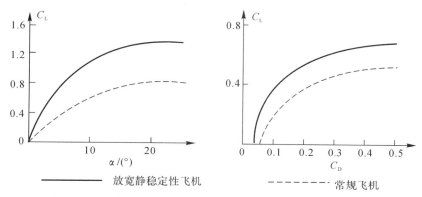

图 11-25 放宽静稳定性设计对飞机配平升、阻力特性的影响

总之,放宽静稳定性要求,使飞机纵向迎角静稳定性降低,将使飞机的配平升力系数斜率增大,升阻比增大,从而提高飞机的飞行性能。

有关资料显示,F-16 飞机采用放宽静稳定性技术,重心位置由 $25\%b_A$ 向后移至 $38\%b_A$,在 9 000 m 高度,亚声速飞行时升阻比可提高 8%,超声速飞行时可提高 15%。显然这对增大飞机的巡航性能是极为有利的。

2. 提高飞机的机动性

放宽静稳定性要求可以提高飞机的水平加速性和机动飞行可用过载 n_n,改善飞机的盘旋性能等。

(1)提高飞机的水平加速性。

飞机水平加速飞行时

$$dV/dt = (T - D)/m \tag{11-44}$$

可以看出,由于放宽静稳定性要求使飞机配平阻力减小,飞机的平飞加速度增大。F-16 飞机重心位置由 $25\%b_A$ 向后移至 $38\%b_A$ 时,该机从马赫数 0.9 增速到 1.6 时所需的加速时间缩短了 1.8 s。

(2)增大飞机最大可用法向过载。

放宽静稳定性要求,可使飞机的配平迎角减小,这使得飞机在最大使用迎角一定的情况下,机动飞行的可用迎角增大。此外,纵向静稳定性降低,$|m_y^{C_L}|$(或 $|m_y^\alpha|$)减小,使得单位过载平尾偏角的绝对值 $|d\delta_z/dn_y|$ 减小,从而使最大可用法向过载增大。

(3)改善飞机盘旋性能。

飞机作正常盘旋时,其盘旋半径为

$$R = \frac{V^2}{g\sqrt{n_n^2 - 1}} \tag{11-45}$$

盘旋角速度为

$$\omega = \frac{g\sqrt{n_n^2 - 1}}{V}$$

(11-46)

可用法向过载的增大,必然导致飞机盘旋半径减小,盘旋角速度增大,使飞机的水平机动性更好。

当然,飞机机动可用迎角增大,飞机机动可用升力增大,也将对飞机的垂直机动性能带来明显好处。

从气动布局角度来讲,通常可采用下列途径来实现放宽静稳定性要求:减小平尾面积使飞机焦点前移;采用鸭式布局使飞机焦点前移;采用三翼面布局使焦点前移;采用前掠翼布局使焦点前移。

课 后 习 题

1.简述飞机具有里程碑意义的飞行操纵系统类型及这些系统的特点。

2.简述理想自动器的几种基本控制律。

3.分别阐述纵向俯仰姿态控制、高度控制和速度控制的基本原理。

4.什么是主动控制技术和随控布局飞机?

5.简述放宽静稳定性的概念和优点。

第 12 章 增稳和控制增稳 飞机飞行品质

20 世纪 50 年代,超声速飞机问世。超声速飞机的外形特点:采用三角翼或大后掠角机翼,机身长细比较大,其气动特性变化很大,使得飞机的固有稳定性不足。当飞机在飞行中受到扰动或飞行员操纵飞机时,飞机将出现剧烈的振荡,难以完成跟踪、瞄准等任务。这种现象的根本原因就是飞机的短周期运动模态以及荷兰滚模态、螺旋模态阻尼不足。在此背景下提出了改善飞机稳定性的要求,进而发展出了增稳操纵系统(SAS),具有这种操纵系统的飞机称为增稳飞机。为了解决增稳操纵系统的引入而引起的飞机操纵性下降的问题,又在增稳操纵系统的基础上,增加了一个驾驶杆操纵力(或驾驶杆操纵位移)传感器和一个指令模型,将飞行员的操纵指令与飞机的响应进行综合后构成闭环控制系统。这种系统称为控制增稳操纵系统(CAS),具有这种操纵系统的飞机称为控制增稳飞机。控制增稳操纵系统不仅改善了飞机的稳定性,同时也大幅提高了飞机的操纵性和机动性。在控制增稳操纵系统的基础上,发展出了全权限的电传操纵系统(FBWS)。

12.1 增稳飞机飞行品质

本节主要讨论纵向增稳飞机的飞行品质。首先介绍增稳操纵系统的组成、工作原理、控制律,然后通过此系统对飞机飞行品质所起的作用来阐明增稳飞机的飞行品质。

12.1.1 具有纵向阻尼器飞机的飞行品质

12.1.1.1 纵向阻尼器的组成

图 12-1 为具有纵向阻尼器的操纵系统结构原理图。图 12-2 为该操纵系统的结构图,图中虚线所框的方块即为纵向阻尼器,它由敏感元件(速率陀螺、动压传感器)、放大器和舵机等三个主要部件组成。

敏感元件的作用是感受和测量飞机对预定状态的偏差,并根据这个偏差的大小和方向,输出相应的电信号。

放大元件又称变换放大元件,简称放大器。从敏感元件输出的电信号,一般都是很微弱的。为了使执行元件能够工作,必须将此信号加以放大和变换,使它有足够的功率。

舵机(或舵回路、伺服器)是与助力器一样的用于操纵舵面的机构。其主要功用是产生较大的力,以克服作用于舵面上的气动力或滑阀上的摩擦力,并根据敏感元件输出的电信号极性和大小直接带动舵面偏转或驱动助力器的滑阀。

阻尼器靠复合摇臂并入不可逆助力操纵系统中,从而构成具有阻尼器的操纵系统。

在图 12-2 中,$G_m(s)$ 为机械操纵系统助力器之前的传递函数;$G_{\omega_y \delta_e}(s)$ 为飞机纵向短周期传递函数;$f(q)$ 为动压传感器随动压变化的系数;$G_B(s)$ 为液压助力器的传递函数,在忽略液

压助力器惯性的情况下，$G_B(s)$ 可近似地表示为一常数，即

$$G_B(s) = k_B \qquad (12-1)$$

式中，k_B 为助力器(含助力器后段杆系)增益；$G_R(s)$ 为舵回路的传递函数，如果认为舵回路为一理想的控制器，则 $G_R(s)$ 也可以表示为一常数，即

$$G_R(s) = k_R \qquad (12-2)$$

式中，k_R 为舵回路的增益；在忽略速率陀螺、放大器惯性的情况下，它们的数学模型可用增益值 k_{ω_y}，k_a 来分别表示。在 k_{ω_y} 前加个负号的目的，是为了得到正的开环传递函数，因为传递函数

$$G_{\omega_y \delta_e}(s) = \frac{\overline{M}_y^{\delta_e}(s + \overline{Y}_C^a)}{s^2 + 2\zeta_{sp}\omega_{nsp}s + \omega_{nsp}^2} \qquad (12-3)$$

的增益 $\overline{M}_y^{\delta_e} < 0$。

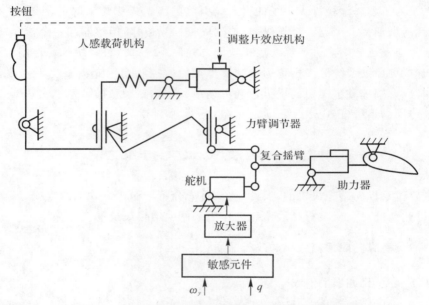

图 12-1　具有纵向阻尼器的操纵系统结构原理图

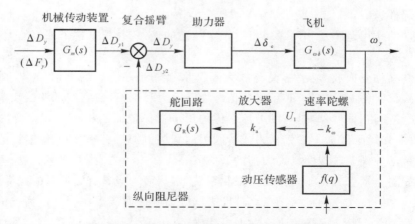

图 12-2　具有纵向阻尼器的操纵系统结构图

速率陀螺是用来感受和测量飞机飞行时,飞机受到某种扰动或飞行员操纵引起的俯仰角速度 ω_y,并输出一个与此角速度成比例的电压信号,经放大器、舵回路、复合摇臂和助力器,使舵面偏转某个角度,其稳态值为

$$\Delta\delta_e = \delta_e - \delta_{e0} = k_B k_R k_a k_{\omega_y}\omega_y = K_{y\omega_y}\omega_y \tag{12-4}$$

式中,δ_e 为当时的舵偏角;δ_{e0} 为初始舵偏角;$K_{y\omega_y} = k_B k_R k_a k_{\omega_y}$,为飞机俯仰角速度到舵面偏角间的传递系数,又称纵向阻尼器的增益。由此产生一个附加阻尼力矩为

$$\Delta M_y = qSb_A m_y^{\delta_e}\Delta\delta_e = qSb_A m_y^{\delta_e}K_{y\omega_y}\omega_y \tag{12-5}$$

当 $K_{y\omega_y}$ 为常数时,则偏角 $\Delta\delta_e$ 只取决于 ω_y 的正负和大小,而与飞行高度、速度无关。在相同的俯仰角速度情况下,附加阻尼力矩 ΔM_y 与飞机当时的动压 q 和平尾效能 $m_y^{\delta_e}$ 有关,而 $m_y^{\delta_e}$ 又与马赫数有关。所以 ΔM_y 会随着飞行高度和速度的不同而不同,这是人们所不希望的。为了在不同的高速和速度情况下,尽可能产生大致相同的附加阻尼力矩,引入动压传感器,用它来感受和测量飞机当时的动压,并输出一个电信号,以改变速率陀螺的增益值。

无论舵机以什么形式与操纵系统连接,不可逆助力操纵系统与阻尼器之间都有一个操纵权限分配问题。操纵权限是指能操纵舵面偏转角的范围(或助力器行程的大小)。对于确定的飞机,舵面最大偏角是一定的。如果阻尼器的舵机能使舵面在最大偏角内转动(含最大偏角),则称为全权限;若只能使舵面作部分偏转,达不到最大偏角,则称为有限权限。为了避免因阻尼器出现故障而使驾驶杆的位移量与舵面偏角失调,以致飞行员无法操纵飞机,一般分配给阻尼器的操纵权限是有限的。通常只有最大舵偏角的 $5\% \sim 10\%$,有时甚至更小。这样,一旦阻尼器有故障,飞机仍是安全的,此时系统可做成单通道系统。

12.1.1.2　纵向阻尼器的工作原理

当飞机在预定的航线上作等速直线水平飞行时,敏感元件无信号输出,放大器也无输出,舵机不动,故舵面处于某一平衡位置。当飞机受到某种扰动而绕横轴产生一个抬头的俯仰角速度时,$\omega_y > 0$,被速率陀螺感受,于是速率陀螺输出一个相应的电压,经放大器、舵回路、复合摇臂到助力器,使平尾前缘向上偏转一个角度 $\Delta\delta_e > 0$,由此产生一个低头力矩来阻碍飞机的抬头转动。这个力矩与飞机本身在转动中产生的阻尼力矩是同方向的,起着增大飞机阻力力矩、增大阻尼比的作用。反之亦然。

由上可知,阻尼器的作用是通过一套自动装置使操纵面偏转 $\Delta\delta_e$,以增大飞机的纵向阻尼力矩系数 $m_y^{\omega_y}$ 的绝对值,从而增强飞机的动稳定性。无论在操纵还是外界扰动情况下,它都能使飞机角速度振荡迅速地衰减。

12.1.1.3　纵向阻尼器的控制律

所谓飞机的控制律,就是指飞机操纵面的偏转规律。

根据图 12-2,可以得到舵偏角 $\Delta\delta_e$ 与驾驶杆操纵位移增量 ΔD_y(或操纵力增量 ΔF_y)和俯仰角速度 ω_y 的传递函数关系,即具有纵向阻尼器的飞机操纵系统的控制律

$$\Delta\delta_e(s) = k_B[k_R k_{\omega_y}k_a\omega_y + G_m(s)\Delta D_y] \tag{12-6}$$

当令 $G_m(s) = k_m$ 时,则式(12-6)变为如下形式(为书写方便,在不引起异议的情况下,将增量符号 Δ 省略)

$$\delta_e = K_{y\omega_y}\omega_y + k_m k_B D_y \tag{12-7}$$

相应的纵向阻尼器(含助力器)的控制律为

$$\delta_e = K_{y\omega_y}\omega_y \qquad\qquad (12-8)$$

以上两式的控制律是在忽略了敏感元件、放大器、舵回路和助力器的动态特性后得到的控制律,称为理想控制律。这种理想控制律忽略了次要因素,突出了物理本质,为分析飞机稳定性和操纵品质提供了方便,所以在定性分析中常常采用这种形式。

12.1.1.4 具有纵向阻尼器飞机的飞行品质

分析具有纵向阻尼器的飞机的飞行品质时,只要分析该纵向阻尼器对飞机飞行品质的影响即可。

1. 增大飞机的短周期阻尼比,增强飞机纵向运动短周期模态的动稳定性

没有纵向阻尼器的飞机的传递函数为

$$\frac{\omega_y(s)}{D_y(s)} = k_m k_B G_{\omega_y\delta_e}(s) = \frac{k_m k_B \overline{M}_y^{\delta_e}(s+\overline{Y}_C^\alpha)}{s^2 + 2\zeta_{sp}\omega_{nsp}s + \omega_{nsp}^2} \qquad (12-9)$$

具有纵向理想阻尼器的飞机的结构图如图 12-3 所示,其传递函数为

$$\frac{\omega_y(s)}{D_y(s)} = \frac{k_m k_B G_{\omega_y\delta_e}(s)}{1 - k_R k_B k_a k_{\omega_y} G_{\omega\delta_e}(s)} = \frac{k_m k_B G_{\omega_y\delta_e}(s)}{1 - K_{y\omega_y} G_{\omega_y\delta_e}(s)} =$$

$$\frac{k_m k_B \overline{M}_y^{\delta_e}(s+\overline{Y}_C^\alpha)}{s^2 + (2\zeta_{sp}\omega_{nsp} - K_{y\omega_y}\overline{M}_y^{\delta_e})s + (\omega_{nsp}^2 - K_{y\omega_e}\overline{M}_y^{\delta_e}\overline{Y}_C^\alpha)} = \frac{k_m k_B \overline{M}_y^{\delta_e}(s+\overline{Y}_C^\alpha)}{s^2 + 2\zeta'_{sp}\omega'_{nsp}s + (\omega'_{nsp})^2}$$

$$(12-10)$$

式中,$2\zeta'_{sp}\omega'_{nsp} = 2\zeta_{sp}\omega_{nsp} - K_{y\omega_y}\overline{M}_y^{\delta_e}$,$(\omega'_{nsp})^2 = \omega_{nsp}^2 - K_{y\omega_y}\overline{M}_y^{\delta_e}\overline{Y}_C^\alpha$

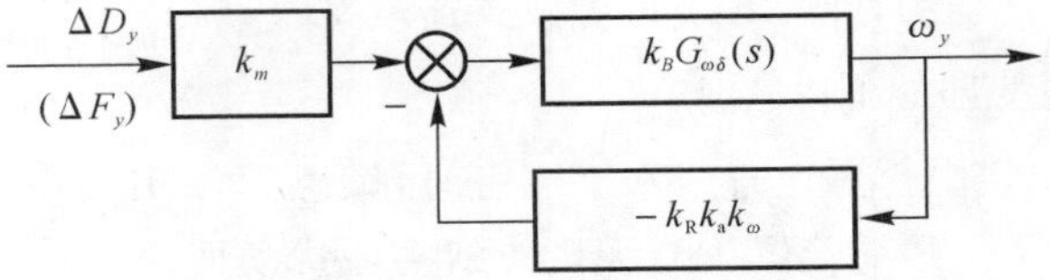

图 12-3 具有纵向理想阻尼器的飞机结构图

比较以上两个传递函数,它们的形式完全相同,故可把后者视为等效飞机的传递函数,而 ζ'_{sp},ω'_{nsp} 分别为等效飞机的阻尼比和固有频率。可以看出,等效飞机的短周期实际阻尼和固有频率都不同程度地增大了,并且等效飞机的动态特性变成了阻尼器增益 $K_{y\omega_y}$ 的函数,所以,只要选择适当的 $K_{y\omega_y}$ 值,就可以增大等效飞机的阻尼比和固有频率,使等效飞机的阻尼比满足规范的要求。

以歼 7 飞机为例。某歼 7 飞机在 $H = 15$ km,$Ma = 1.5$ 时,$\overline{M}_y^{\delta_e} = -13.496$ s^{-2},$\overline{Y}_C^\alpha = 0.2943$ s^{-1},其短周期固有频率和阻尼比分别为 $\omega_{nsp} = 4.8816$ s^{-1}、$\zeta_{sp} = 0.1$。若在其操纵系统中引入 $K_{y\omega_y} = 0.3$ 的纵向阻尼器,则其等效短周期固有频率变为 $\omega'_{nsp} = 5.002$ s^{-1},等效短周期阻尼比变为 $\zeta'_{sp} = 0.5023$。由此可以看出,引入纵向阻尼器后,飞机的短周期阻尼比得到了显著提高,而短周期固有频率则增加不多。

据式(12-8),令 $s \to 0$ 时,则得到原飞机的静操纵特性为

$$\left.\frac{\omega_y(s)}{D_y(s)}\right|_{SS} = \frac{k_m k_B \overline{M}_y^{\delta_e}\overline{Y}_C^\alpha}{\omega_{nsp}^2} \qquad (12-11)$$

而等效飞机的静操纵特性为

$$\frac{\omega_y(s)}{D_y(s)}\bigg|_{SS} = \frac{k_m k_B \overline{M}_{\delta_e^c}^{\delta} \overline{Y}_C^{\alpha}}{(\omega'_{nsp})^2} \qquad (12-12)$$

因为 $\omega'_{nsp} > \omega_{nsp}$，所以加装阻尼器的飞机静操纵性变差，这是人们所不希望的。具有纵向阻尼器的飞机的动稳定性的改善，是通过牺牲静操纵性获得的。

为了维持原操纵性，最简单的方法是增大驾驶杆到舵面间的传动比，使系统的总传动系数等于原来的值。但是这种做法较难实现，因此，常用的方法是在系统中引入清洗网络，通常将其接在速率陀螺和舵回路之间。

引入清洗网络的基本思想是：当飞机出现短周期振荡时，阻尼器起阻尼作用；当飞行员作正常的机动操纵时，阻尼器最好不起作用。鉴于前者是高频信号，后者是低频信号，所以，一般选择一个高通滤波器 $H(s) = \dfrac{\tau s}{\tau s + 1}$ 作为清洗网络以阻塞俯仰角速度振荡，其幅频特性如图 12-4 所示。

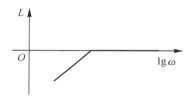

图 12-4　清洗网络的幅频特性

由图 12-4 可知，当俯仰角速度 ω_y 变化快（即高频）时容易通过，ω_y 变化慢或为常值时则不易通过（相当于短路）。这样，当飞行员操纵飞机或飞机稳态时，阻尼器不会减弱主操纵信号，以保持原传递系数，从而达到既不影响静操纵性，又可改善动稳定性的目的。

引入清洗网络后纵向阻尼器的控制律为

$$\delta_e = \frac{\tau s}{\tau s + 1} K_{y\omega_y} \omega_y \qquad (12-13)$$

其相应的操纵系统控制律为

$$\delta_e = \frac{\tau s}{\tau s + 1} K_{y\omega_y} \omega_y + k_m k_B D_y \qquad (12-14)$$

值得指出的是，引入清洗网络仅能改善飞机静操纵性，对动操纵性是不利的。所以，具有阻尼器的飞机的操纵性和稳定性间的根本矛盾没有得到满意解决。为此，后来发展了控制增稳操纵系统，来解决飞机稳定性和操纵性之间的矛盾。

2. 改善低空大速度飞行时单位过载操纵力和单位过载操纵位移绝对值过小现象

通常，飞机在低空大速度飞行时，单位过载平尾偏角 $\delta_e^{n_z}$ 的绝对值普遍较小，此时对应的单位过载操纵位移 $D_y^{n_y}$ 和单位过载操纵力 $F_y^{n_y}$ 的绝对值都较小。它意味着飞行员必须十分小心地操纵飞机，否则稍不注意就可能使飞机进入大过载，发生危险。

由于

$$\omega_y \approx \frac{g\Delta n_n}{V} \qquad (12-15)$$

则，Δn_n 的存在，必然会使飞机作俯仰转动，并且当 $\Delta n_n > 0$ 时，$\omega_y > 0$。

当飞机上装有纵向阻尼器时，ω_y 的存在必然会引起附加的舵面偏角增量：

$$\Delta \delta_e = K_{y w_y} \frac{g \, \Delta n_n}{V} > 0 \qquad (12-16)$$

这个偏角是由阻尼器产生的,不需要移动驾驶杆,并且其是与飞行员操纵驾驶杆产生的舵面偏角方向相反的。在这种情况下,飞行员要想产生预定的过载增量,必须增加操纵输入,从而使单位过载操纵位移绝对值 $|D_y^n|$ 增大。相应地,单位过载操纵力绝对值 $|F_y^n|$ 也增大,如图 12-5 所示。

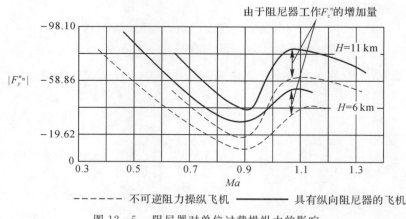

图 12-5　阻尼器对单位过载操纵力的影响

3. 能改善迎角静稳定度近似为零时飞机的不易操纵问题

在常规飞机设计中必须要求飞机具有一定的迎角静稳定度,因为静不稳定的飞机,飞行员很难操纵,而且静稳定度太小的飞机也是不容易操纵的。当飞机的 $|m_y^{C_L}|$ 很小时,则由单位过载平尾偏角公式

$$\delta_e^{n} = -\frac{m_y^{C_L} + \dfrac{m_y^{\bar{\omega}_y}}{\mu_1}}{m_y^{\delta_e}} C_{L1} \qquad (12-17)$$

可知,单位过载操纵位移的绝对值 $|D_y^n|$ 会很小。对于这类飞机,飞行员只要稍微动杆,飞机就有可能产生大过载增量,所以说迎角静稳定度近似为零的飞机是不易操纵的。

纵向阻尼器的作用可以起到增加 $|m_y^{\bar{\omega}_y}|$ 的作用。由于纵向阻尼器引起的舵面偏角 $\Delta \delta_e$ 所产生的力矩是阻尼力矩,故可用阻尼力矩形式表示:

$$qSb_A m_y^{\delta_e} \Delta \delta_e = qSb_A m_y^{\delta_e} K_{y w_y} \omega_y = qSb_A \Delta m_y^{\omega_y} \omega_y \qquad (12-18)$$

考虑到 $\bar{\omega}_y = \omega_y b_A / V$,则由阻尼器引起的纵向阻尼导数增量为

$$\Delta m_y^{\bar{\omega}_y} = \frac{V}{b_A} m_y^{\delta_e} K_{y w_y} \qquad (12-19)$$

在 $m_y^{C_L} \approx 0$ 的飞机上加装阻尼器后,等效飞机的单位过载平尾偏角变为

$$\delta_e^{n} = -\frac{m_y^{C_L} + \dfrac{(m_y^{\bar{\omega}_y} + \Delta m_y^{\bar{\omega}_y})}{\mu_1}}{m_y^{\delta_e}} C_{L1} \qquad (12-20)$$

从而可以改善 $m_y^{C_L} \approx 0$ 时产生的操纵品质问题。

12.1.2　具有法向过载增稳器飞机的飞行品质

超声速飞机在跨声速区焦点位置的急剧移动使其迎角静稳定性在亚声速和超声速飞行时

差别很大。为了使飞机在超声速飞行时不致因迎角静稳定性太强而使飞机静操纵性太弱，飞机在亚声速飞行时，迎角静稳定性一般较弱。此外，现代战斗机往往在大迎角下飞行，这时的迎角静稳定性随迎角增大而减弱，甚至可能改变符号，成为静不稳定的。为了提高飞机的迎角静稳定性，可以引入带迎角反馈的增稳器。由于

$$\Delta n_n = \frac{qSC_y^\alpha \Delta \alpha}{mg} \qquad (12-21)$$

故可用法向过载反馈来代替迎角反馈。

12.1.2.1　法向过载增稳器的组成、工作原理和控制律

图 12-6 为具有法向过载增稳器的操纵系统结构图。图中虚线所框的方块即为法向过载增稳器，它由敏感元件（法向加速度计、动压传感器）、放大器和舵回路等三个主要部件组成。其组成基本与阻尼器类似，区别只是以敏感元件加速度计代替速率陀螺。法向过载增稳器通过复合摇臂与飞机（含助力器）组成一个闭环自动控制系统，靠复合摇臂并入不可逆助力操纵系统中，从而构成具有法向过载增稳器的操纵系统。这里不计加速度计、放大器、舵机和助力器的动力学特性，只把它们看成放大环节，以 $-k_{n_n}$、k_a、k_δ、k_B 表示。考虑到传递函数

$$G_{n_n \delta_e}(s) = \frac{V}{g} \frac{\overline{M}_y^{\delta_e} \overline{Y}_C^a}{s^2 + 2\zeta_{sp}\omega_{nsp}s + \omega_{nsp}^2} \qquad (12-22)$$

的增益 $V\overline{M}_y^{\delta_e}\overline{Y}_C^a/g < 0$，为了得到正的开环传递函数，在 k_{n_n} 之前加了一个负号。

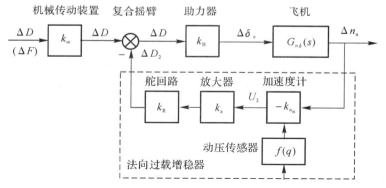

图 12-6　具有法向过载增稳器的操纵系统结构图

法向过载增稳器的工作原理可作如下叙述：当飞机在预定的航线上作等速直线水平飞行时，尽管动压传感器能感受到飞机当时的动压，但因加速度计没有接收到信号而无信号输出，舵面处于原来的平衡偏角位置 δ_{e0}。当飞机受到某种扰动产生沿竖轴正向的过载增量时，加速度计感受到过载增量信号并经动压传感器输出信号修正后，向放大器输出一个信号。这个信号既反映当时的过载增量，又反映当时的动压，其经放大器放大变换后使舵机输出一个位移到复合摇臂，并通过助力器使舵面前缘上偏某个角度 $\Delta \delta_e > 0$。由此产生的低头恢复力矩，将使飞机绕横轴作低头转动，直至过载增量 $\Delta n_n = 0$ 时，舵面才恢复到原来的平衡位置。

具有法向过载增稳器的操纵系统理想控制律为

$$\Delta \delta_e = k_R k_B k_a k_{n_n} \Delta n_n + k_m k_B \Delta D_y = K_{yn_n}\Delta n_n + k_m k_B \Delta D_y \qquad (12-23)$$

式中，$K_{yn_n} = k_R k_B k_a k_{n_n}$，是法向过载 Δn_n 到舵面偏角 δ_e 间的传递系数，称为法向过载增稳器增益。略去增量符号，写成

$$\delta_e = K_{yn_n} n_n + k_m k_B D_y \tag{12-24}$$

相应的法向过载增稳器的理想控制律为

$$\delta_e = K_{yn_n} n_n \tag{12-25}$$

12.1.2.2 具有法向过载增稳器飞机的飞行品质

与前面一样,研究具有法向过载增稳器的飞机的飞行品质时,只要分析它对飞机飞行品质的影响即可。

1. 增强迎角静稳定性

由法向过载增稳器的工作原理可知,当飞机受到某种扰动,迎角增大量 $\Delta\alpha > 0$,引起过载增量 $\Delta n_z n > 0$ 时,法向过载增稳器将自动舵面偏转一个角度 $\Delta\delta_e > 0$,从而产生下俯力矩,有

$$\Delta M_y = qSb_A m_y^{\delta_e} \Delta\delta_e = qSb_A m_y^{\delta_e} K_{yn_n} \Delta n_n = qSb_A m_y^{\delta_e} K_{yn_n} \frac{qSC_L^\alpha}{mg} \Delta\alpha \tag{12-26}$$

这表明,由法向过载增稳器产生的力矩是一个恢复力矩,将这个力矩表示为恢复力矩的形式为

$$\Delta M_y = qSb_A \Delta m_y^\alpha \Delta\alpha \tag{12-27}$$

比较以上两式,可得

$$\Delta m_y^\alpha = m_y^{\delta_e} K_{yn_n} C_L^\alpha \frac{qS}{mg} \tag{12-28}$$

因为

$$\Delta m_y^\alpha = m_y^{C_L} C_L^\alpha \tag{12-29}$$

所以有

$$\Delta m_y^{C_L} = m_y^{\delta_e} K_{yn_n} \frac{qS}{mg} \tag{12-30}$$

$\Delta m_y^{C_L}$ 就是由法向过载增稳器产生的迎角静稳定度增量,其值小于零。因此,当飞机安装法向过载增稳器之后,等效飞机的迎角静稳定度的绝对值将增加,飞机的迎角静稳定性将增强,从而可增加单位过载平尾偏角的绝对值,改善飞机迎角静稳定性太弱导致的飞机不易操纵和飞机大速度飞行时单位过载操纵力和单位过载操纵位移绝对值过小的现象。

2. 增大短周期固有频率,减小阻尼比

没有法向过载增稳器时的飞机的传递函数为

$$\frac{n_n(s)}{D_y(s)} = k_m k_B G_{n_n \delta_e}(s) = k_m k_B \frac{V}{g} \frac{\overline{M}_y^{\delta_e} \overline{Y}_C^\alpha}{s^2 + 2\zeta_{sp}\omega_{nsp}s + \omega_{nsp}^2} \tag{12-31}$$

具有法向过载增稳器的飞机的传递函数为

$$\frac{n_n(s)}{D_y(s)} = \frac{k_m k_B G_{n_n \delta_e}(s)}{1 - k_{n_y} k_a k_R k_B G_{n_n \delta_e}(s)} = \frac{k_m k_B G_{n_n \delta_e}(s)}{1 - K_{yn_n} G_{n_n \delta_e}(s)} =$$

$$\frac{k_m k_B \overline{M}_y^{\delta_e} \overline{Y}_C^\alpha V/g}{s^2 + 2\zeta_{sp}\omega_{nsp}s + (\omega_{nsp}^2 - K_{yn_n} \overline{M}_y^{\delta_e} \overline{Y}_C^\alpha V/g)} =$$

$$\frac{k_m k_B \overline{M}_y^{\delta_e} \overline{Y}_C^\alpha V/g}{s^2 + 2\zeta'_{sp}\omega'_{nsp}s + (\omega'_{nsp})^2} \tag{12-32}$$

式中,$2\zeta'_{sp}\omega'_{nsp} = 2\zeta_{sp}\omega_{nsp}$;$(\omega'_{nsp})^2 = \omega_{nsp}^2 - K_{yn_n} \overline{M}_y^{\delta_e} \overline{Y}_C^\alpha V/g$。

比较以上两个传递函数,它们的形式完全相同,故可把后者视为等效飞机的传递函数,而 ζ'_{sp},ω'_{nsp} 分别为等效飞机的阻尼比和固有频率。因为 $\overline{M}_y^{\delta_e} < 0$,所以 $\omega'_{nsp} > \omega_{nsp}$,即等效飞机

的固有频率增大了。但等效飞机的阻尼比减小较多,且随固有频率的增大而减小,这是人们所不希望的。所以,使用法向加速度计时,还要使用速率陀螺,以改善飞机的阻尼特性。

3. 改善操纵系统操纵力特性

不加装法向过载增稳器时,法向过载 n_n 对操纵力 F_y 的传递函数为

$$\frac{n_n(s)}{F_y(s)} = \frac{1}{C} k_m k_B \frac{V}{g} \frac{\overline{M}_y^{\delta_e} \overline{Y}_C^\alpha}{s^2 + 2\zeta_{sp}\omega_{nsp}s + \omega_{nsp}^2} \tag{12-33}$$

式中,$C = \dfrac{\mathrm{d}F_y}{\mathrm{d}D_y}$,为操纵力操纵位移梯度。相应的单位过载操纵力为

$$F_y^{n_n} = \frac{F_y(s)}{n_n(s)}\bigg|_{ss} = \frac{Cg\omega_{nsp}^2}{k_m k_B V \overline{M}_y^{\delta_e} \overline{Y}_C^\alpha} \tag{12-34}$$

可见,单位过载操纵力是马赫数和高度的函数,其值随飞行状态变化而变化,且是非线性的。这种非线性对飞机操纵性是不利的,即在相同的马赫数情况下,飞行员以相同的操纵力扳动驾驶杆,使舵面偏转相同的角度,在低空时飞机会产生较大过载,在高空时则会产生较小过载,这给操纵带来一定困难。

不可逆助力操纵系统加装法向过载增稳器时的对应传递函数为

$$\frac{n_n(s)}{F_y(s)} = \frac{1}{C} \frac{k_m k_B G_{n_n\delta_e}(s)}{1 - K_{yn_n} G_{n_n\delta_e}(s)} \tag{12-35}$$

如果通过选择适当的 K_{yn_n} 值,使得 $K_{yn_n} G_{n_n\delta_e}(s) \gg 1$,则式(12-35)可以简化,其相应的单位过载操纵力为

$$F_y^{n_n} \approx \frac{CK_{yn_n}}{k_m k_B} \tag{12-36}$$

式(12-36)表示单位过载操纵力为常数。这样,无论是在低空还是在高空飞行,飞行员可获得与力成正比的过载增量。这种操纵特性的改善是受欢迎的。

此外,加装增稳器后,可根据允许的过载和迎角极限来限制操纵信号输出,以起到限制过载和迎角的作用,从而保证飞机大迎角机动飞行的安全。

4. 对平飞反操纵起改善作用

通常,超声速飞机加速平飞经亚声速进入超声速(或由超声速减速进入亚声速)时均存在反操纵现象。对于经常在马赫数 1 附近作战的歼击机来说,很不利于飞行员集中精力进行作战。

力臂调节器可以改善飞机的平飞反操纵现象,具有法向过载增稳器的飞机也能改善这种现象。

当飞机由超声速平飞减速进入跨声速飞行时,由于焦点前移,飞机本身呈现抬头上升趋势,从而产生绕竖轴的正向过载增量。此增量被法向过载增稳器中的法向加速度计感受,并使舵面前缘向上偏转一个角度 $\Delta\delta_e$。由此产生的附加力矩是恢复力矩,即低头力矩。只要选择适当的法向过载增稳器增益 K_{yn_n},就能使这个低头力矩恰巧抵消由焦点前移而产生的抬头力矩。这样,飞行员就不必向前移动驾驶杆来平衡由焦点前移产生的抬头力矩了。若 K_{yn_n} 再大些,以至由法向过载增稳器产生的低头力矩大于抬头力矩时,飞行员即使不动驾驶杆,飞机也不会抬头上升,相反会低头俯冲,于是飞行员为平衡此低头力矩应继续向后拉杆,同时向后拉油门杆,以减小飞行速度。这样,当飞机由超声速飞行减速到跨声速飞行时,为保持平飞,飞行员一边向后拉驾驶杆,一边向后拉油门杆,这符合人的操纵习惯。

若飞机由亚声速平飞加速到超声速,与上述分析类似,飞行员将为保持平飞,一边向前推杆,一边向前推油门,同样符合人的操纵习惯。

这样,无论飞机以什么样的速度飞行,飞行员为保持平飞减速(或增速),将由前向后(或由后向前)移动驾驶杆或油门杆,两手动作一致,符合操纵习惯,从而对跨声速飞行时的平飞反操纵起到改善作用。

12.1.3 纵向增稳飞机飞行品质

为了同时增大飞机的短周期固有频率和阻尼比,近代飞机纵向操纵系统中一般同时引入俯仰角速度反馈和法向过载(或迎角)反馈,由此构成纵向增稳操纵系统,其组成结构图如图12-7所示,图中虚线框的方块即为纵向增稳器。它由速率陀螺(作为内回路)、加速度计(作为外回路)组成,通过复合摇臂与飞机组成一个闭环自动控制系统。

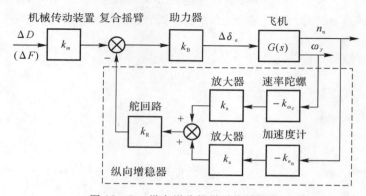

图 12-7 纵向增稳操纵系统结构图

这种增稳操纵系统的工作原理和控制律是具有纵向阻尼器的操纵系统和具有法向过载增稳器的操纵系统的综合,这里不再重述。由图可知其控制律为

$$\delta_e = K_{y\omega_y}\omega_y + K_{yn_n}n_n + k_m k_B D_y \tag{12-37}$$

该系统对飞机飞行品质的作用也是上述两个系统作用的综合,归纳如下:

(1)增加飞机高空高速飞行时纵向短周期模态的阻尼;

(2)增强飞机的迎角静稳定性,增大纵向短周期固有频率;

(3)改善飞机操纵系统的操纵力特性;

(4)改善飞机的平飞反操纵现象;

(5)改善飞机迎角静稳定度绝对值较小飞机的不易操纵性;

(6)改善飞机低空大速度飞行时单位过载操纵位移和单位过载操纵力绝对值过小现象。

12.2　控制增稳飞机飞行品质

增稳操纵系统的采用,在提高飞机稳定性的同时,也使飞机的操纵性有所降低。为了防止增稳操纵系统对飞机操纵性的不利影响,一般采用两种方法。一是限制增稳操纵系统的权限,二是添加清洗网络。从本质上讲。这两种方法都是折中方案,使得增稳操纵系统对飞机飞行品质的改善是有限的。20世纪60年代,随着空战技术的发展以及对歼击机格斗能力要求的提高,操纵性和机动性成为主要矛盾,稳定性和操纵性之间的矛盾更加突出,增稳操纵系统的缺点更加难以容忍。 为此,在增稳操纵系统的基础上,引入增控通道,构成了控制增稳操纵系统。

本节着重讨论纵向控制增稳操纵系统的组成、工作原理、控制律以及该系统的优缺点,并通过其对飞机飞行品质所起的作用来阐述控制增稳飞机的飞行品质。

12.2.1　纵向控制增稳操纵系统的组成、工作原理和控制律

图 12-8 是典型的纵向控制增稳操纵系统组成示意图,图 12-9 是该操纵系统的结构图。比较图 12-9 与图 12-7 可知,控制增稳操纵系统是在增稳操纵系统的基础上添加一个操纵力传感器 k_F 和一个指令模型 $M(s)$ 而构成的,或者说它是由机械通道(机械链)、电气通道(电气链)和增稳回路组成的。飞行员的操纵信号分两路输出:一路是通过机械通道(不可逆助力操纵系统),另一路是通过电气通道。 由操纵力(位移)传感器产生的电气指令信号输至指令模型,并在其中形成满足操纵特性要求的电信号,直接与来自增稳器的反馈信号在校正网络输入端相加,以差值控制舵面偏转。电气指令信号的极性与机械通道来的操纵信号极性是同相的,其值与操纵力(位移)成正比。

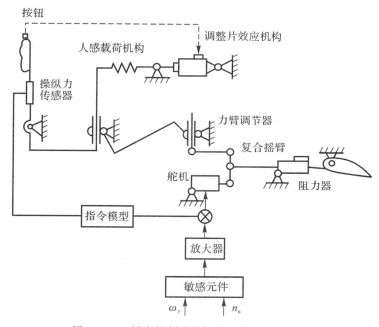

图 12-8　纵向控制增稳操纵系统组成原理图

这种系统的工作原理是:当飞机作等速直线水平飞行时,驾驶杆的指令信号为零,此时控制增稳操纵系统实际上相当于增稳操纵系统,起增稳作用。但与增稳操纵系统相比,其反馈增益较大,因此这种系统的增稳作用较大,抗干扰能力较强。当飞机在没有外界扰动的情况下作机动飞行时,飞行员的操纵信号一方面通过机械通道使舵面偏转某个角度 δ_{em},另一方面又通过操纵力传感器输出一个指令信号,经指令模型与反馈信号综合,以差值去控制舵面偏转某个角度 δ_{eM},此时总的舵面偏转角为

$$\delta_e = \delta_{em} + \delta_{eM} \tag{12-38}$$

由此可知,电气指令信号是起增大操纵量的作用。为此,电气通道又称为增控通道。

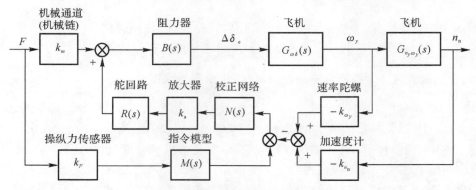

图 12-9　纵向控制增稳操纵系统结构图

显然,控制增稳操纵系统的工作原理,就是上述两种情况的综合,即兼顾了稳定性和操纵性这两方面的要求。

对于图 12-9 所示的系统,在忽略系统惯性的情况下,其控制律为

$$\delta_e = N(s)(K_{y\omega_y}\omega_y + K_{yn_n}n_n) + [K_{yM}N(s)M(s) + k_m k_B]F_y \tag{12-39}$$

式中,$K_{y\omega_y} = k_R k_B k_a k_{\omega_y}$,为纵向阻尼器增益;$K_{yn_n} = k_R k_B k_a k_{n_n}$,为法向过载增稳器增益;$K_{yM} = k_F k_a k_R k_B$,为增控通道增益。

令 $N(s)=1$,控制增稳操纵系统的控制律为

$$\delta_e = K_{y\omega_y}\omega_y + K_{yn_n}n_z + [K_{zM}M(s) + k_m k_B]F_y \tag{12-40}$$

式中控制信号可以是操纵力 F_y,也可以是操纵位移 D_y,它们之间只差一个常数因子 $\dfrac{dF_y}{dD_y}$。究竟选哪一个,应根据飞机的具体情况而定。通常,操纵力信号比操纵位移信号的效果要好些,因为飞行员对操纵力的敏感性好,相位超前,故在控制增稳操纵系统中较多使用操纵力作为控制信号。

具有上述控制律的控制增稳操纵系统能够兼顾飞机稳定性和操纵性的要求。为了更清楚地说明这个问题,将图 12-9 简化,见图 12-10。令图中虚线所框的传递函数分别为 $G_1(s)$,$G_2(s)$,$G_3(s)$ 和 $G_4(s)$。为方便说明问题,突出主要矛盾,令 $N(s)=1$。这样,俯仰角速度对干扰的传递函数为

$$\frac{\omega_y(s)}{f(s)} = \frac{1}{1 + k_a G_2(s) G_3(s)} \tag{12-41}$$

俯仰角速度对操纵力的传递函数为

$$\frac{\omega_y(s)}{F_y(s)} = \frac{G_2(s)}{1 + k_a G_2(s) G_3(s)}[G_1(s) + k_a G_4(s)] = \frac{G_1(s)G_2(s)}{1 + k_a G_2(s) G_3(s)} + \frac{k_a G_2(s) G_4(s)}{1 + k_a G_2(s) G_3(s)}$$

$$\tag{12-42}$$

当 k_a 不断增加,且 $k_a G_3 \gg G_1$、$k_a G_2 G_3 \gg 1$ 时,有

$$\frac{\omega_y(s)}{f(s)} \to 0 \tag{12-43}$$

$$\frac{\omega_y(s)}{F_y(s)} \to \frac{G_4(s)}{G_3(s)} \qquad (12-44)$$

若 $G_3(s) \approx G_4(s)$，则有

$$\frac{\omega_y(s)}{F_y(s)} \to 1 \qquad (12-45)$$

这表明,通过选取相当大的增益 k_a,并使 $G_3(s) \approx G_4(s)$,则该系统对扰动输入的响应为零,对操纵力输入的响应则趋于完全跟随状态。

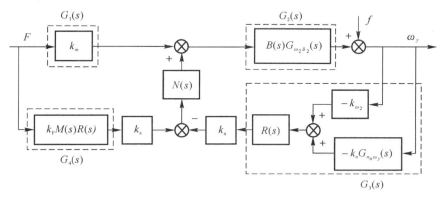

图 12-10　图 12-9 的简化图

将图 12-10 变换成图 12-11 后可见,增益 k_a 在增控回路(相对于增稳回路而言)中起增大操纵指令(即飞行员操纵力输入)的作用。与此同时,它又在增稳回路中起着增大稳定性(反馈)的作用。增控和增稳的强度随着 k_a 增加而增强。这样,控制增稳操纵系统就能较好地解决增稳飞机中存在的稳定性和操纵性之间的矛盾。

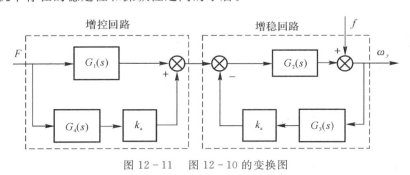

图 12-11　图 12-10 的变换图

实际上,增益 k_a 值也不能取得很大,因为它受到助力器后段和飞机本体结构频率的约束,即受到系统动态稳定性的限制。为此,还要在系统中添加动态校正网络 $N(s)$,以改善伺服系统的稳定性。所以,k_a 值的选取往往是折中的结果,以满足飞机稳定性和操纵性的要求。虽然如此,由于控制增稳操纵系统的操纵权限比较大($30\%\delta_{emax}$ 以上),所以上述结论仍是正确的。

12.2.2　纵向控制增稳飞机的飞行品质

根据上述控制增稳操纵系统的工作原理和控制律,知道这种系统能够在提高飞机稳定性的同时,提高飞机的操纵性。关于控制增稳操纵系统增强飞机稳定性的分析与增稳操纵系统

的分析完全一致,这里就不再赘述了。下面主要讨论操纵力灵敏度问题和单位过载操纵力问题,以说明控制增稳操纵系统在改善飞机操纵品质方面的作用。

1. 增大操纵力灵敏度的绝对值

操纵力灵敏度,通常指单位阶跃操纵力输入所产生的飞机初始俯仰角加速度,即

$$M_{F_y} = \left(\frac{\mathrm{d}^2\theta}{\mathrm{d}t^2}\right)_{t=0} \Big/ F_y \qquad (12-46)$$

操纵力灵敏度的大小是表征飞机操纵品质的一个重要参数,它反映了飞机对飞行员操纵初始反应的快慢和猛烈程度。操纵力灵敏度绝对值过小,会使飞行员感到飞机的初始反应迟钝,预感到此后的机动变化不大;反之,操纵力灵敏度的绝对值过大,会使飞行员感到飞机的初始反应粗猛,怀疑自己操纵是否过量。因此,操纵力灵敏度又叫操纵灵敏度。

根据图 12-11,有

$$\frac{\omega_y(s)}{F_y(s)} = \frac{G_2(s)}{1 + k_a G_2(s) G_3(s)} [G_1(s) + k_a G_4(s)] \qquad (12-47)$$

令

$$G_1(s) = k_m, \quad G_2(s) = B(s) G_{\omega_y \delta_e}(s) = k_B G_{\omega_y \delta_e}(s)$$

$$G_3(s) = -[k_{\omega_y} + k_{n_n} G_{n_n \omega_y}(s)] R(s) = -k_R [k_{\omega_y} + k_{n_n} G_{n_n \omega_y}(s)]$$

$$G_4(s) = k_F M(s) R(s) = k_F k_R M(s)$$

则

$$\frac{\omega_y(s)}{F_y(s)} = \frac{k_B G_{\omega_y \delta_e}(s)}{1 - k_B k_R k_a [k_{\omega_y} + k_{n_n} G_{n_n \omega_y}(s)] G_{\omega_y \delta_e}(s)} [k_m + k_F k_a k_R M(s)] \qquad (12-48)$$

考虑到在不计平尾升力的情况下

$$G_{\omega_y \delta_e}(s) = \frac{\overline{M}_y^{\delta_e}(s + \overline{Y}_C^{\alpha})}{s^2 + 2\zeta_{sp}\omega_{nsp}s + \omega_{nsp}^2} \qquad (12-49)$$

$$G_{n_n \delta_e}(s) = \frac{V}{g} \frac{\overline{M}_y^{\delta_e} \overline{Y}_C^{\alpha}}{s^2 + 2\zeta_{sp}\omega_{nsp}s + \omega_{nsp}^2} \qquad (12-50)$$

则,根据操纵力灵敏度的定义,控制增稳飞机的操纵力灵敏度为

$$M_{F_y} = \frac{\dot{\omega}_y(s)}{F_y(s)} \bigg|_{s \to \infty} = \frac{k_B G_{\omega_y \delta_e}(s)}{1 - k_B k_R k_a [k_{\omega_y} + k_{n_n} G_{n_n \omega_y}(s)] G_{\omega_y \delta_e}(s)} [k_m + k_F k_a k_R M(s)] \cdot s \bigg|_{s \to \infty} =$$

$$k_B \overline{M}_y^{\delta_e} [k_m + k_F k_a k_R M(s)] \big|_{s \to \infty} \qquad (12-51)$$

对于不可逆助力操纵飞机,由于 $k_{\omega_y} = 0, k_{n_n} = 0, M(s) = 0$,则其操纵力灵敏度为

$$(M_{F_y})_m = k_m k_B G_{\omega_y \delta_e}(s) \cdot s \big|_{s \to \infty} = k_m k_B \overline{M}_y^{\delta_e} \qquad (12-52)$$

对于带有纵向阻尼器而不带有法向过载增稳器的纵向增稳飞机,由于 $k_{n_y} = 0, M(s) = 0$,则其操纵力灵敏度为

$$(M_{F_y})_{A1} = \frac{k_m k_B G_{\omega_y \delta_e}(s)}{1 - k_B k_R k_a k_{\omega_y} G_{\omega_y \delta_e}(s)} \cdot s \bigg|_{s \to \infty} = k_m k_B \overline{M}_y^{\delta_e} \qquad (12-53)$$

对于带有纵向阻尼器和法向过载增稳器的纵向增稳飞机,由于 $M(s) = 0$,则其操纵力灵敏度为

$$(M_{F_y})_{A2} = \frac{k_m k_B G_{\omega_y \delta_e}(s)}{1 - k_B k_R k_a [k_{\omega_y} + k_{n_n} G_{n_n \omega_y}(s)] G_{\omega_y \delta_e}(s)} \cdot s \bigg|_{s \to \infty} = k_m k_B \overline{M}_y^{\delta_e} \qquad (12-54)$$

比较式(12-51)~式(12-54),可以看出,增稳飞机(不管是带有纵向阻尼器,还是带有法

向过载增稳器）对操纵力灵敏度没有什么影响，但带有增控通道的控制增稳飞机可以使操纵力灵敏度 M_{F_y} 的绝对值增大。

2. 改善操纵力特性

为便于得到各种不同情况下的单位过载操纵力表达式，将图 12 - 10 简化为图 12 - 12。从图 12 - 12 可以得到法向过载 n_n 对操纵力 F_y 的传递函数，为

$$\frac{n_n(s)}{F_y(s)} = \frac{\left[k_F M(s) + \frac{k_m}{N(s)k_a R(s)}\right] N(s)k_a R(s) B(s) G_{\omega_y \delta_e}(s) G_{n_n \omega_e}(s)}{1 - N(s)k_a R(s) B(s) G_{\omega_y \delta_e}(s)\left[k_{\omega_y} + k_{n_n} G_{n_n \omega_y}(s)\right]} \quad (12-55)$$

经整理简化记为

$$\frac{n_n(s)}{F_y(s)} = \frac{k_F M(s) + \frac{k_m}{N(s)k_a R(s)}}{\Delta_{qx} - \Delta_{hx}} \quad (12-56)$$

式中，$\Delta_{qx} = \dfrac{1}{N(s)k_a R(s) B(s) G_{\omega_y \delta_e}(s) G_{n_n \omega_y}(s)}$，$\Delta_{hx} = k_{n_n} + \dfrac{k_{\omega_y}}{G_{n_n \omega_y}(s)}$。

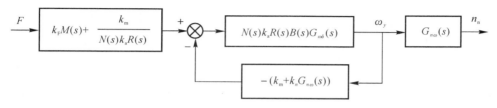

图 12 - 12　图 12 - 10 的简化图

由于增稳回路中的 k_a 为高增益，可以认为 $\Delta_{qx} \approx 0$，即使按通常的设计，Δ_{qx} 的作用也处于次要地位，即 $\Delta_{qx} \ll \Delta_{hx}$，可以略去不计。于是式（12 - 56）就可以写为

$$\frac{n_n(s)}{F_y(s)} = -\left[k_F M(s) + \frac{k_m}{N(s)k_a R(s)}\right]\frac{1}{\Delta_{hx}} \quad (12-57)$$

假定 $M(s) = k_M, N(s) = 1, R(s) = k_R$，并注意到

$$G_{n_n \omega_y}(s) = \frac{G_{n_n \delta_e}(s)}{G_{\omega_y \delta_e}(s)} = \frac{V \overline{Y}_C^\alpha}{g(s + \overline{Y}_C^\alpha)} \quad (12-58)$$

则有

$$\frac{n_n(s)}{F_y(s)} = -\left[k_F k_M + \frac{k_m}{k_a k_R}\right]\frac{1}{k_{n_n} + \frac{g(s + \overline{Y}_C^\alpha)}{V \overline{Y}_C^\alpha}k_{\omega_y}} \quad (12-59)$$

可以看出，由操纵力输入引起的法向过载反应基本上是非周期的，很少与纵向短周期固有频率 ω_{nsp} 及阻尼比 ζ_{sp} 有关。通常歼击机的 $\overline{Y}_C^\alpha$ 在 $0.2 \sim 1.6$ 之间变化，而且大部分状态为 $0.3 \sim 1.3$，这一反应过渡过程时间较短，一般在 $3 \sim 4$ s 以内。

由式（12 - 59）可以得到控制增稳飞机的单位过载操纵力为

$$F_y^{n_n} = \frac{F_y(s)}{n_n(s)}\bigg|_{\mathrm{SS}} = -\frac{k_a k_R}{k_F k_M k_a k_R + k_m}\left[k_{n_n} + \frac{g}{V}k_{\omega_y}\right] \quad (12-60)$$

这说明，如果各增益 k_F、k_M、k_a、k_R、k_m、k_{ω_y} 和 k_{n_n} 为常数，则单位过载操纵力基本上是飞行速度的函数。

对于不可逆助力操纵飞机，法向过载 n_n 对操纵力 F_y 的传递函数为

$$\frac{n_n(s)}{F_y(s)} = \frac{V}{g} \frac{\overline{M}_{y^e}^{\delta_e} \overline{Y}_C^\alpha}{s^2 + 2\zeta_{\mathrm{nsp}}\omega_{\mathrm{nsp}}s + \omega_{\mathrm{nsp}}^2} \qquad (12-61)$$

其过渡过程是振荡型的,过渡时间取决于飞机纵向短周期固有频率 ω_{nsp} 和阻尼比 ζ_{sp},从低空的 $1 \sim 2$ s 到高空的十几秒。而单位过载操纵力则为

$$F_{y^n}^{n_n} = \frac{F_y(s)}{n_n(s)} \bigg|_{\mathrm{SS}} = \frac{1}{k_m k_B} \frac{g\omega_{\mathrm{nsp}}^2}{V\overline{M}_{y^e}^{\delta_e} \overline{Y}_C^\alpha} \qquad (12-62)$$

其随飞行速度和高度有很大的变化。

图 12-13 显示的是控制增稳飞机的单位过载操纵力和不可逆助力操纵飞机的单位过载操纵力随飞行马赫数变化的情况。可以看出,控制增稳飞机的操纵力特性明显优于不可逆助力操纵飞机。

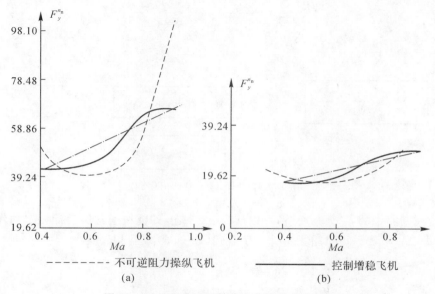

图 12-13   两类飞机单位过载操纵力的比较

在式(12-59)中,令 $k_M = 0$,可以得到带无增控回路的增稳飞机的单位过载操纵力为

$$F_{y^n}^{n_n} = -\frac{k_a k_R}{k_m} \left[k_{n_n} + \frac{g}{V} k_{\omega_y} \right] \qquad (12-63)$$

将它与式(12-60)相比,可以看出控制增稳飞机的单位过载操纵力的绝对值要比增稳飞机的单位过载操纵力的绝对值小,从而克服了增稳操纵系统使飞机单位过载操纵力绝对值变大的缺点。实际上,通过调整 k_F、k_M、k_a 的值,可以使控制增稳飞机的单位过载操纵力的绝对值小于不可逆助力操纵飞机的单位过载操纵力的绝对值。

尽管上述结论是在假设 $M(s) = k_M$,$N(s) = 1$,$R(s) = k_R$ 的情况下获得的,但它仍具有普遍意义。

尽管这些结论是通过研究典型的纵向控制增稳操纵系统得出的,但这些结论也适合横航向控制增稳操纵系统,所以,本书不再单独研究横航向控制增稳操纵系统了。

总之,控制增稳操纵系统之所以能很好地解决飞机稳定性和操纵性之间的矛盾,其根本原因是靠增稳回路的高增益来解决飞机的稳定性,而操纵性是靠增控回路中的指令模型来解决。

前者是利用自控原理中反馈原理进行工作,而后者是利用自控原理中前馈原理进行工作,所以它能够很好地解决飞机的飞行品质问题。

此外,控制增稳操纵系统的采用还为提高飞机机动性、放宽静稳定性要求等提供了可能。

12.2.3 控制增稳操纵系统的优缺点

控制增稳操纵系统有以下优点:

(1)控制增稳操纵系统因存在绕过机械杆系直接控制助力器(或复合舵机)的增控通道,可以很好地解决飞机稳定性和操纵性之间的矛盾。

(2)控制增稳操纵系统中的机械杆系可设计得简单一些,只要保证飞行安全即可。

(3)飞行员的操纵信号可以通过两个通道输至舵面,完成操纵动作,这为飞行操纵系统的设计和调整提供了灵活性。设计师只要适当地调整控制增稳操纵系统的权限,改变操纵力传感器和指令模型的参数,就能容易地改变系统的特性。

(4)结合增稳回路参数的选择,使我们能够实现驾驶杆指令与飞机响应之间的任何静动态关系,也能实现驾驶杆的任何启动力要求。

(5)它为提高飞机机动性、放宽静稳定性要求、设计新型的高性能飞机提供了可能性。

由于控制增稳操纵系统具有上述主要优点,所以,在高性能歼击机上广泛采用了这种操纵系统。但是,控制增稳操纵系统是在不可逆助力操纵系统的基础上,通过复合摇臂引入增稳回路和增控通道形成的,从本质上来讲,这种操纵系统仍然属于机械式的范畴。随着飞机性能的不断提高,由此带来的缺点日益突出,主要表现在以下几方面:

(1)控制增稳操纵系统结构复杂、重量大。由于系统保留了机械通道,所以控制增稳操纵系统不仅结构复杂,而且结构质量也较大。根据估计,机械通道的拉杆、摇臂,以及变臂机构和联动装置的重力可达 2 000 N 左右。这是个不小的数字,而且占据的空间也大。

(2)控制增稳操纵系统对舵面的操纵权限是有限的。尽管控制增稳操纵系统从理论上能很好地解决飞机稳定性和操纵性之间的矛盾,但考虑安全的原因,其权限是有限的(通常为操纵面最大偏角的 30%),再考虑到电气通道的增益不能很大,这样就造成随着飞机性能的提高,它将不能满足在整个飞行包线内改善飞机稳定性和操纵品质的要求,即该系统对飞机稳定性和操纵品质的改善是有限的。

(3)控制增稳操纵系统存在着"力反传"和"功率反传"。图 12-14 给出了控制增稳操纵系统或增稳操纵系统中舵机和助力器的连接情况。理论和实践证明,不管系统中舵机和助力器的连接是采用串联方式还是并联方式,控制增稳操纵系统和增稳操纵系统中都存在"力反传"问题。由于复合摇臂至助力器分油活门之间的机械系统存在惯性、摩擦及分油活门的摩擦力和液动力,使得舵机工作时必须施力于复合摇臂推动拉杆 B,而拉杆 B 则施反作用于复合摇臂推动杆 A,传至驾驶杆后,形成力反传。由于舵机时而工作,时而不工作,时而动作快,时而动作慢,反传到驾驶杆上的力也时大时小,不是一个恒值,这将使驾驶杆产生令人讨厌的非周期振荡。

"功率反传"是由舵机和助力器的输出速度不一致引起的。通常舵机的输出速度总是大于助力器的输出速度。因此当舵机工作并通过复合摇臂推动助力器油活门时,舵机至助力器之间杆系的动量将在助力器的输入端引起碰撞并反传至驾驶杆,引起驾驶杆至助力器输入端的瞬时碰撞振荡。

力反传和功率反传都会影响飞行员的正常操纵,是我们不希望有的操纵系统特性。

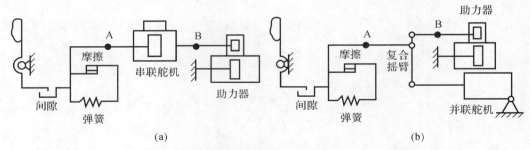

图 12-14　舵机与助力器的连接方式

(a)串联方式；　(b)并联方式

(4)战伤生存力低。由于控制增稳操纵系统中仍保留有机械杆系,而机械杆系的传输线在分布上比较集中,一旦被炮火击中很可能使整个系统失灵,以致机毁人亡,使飞机的战伤生存能力低。据资料统计,美国在越南战争期间,由炮火击中机械操纵系统(包括液压系统),导致机毁人亡的事故率高达 30% 左右,这是一个相当惊人的数字。

以上缺点将严重地影响飞机性能的继续提高,不能满足空战的需要。为此,人们在该系统的基础上又发展了电传操纵系统(FBWS)。

课 后 习 题

1.什么类型的飞机需要增稳系统？为什么？

2.简述纵向阻尼器的组成和工作原理。

3.简述法向过载增稳器的组成和工作原理。

4.什么是控制增稳系统？它有哪些优缺点？

第13章 电传飞机飞行品质

电传操纵系统(Fly-by-wire-sysyem,FBWS)是指利用电气信号形成操纵指令,通过电线(电缆)实现飞行员对飞机运动操纵(控制)的飞行控制系统。工程界对电传操纵系统的定义为:它是一个"利用反馈控制原理而使飞行器运动成为被控参量的电气飞行控制系统"。电传操纵系统的应用是飞行控制技术的一大跨越。其应用的意义在于它对飞机设计方法所产生的影响,以及对飞机飞行方式带来的改变。电传操纵系统的电气信号传递特点,为实现主动控制技术提供了物质基础。

如根据所使用的控制器(飞行控制计算机)形式之不同加以分类,可将电传操纵系统划分为模拟式电传操纵系统和数字式电传操纵系统两个类别。

模拟式电传操纵系统是指使用模拟式计算机作为控制器进行控制律计算、余度管理解算以及控制转换逻辑运算的电传操纵系统。数字式电传操纵系统是指使用数字式计算机作为控制器进行控制律解算以及余度管理的逻辑判断和运算的电传操纵系统。

数字式电传操纵系统是指使用微型数字计算机作为控制器的飞行控制系统。这一类系统中,传感器、伺服机构等仍是模拟部件。所以有人把这种系统称为混合式数字电传操纵系统。与之相对应的全数字式电传操纵系统则是从传感器、计算机到伺服机构均是以数字信号形式存在的系统。

对电传操纵系统的分析设计,主要包括两个方面:一是控制律,二是可靠性。控制律是要保证飞机飞行品质满足飞行品质规范要求,即保证飞机具有良好的稳定性和操纵品质;可靠性要保证电传操纵系统满足可靠性规范的要求,即保证飞机的飞行安全和完成任务的可靠性。因而控制律和可靠性是电传操纵系统的两个重要内容。

13.1 可靠性和余度技术

尽管机械操纵系统有各种各样的缺点,但它有一个最大的优点,那就是有较高的安全可靠性。安全可靠对飞机来说是至关重要的,只有当电传操纵系统的安全可靠性与机械操纵系统相近时,电传操纵系统才能被广泛使用。因此,从控制增稳操纵系统发展到电传操纵系统,关键的问题在于安全可靠性。

飞机飞行安全可靠性可以用飞机每100 000次飞行的损失率或事故率来说明,也可以用飞机未完成规定任务的概率加以说明。

美国《有人驾驶飞机飞行操纵系统——设计、安装和试验通用规范》(MIL-F-9490D)根据操纵系统故障后的性能,将操纵系统的工作状态分为5级。其中V级工作状态指的是飞机操纵系统的故障引起操纵系统工作性能下降到只能使飞机作有限的机动飞行,以实现乘员安全弹射跳伞所必须的工作状态。操纵系统落入此种工作状态的故障概率和飞机的损失概率基本上的对应的。MIL-F-9490D规定,此概率Q_s应为:

对 Ⅲ 类飞机

$$Q_s \leqslant 5 \times 10^{-7} \text{ 次}^{-1}$$

对 Ⅰ，Ⅱ，Ⅳ 类飞机

$$Q_s \leqslant 1 \times 10^{-5} \text{ 次}^{-1}$$

如果以飞行小时为单位计算飞机的飞行安全可靠性指标，依据美国空军的统计资料，则上述指标相当于：

对 Ⅲ 类飞机

$$Q_s \leqslant 8.2 \times 10^{-8} \text{ h}^{-1}$$

对 Ⅰ，Ⅱ，Ⅳ 类飞机

$$Q_s \leqslant 6.25 \times 10^{-6} \text{ h}^{-1}$$

要使电传操纵系统具有与不可逆助力操纵系统相当的安全可靠性，其可靠性指标应为 $1.0 \times 10^{-7} \text{ h}^{-1}$ 左右。但是，根据目前电子元件可靠性水平，单通道电传操纵系统的故障率约为 $1.0 \times 10^{-3} \text{ h}^{-1}$。要使电传操纵系统的可靠性满足上述要求，必须采用余度技术。

余度技术由几套可靠性不够高的系统执行同一指令、完成同一工作任务构成，又称之为余度系统的多重系统的技术。这种余度系统具有下述能力：

（1）对组成系统的各部分具有故障监控和信号表决能力；

（2）一旦系统或系统中的某部分出现故障时，系统本身具有自动故障隔离能力；

（3）当系统中出现一个或数个故障时，系统具有重新组织余下的完好部分，使系统具有故障安全的能力。

故障安全能力是指在电传操纵系统及其相关部件出现故障以后，系统性能有可能稍有下降，飞行员的工作负担加重，完成任务的效果变差，不能满意地完成包括精确跟踪或机动飞行在内的预定任务，但可以安全地终止精确跟踪或机动飞行任务，安全地巡航、下降以及在预定的或其他目的地着陆。

据可靠性理论计算，系统的最大损失率 Q_s 与余度数目 n 之间的关系如图 13-1 所示。由图可知，单通道电传操纵系统的故障率约为 $1.0 \times 10^{-3} \text{ h}^{-1}$，当电传操纵系统采用三余度或四余度时，其安全可靠性就可以大大地提高，满足接近或不低于不可逆助力操纵系统的可靠性水平。

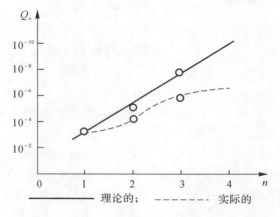

图 13-1　最大损失率与余度数目的关系图

图 13-2 给出了一个四余度电传飞机简图。该系统的操纵力传感器、飞机状态传感器（如速率陀螺、加速度计等）、前置放大器、执行机构和计算机均有四个，也就是四套，从而构成四余度系统。

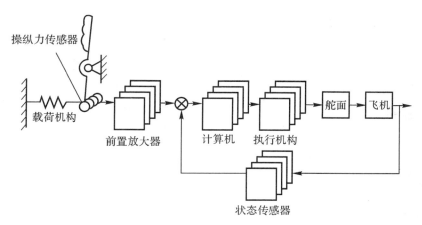

图 13-2　四余度电传操纵系统简图

13.2　电传飞机闭环飞行品质分析

多余度电传操纵系统实质上可以看作是由多套单通道系统，按照一定的关系组合而成的。因此，下面主要介绍纵向单通道电传操纵系统的组成、工作原理和控制律，以及电传飞机的飞行品质。

13.2.1　纵向单通道电传操纵系统

13.2.1.1　纵向单通道电传操纵系统的组成

图 13-3 所示为典型纵向单通道电传操纵系统结构图。电传操纵系统是在控制增稳操纵系统的基础上发展而来的，所以它的组成与前者类似。其不同点是：取消了机械通道，只保留由飞行员经操纵力传感器输出的电指令信号通道。这对操纵系统来说是一场革命，"革"掉了传统的机械传动装置，而用电信号来传递飞行员的操纵指令；在正向通道中增加过载限幅器、自动配平网络和为了补偿飞机静不稳定而需要的人工稳定回路，该回路称为放宽静稳定性（Relaxed Static Stability，RSS）回路；在反馈通道内增加迎角/过载限幅器，以增加飞机安全性。

图 13-3 中 $F_A(s)$、RSS、$F(\alpha)$ 分别表示自动配平网络、放宽静稳定性回路和迎角/过载限制器；$F_1(s)$，$F_2(s)$ 和 $H(s)$ 分别表示低通网络和清洗网络；$F_s(s)$ 为机体结构限幅滤波器。带有下标的 K 和 k 分别为相应环节的传递系数，$K(q)$ 是动压 q 的函数，它表示该增益是随飞行状态变化而自动调整的。

需要指出的是，如果飞机是静稳定的，且其静稳定度又符合规范要求，那就不必再引入人工稳定性回路了，这里只是为了说明人工稳定性回路的功能而引入的。

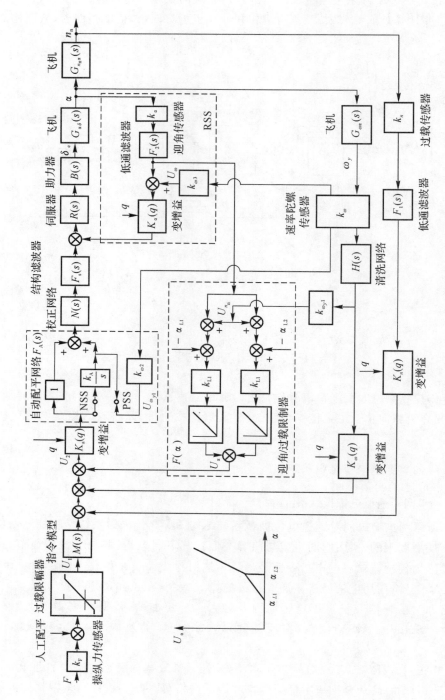

图13-3 典型纵向单通道电传操纵系统结构图

飞机飞行力学与控制

— 226 —

13.2.1.2　纵向单通道电传操纵系统的工作原理

图 13-3 所示的单通道电传操纵系统具有操纵和稳定两种工作状态。当系统处于操纵状态时,飞行员的操纵,经操纵力传感器产生电指令信号与来自测量飞机运动参数的速率陀螺和加速度计信号综合后的信号比较,以其差值信号驱动平尾偏转,使飞机作相应的运动。当飞机的运动参数达到飞行员的期望值时,平尾停止偏转,从而使飞机保持在飞行员所期望的运动状态;当飞机作等速直线水平飞行时,如果飞机受到扰动破坏了该运动状态,则速率陀螺和法向加速度计有相应的信号输出,该信号与操纵力传感器的电指令信号相比较而形成新的误差信号,以此差值信号驱动平尾偏转,使飞机自动地恢复到原运动状态。

下面简单介绍几个重要环节的工作原理和功用。

1.过载限幅器和迎角／过载限制器

当飞机高速飞行时,虽然迎角不大,但此时飞行员若操纵过猛,常会出现很大的法向过载,以致飞机结构可能被破坏。为此,在指令模型前设置了一个非对称的限幅电路,以限制飞机可能出现的最大正(或负)过载。例如:当飞行员操纵疏忽产生一个很大的正过载指令信号时,由于有限幅电路的存在,其输出电压 U_1 的最大值受到限制,这就限制了最大的平尾偏转角,从而限制了飞机的最大法向过载,确保飞机高速飞行时的安全。

飞机低速飞行时其法向过载往往不大,但若操纵疏忽可能会出现超过失速迎角而造成飞机失速。有时即使飞机还没有达到失速迎角,但在飞机迎角超过一定值后,可能使飞机横航向运动由静稳定变成静不稳定,为此需要设置迎角限制值(如 α_{L1})。此外,当实际迎角大于某值(如 α_{L2})时,飞机的迎角静稳定导数 m_z^α 值开始向正向增大,即迎角静稳定性减弱。此时如果迎角反馈信号的强度不够,则可能使等效飞机迎角静不稳定。为了增加迎角反馈信号的强度,在系统中设置了迎角上限值 α_{L2}。这样,当实际迎角小于 α_{L1} 时,经迎角／过载限制器输出的电压信号 $U_\alpha=0$;当 $\alpha_{L1}<\alpha<\alpha_{L2}$ 时,$U_\alpha\neq0$;当 $\alpha>\alpha_{L2}$ 时,U_α 骤然增加,即引入很强的迎角反馈信号,从而大大减小飞行员的指令信号,以限制迎角继续增大,使迎角被限制在某一个允许的范围内,从而保证飞机低速飞行时的安全性。

另外,在迎角／过载限制器入口处还引入 $U_{n_n}=k_{\omega_{y1}}k_{\omega_y}\omega_y$ 信号。因为 $\omega_y\approx\dfrac{g}{V}n_n$,所以此信号实际上与过载 n_n 成正比。这样,U_α 不仅取决于迎角 α,而且还与过载 n_n 有关。于是,此限制器不仅能限制迎角,还能限制过载,哪一个量先达到预定的限制值,就限制哪一个。正因为这个缘故,此限制器取名为迎角／过载限制器。

总之,引入过载限幅器、迎角／过载限制器是用来防止飞行员操纵时,由于操纵疏忽而危及飞机安全的一种有效保护措施,使飞行员能放心大胆地操纵,从而改善飞机的操纵性。

2.自动配平网络

操纵力 F_y 对速度 $V(Ma)$ 的梯度 F_y^V,称为操纵力速度梯度,它是飞机静操纵性的一个重要指标。它与飞机速度静稳定性有如下关系:对于具有速度静稳定性的飞机,$F_y^V>0$,即要求增加速度时需要向前推驾驶杆,这和飞行员的生理习惯一致;对于速度静不稳定的飞机,$F_y^V<0$,即要求增加速度时需要向后拉驾驶杆,出现反操纵现象;对于速度中立稳定的飞机,$F_y^V=0$,即速度的改变与驾驶杆的操纵无关。这样,可定义 $F_y^V>0$ 为正速度稳定性(Positive Speed Stability,PSS),简称"速度稳定性";$F_y^V<0$ 为负速度稳定性;$F_y^V=0$ 为中立速度稳定性(Neutral Speed Stability,NSS)。

在系统的正向通路中引入自动配平网络的目的是使系统既有中立速度稳定性(见图13-3中开关处于 NSS 位置)控制律的特点,又具有速度稳定性(见图13-3中开关处于 PSS 位置)控制律的特点。图中表示的是开关处于 NSS 的情况。其中积分环节的作用是:在操纵状态下,使操纵力指令信号与俯仰角速度、法向过载反馈信号综合后的误差保持为零;在扰动状态下,使任何非指令信号的反馈信号(或俯仰角速度或法向过载信号)能自动地减小到零。由于前向通道中积分环节的存在,纵向操纵力与平尾偏角失去了比例关系,从而飞机的速度或迎角或过载与纵向操纵力失去了比例关系,飞机的这种特性通常称为中性速度稳定性。在这种情况下,系统呈现比例积分控制律的特点,其相应的传递函数为

$$F_A(s) = 1 + \frac{k_A}{s} \tag{13-1}$$

由上式可知:在高频区域内,此环节近似地等效一个比例环节,使这个系统具有快速响应的特点;在低频区域,此环节近似地起积分作用,使系统具有一阶无静差的特点,即呈现中立速度稳定性控制律特点。例如飞机在飞行员无操纵输入的情况下作等速直线水平飞行,如果飞机受到某个不平衡力矩的作用使得俯仰角速度不等于零,那么系统会自动偏转舵面,直至不平衡力矩消失为止,从而实现自动配平的目的。

上述控制规律在飞机的起飞着陆过程中却会给飞行员的操纵带来困难。因为在起飞着陆过程中,飞行员要根据起飞着陆的进程,操纵驾驶杆,偏转平尾来改变迎角,控制飞机的速度和航迹俯仰角,而积分作用的存在会使驾驶杆的位置与舵面偏角之间失去比例关系,这使得飞行员不容易掌握所需的驾驶杆操纵量。以着陆拉平阶段的操纵为例,在正常情况(比例式操纵)下,飞行员为增大迎角,会逐渐地向后拉驾驶杆使平尾前缘逐渐下偏,以达到拉平飞机的目的。在比例加积分控制的情况下,由于积分作用会不断地配平飞行员对平尾的操纵,因此当飞行员按照习惯拉杆时,会感觉操纵量不足,从而增大操纵量。这很有可能会使得飞机反应过分猛烈,甚至可能会造成事故。为此,在起飞或着陆飞行中,当飞机起落架放下时,系统中计算机输出一个电信号,自动将积分器切除,并将图中开关转换成 PSS 状态,见图13-4。此时相应的传递函数为 $F_A(s) = 1$,系统呈现比例控制特性,此时要求飞行员进行人工配平。

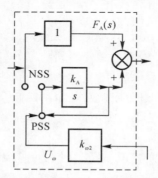

图 13-4 PSS 状态时自动配平网络的结构图

值得指出,当系统处于 PSS 状态时,飞机的阻尼可能会很小。为此引入 $U_{\omega y1} = k_{\omega y2} k_{\omega y} \omega_y$ 信号,以增加等效飞机的阻尼,改善飞机的动稳定性。

3. 放宽静稳定性回路

在前面已经介绍,在现代歼击机设计中,为获得高性能,常常采用放宽静稳定性技术将飞

机设计成亚声速飞行时是静不稳定的，或接近中立稳定，在超声速飞行时是静稳定的。如 F－16 飞机，在亚声速以小迎角飞行时，在空战状态下，其纵向设计成静不稳定，$m_y^{C_L} = 0.06$；在有外挂物对地攻击时设计成 $m_y^{C_L} = 0.1$；在超声速或亚声速大迎角飞行时设计成静稳定的，$m_y^{C_L} = -0.06$。这样使 F－16 飞机具有较高的机动能力，例如其最大可用法向过载达 9。当飞机静不稳定时，不利于飞行员操纵，为此，在系统中要用迎角反馈信号来补偿静稳定性不足的问题，具体方式见图 13－3 中的放宽静稳定性回路 RSS。

这里，引入迎角反馈的目的就是补偿飞机静稳定性，产生人工稳定性，以实现放宽静稳定性要求。但是，等效飞机静稳定性增强的同时，阻尼比会下降。为了补偿阻尼比下降，在 RSS 回路中引入俯仰角速度反馈信号 $U_{\omega_y 2} = k_{\omega_y 3} k_{\omega_y} \omega_y$，采用 $K_a(q)[F_2(s)k_a \alpha + k_{\omega_y 3} \omega_y]$ 反馈，使等效飞机具有适量的阻尼比，以便飞行员能正常操纵飞机。

4. 机体结构限幅滤波器

初步分析设计电传操纵系统时，通常将飞机视为刚体，但实际上并非如此。这是因为现代高性能歼击机为了减小阻力，采用长细比较大的机身和相对厚度较小的机翼，再加上尽可能减轻飞机的结构质量，更使其刚度下降。这样，飞机在空中飞行时，就不能把它看作刚体，而应是弹性体，即飞行时除了有刚体运动外，还有机体结构的弹性弯曲振动。这种弯曲振动模态与刚体运动模态的主要区别是：频率高，振型多达六阶以上，并且这种振动会在机体的不同部位引起不同的运动。由于系统中传感器不仅感受飞机的刚体运动，而且也感受机体结构的弯曲振动，所以，控制系统传感器安装位置的不同将影响其输出信号的幅相特性，从而引起舵面不同的附加偏转。当这些信息通过控制系统对舵面起作用时，由于系统总有延迟，即相位上的迟后，若在弯曲振动频率范围内恰好满足弹性飞机-电传操纵系统不稳定条件，那么整个系统将出现耦合发散，导致飞机损坏。

为避免上述现象发生，除了应适当选择传感器的安装位置外，一个重要的措施就是在系统中引入机体结构限幅滤波器 $F_s(s)$。通常它位于综合校正网络和伺服器之间，其目的是衰减机体结构振动模态，以保证系统稳定性和安全性。图 13－5 为某电传飞机机体结构限幅滤波器的对数幅频特性曲线，该滤波器的表达式为

$$F_s(s) = \frac{\left(\dfrac{s}{70}\right)^2 + 2 \times 0.06 \times \dfrac{s}{70} + 1}{\left(\dfrac{s}{65}\right)^2 + 2 \times 0.6 \times \dfrac{s}{65} + 1} \cdot \frac{1}{\dfrac{s}{70} + 1}$$

由图 13－5 可见，它可虑除飞机的一阶弹性弯曲模态的影响，或者说对该频率的信号起阻塞作用，不让其通过，即使得该频率的信号增益为最小。因为其形状类似陷落，故该滤波器取名为机体结构限幅滤波器。

除了上述几个环节外，图 13－3 中的指令模型 $M(s)$ 实际上是一个低通滤波器，一方面可滤掉操纵力的猛烈冲动和高频噪声，另一方面也可使指令变得柔和而平滑一些；校正网络 $N(s)$ 一般筛选滞后-超前网络，其目的是为补偿伺服器、助力器等引起的相位滞后，改善系统的动态品质；法向加速度、迎角信号分别通过低通滤波器 $F_1(s)$，$F_2(s)$，以衰减机体的高频噪声；清洗网络 $H(s)$ 的作用是滤掉稳态俯仰角速度信号，克服在稳态盘旋时由常值稳态俯仰角速度信号引起的低头力矩，提高转弯机动性；至于俯仰角速度、法向过载反馈信号的作用与前述相同，故不再复述了。

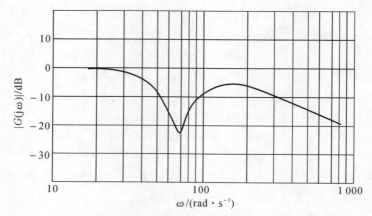

图 13 - 5　某电传飞机结构限幅滤波器的对数幅频特性曲线

13.2.1.3　纵向单通道电传操纵系统的控制律

由上述分析可知,机体结构限幅滤波器 $F_s(s)$ 的主要作用是衰减(或阻塞)机体结构振动模态,以保证飞行安全。但考虑到弹性飞机的振动模态的频率远比刚体飞机运动模态的最大频率大,所以在讨论控制律时,通常可以将它忽略不计,即令 $F_s(s)=1$。据图 13 - 3 可列出典型纵向单通道电传操纵系统控制律如下:

NSS 状态,有

$$\delta_e(s) = R(s)B(s)(K_aF_A(s)N(s)\{K_{\omega_y}H(s)k_{\omega_y}\omega_y + K_{n_n}F_1(s)k_{n_n}n_n +$$
$$F(\alpha)[F_2(s)k_a\alpha + k_{\omega_{y1}}H(s)k_{\omega_y}\omega_y] + k_FM(s)F_z] + K_a[F_2(s)k_a\alpha + k_{\omega_{y3}}k_{\omega_y}\omega_y])$$

$$(13 - 2)$$

PSS 状态,有

$$\delta_e(s) = R(s)B(s)(N(s)\{K_a[K_{\omega_y}H(s)k_{\omega_y}\omega_y + K_{n_n}F_1(s)k_{n_n}n_n + F(\alpha)(F_2(s)k_a\alpha +$$
$$k_{\omega_{y1}}H(s)k_{\omega_y}\omega_y] + k_FM(s)F_y - \frac{k_A}{s+k_A}k_{\omega_{y2}}k_{\omega_y}\omega_y\} + K_a[F_2(s)k_a\alpha + k_{\omega_{y3}}k_{\omega_y}\omega_y])$$

$$(13 - 3)$$

13.2.2　四余度电传操纵系统

由图 13 - 2 可知,四余度电传操纵系统实质上是由四套完全相同的单通道电传操纵系统组合而成的,其目的是使电传操纵系统的可靠性至少不低于机械操纵系统,因此四余度电传操纵系统的组成、工作原理基本上与单通道电传操纵系统相同,只是在每个传输信号的通道中还要增加表决器/监控器电路等,如图 13 - 6 所示。

该图为四余度模拟式电传操纵系统原理图。它是由 A,B,C,D 四套完全相同的单通道电传操纵系统按一定关系组合而成的。其中,状态传感器指的是除了操纵力传感器外的其他测量飞机飞行状态的传感器,比如迎角传感器、角速度传感器、过载传感器等;综合器/补偿器是对输入的电信号进行信号综合和补偿的:表决器/监控器用来监视、判别四个输入信号中有无故障信号,并输出一个从中选择的正确的无故障信号。如果四个输入信号中任何一个被检测出是故障信号后,系统将自动隔离这个故障信号,不使它输入到后面的舵回路中去。

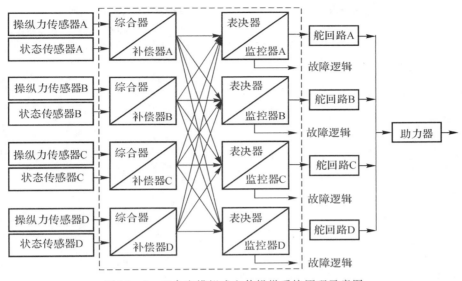

图 13-6　四余度模拟式电传操纵系统原理示意图

当四套系统工作都正常时,飞行员对驾驶杆的操纵经操纵力传感器 A,B,C,D 以及飞机的飞行状态参数经飞行状态传感器 A,B,C,D 各自产生四个同样的电指令信号,分别输入到相应的综合器/补偿器中,再通过四个表决器/监控器的作用,分别输出一个正确的无故障信号到相应的舵回路,四个舵回路的输出通过机械装置共同操纵一个助力器,使舵面偏转,以操纵飞机作相应的运动。如果某一个通道中的操纵力传感器或其他部件出现故障,则输入到表决器/监控器的四个输入信号有一个是故障信号,此时由于表决器/监控器的作用,将隔离这个故障信号。每个表决器/监控器按规定的表决方式选出工作信号,并将其输出到舵回路,再驱动助力器、平尾,于是飞机按飞行员的操纵意图作相应运动。如果某一通道的舵回路出现故障,它本身能自动切除与助力器的联系(因舵回路采用余度舵机),这样到助力器去的仍是一个正确的无故障信号。同样,如果系统中某一通道再出现故障,电传操纵系统仍能正常工作,而且不会降低系统的性能。由此可见,四余度电传操纵系统具有双故障工作等级,故又称它为双故障/工作电传操纵系统。

综上所述,电传操纵系统可以将飞行员的操纵指令信号,只通过导线(或总线)传给计算机,经其计算产生输出指令,操纵舵面偏转,以实现对飞机的操纵。它显然是一种人工操纵系统,其安全可靠性是由余度技术来保证的。

13.2.3　电传飞机飞行品质

电传操纵系统是在控制增稳操纵系统的基础上研制而成的,所以,电传飞机稳定性和操纵品质与控制增稳飞机的相比,既有相同点,又有不同点。比较它们的控制律可知,电传操纵系统中不仅有比例积分项(自动配平网络),而且还有俯仰角速度和法向过载反馈,所以,这种系统既具有俯仰自动配平功能,又具有增强飞机稳定性和操纵性的特点。另外,在大动压时,舵面偏转主要引起法向过载;在小动压时,主要引起俯仰角速度。所以,法向过载和俯仰角速度反馈的两个响应之和在整个飞行包线内起着重要作用。法向过载信号是主信号,以实现过载指令(即操纵力指令)操纵,俯仰角速度不是主信号,其主要作用是改善系统的动态特性。这些情况与控制增稳操纵系统是相同的。除此以外,系统中还有迎角反馈和迎角/过载限制回路等。于是这个系统还具有增强飞机静稳定性(或放宽静稳定性)和提供理想的操稳品质的特点。下面着重介绍其不同点。

13.2.3.1 提高飞机飞行性能和机动性

对于同种类型的两架飞机,若一架飞机上安装控制增稳操纵系统,另一架安装电传操纵系统,由于电传操纵系统相比控制增稳操纵系统有许多优点,如质量轻、战伤生存力高等,所以,在相同的发动机推重比下,后一架飞机的飞行性能和机动性比前一架飞机好。正因为这个缘故,目前世界上高性能歼击机通常都采用电传操纵系统。如果将它安装在民航飞机上,也将会提高民航机的经济效益。

对歼击机的设计目标是提高机动性。目前常用的两种提高飞机性能和机动性的方法是:放宽静稳定性和机动载荷控制。关于这两种方法提高飞机性能和机动性的具体内容,前面已经论述,这里不再重复。

13.2.3.2 提供大迎角和大过载时较好的操纵稳定性

由于电传操纵系统不仅在正向通道中设置了过载限幅器,而且在反馈通道中设置了迎角/过载限制器,使得飞行员可以在整个飞行包线内、任何飞行状态下均可放心大胆地操纵飞机。比如过载限幅器就是防止由于飞行员操纵疏忽而引起过大的法向过载;而迎角/过载限制器,一方面限制了飞行员在空战过程中因操纵疏忽而出现过大的法向过载,造成飞机折断或解体,另一方面还可防止因飞机迎角太大而导致横航向运动变成不稳定,使飞行员无法操纵,或使飞机达到失速迎角而造成飞机失速。由于这两个装置的协调作用,以及在系统中引入反馈 $K_a\left[F_2(s)k_a\alpha+k_{\omega_y3}k_{\omega_y}\omega_y\right]$ 的结果,此系统能提供飞机在大迎角和大过载时较好的操纵稳定性。

13.2.3.3 提供满意的操纵力特性

选取迎角 α、俯仰角速度 ω_z 和法向过载 n_y 信号作为电传操纵系统的基本反馈,这样不仅能提高飞机的机动性,而且还能提供满意的操纵力特性。为了突出这些基本信号对操纵力特性的影响,可令 $H(s)=F_1(s)=F_2(s)=F_s(s)=1$,过载限幅器的系数为1,并断开迎角/过载限制器。按照电传操纵系统的 NSS 和 PSS 两种工作状态,分别叙述如下。

1. NSS 工作状态

飞机高速飞行时,飞行员关心的主要参数为法向过载,所以先来研究法向过载对操纵力指令的传递函数。为此,将图 13-3 简化成图 13-7。由该图可得如下传递函数

$$\frac{n_n(s)}{F_y(s)}=\frac{k_FMK_a(s+k_A)NRBG_{n_n\delta_e}}{sRBG_{\omega\delta_e}\left[K_a(k_\alpha+k_{\omega_y3}k_{\omega_y}G_{\omega_y\alpha})s+K_a(s+k_A)N(K_{\omega_y}k_{\omega_y}G_{\omega_y\alpha}+K_{n_n}k_{n_n}G_{n_n\alpha})\right]}$$

$$(13-4)$$

分子分母同除以 $K_a(s+k_A)NRBG_{n_n\delta_e}$,得

$$\frac{n_n(s)}{F_y(s)}=\frac{k_FM}{\Delta_{qx}+\Delta_{hx}}$$

$$(13-5)$$

式中,

$$\Delta_{qx}=\frac{s}{K_a(s+k_A)NRBG_{n_n\delta_e}}$$

$$\Delta_{hx}=-\frac{G_{\omega\delta_e}\left[K_a(k_\alpha+k_{\omega_y3}k_{\omega_y}G_{\omega_y\alpha})s+K_a(s+k_A)N(K_{\omega_y}k_{\omega_y}G_{\omega_y\alpha}+K_{n_n}k_{n_n}G_{n_n\alpha})\right]}{K_a(s+k_A)NG_{n_n\delta_e}}$$

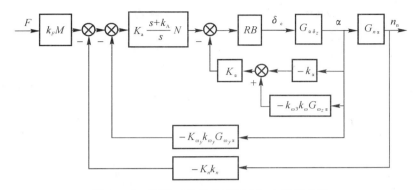

图 13-7　NSS 工作状态时图 13-3 的简化图

为了减小外界条件变化对系统动态特性的影响,增益 K_a 通常取为高增益,所以 $\Delta_{qx} \to 0$。即使不采用高增益,在设计时也容易使 Δ_{qx} 的作用处于次要地位而被略去,即相对于 Δ_{hx} 充分小,于是式(13-5)可改写成

$$\frac{n_n(s)}{F_y(s)} \approx \frac{k_F M}{\Delta_{hx}} \tag{13-6}$$

因为

$$G_{\omega_y \alpha}(S) = s + \overline{Y}_C^\alpha \tag{13-7}$$

$$G_{n_n \alpha}(s) = \frac{V}{g}\overline{Y}_C^\alpha = k_{n_n \alpha} \tag{13-8}$$

$$G_{\omega_y n_n}(s) = \frac{G_{\omega_y \delta_e}(s)}{G_{n_n \delta_e}(s)} = \frac{s + \overline{Y}_C^\alpha}{k_{n_n \alpha}} \tag{13-9}$$

考虑到校正网络 $N(s)$ 的功用是补偿伺服器、助力器引起的相位滞后,故可令 $N(s)=1$。若取指令模型为

$$\left.\begin{array}{l} M(s) = \dfrac{k_M}{s + k_M} \\ k_M = k_A \end{array}\right\} \tag{13-10}$$

则将以上各式代入式(13-6),得

$$\frac{n_n(s)}{F_y(s)} = \frac{-k_F k_A K_a k_{n_n \alpha}}{K_a\left[k_\alpha + k_{\omega_y 3} k_{\omega_y}(s + \overline{Y}_C^\alpha)\right]s + K_A K_n k_{n_n} k_{n_n \alpha}(s + k_A)\left[\dfrac{K_{\omega_y} k_{\omega_y}(s + \overline{Y}_C^\alpha)}{K_n k_n k_{n_n \alpha}} + 1\right]} \tag{13-11}$$

在系统中各元部件确定后,由式(13-11)可知,由操纵力 F_z 所引起的法向过载 n_n(或迎角 α)的响应特性是周期性的,是一个典型的二阶振荡特性,因此在适当选择元部件的传动比情况下,可使其过程响应时间小于 3 s。换句话说,电传操纵系统的法向过载 n_n(或迎角 α)对操纵力的响应时间有可能设计得比控制增稳操纵系统小,即快速性好。

单位过载操纵力为

$$F_y^{n_n} = \frac{F_z(s)}{n_n(s)}\bigg|_{SS} = -\frac{K_{n_n} k_{n_n}}{k_F}\left[\frac{K_{\omega_y} k_{\omega_y} g}{K_n k_n V} + 1\right] \tag{13-12}$$

由式(13-12)可知,它仅包含飞行速度 V 一个变量,只要通过选择合适的参数,操纵力梯度是容易设计成速度 V 的线性函数或近似为常数。

当飞机高速飞行时,如 $Ma > 1.5$,并考虑到

$$\frac{K_{\omega_y}k_{\omega_y}}{K_{n_n}k_{n_n}} \approx 0.2 \sim 0.35 \tag{13-13}$$

则式(13-12)可改写为

$$F_y^{n_n} \approx -\frac{K_{n_n}k_{n_n}}{k_F} \tag{13-14}$$

式(13-14)表示飞机高速飞行时,静态单位过载操纵力接近为常数。

飞机低速飞行时,飞行员关心的主要参数为俯仰角速度,所以有必要研究俯仰角速度对操纵力指令的传递函数。为此,将图13-7变换成图13-8。由图可推得相应的传递函数为

$$\frac{\omega_y(s)}{F_y(s)} = \frac{k_F M K_a(s+k_A) \mathrm{NRB}G_{\omega_y\delta_e}}{s\mathrm{RB}G_{\omega_z\delta_z}\left[K_a(k_\alpha G_{\alpha\omega_y}+k_{\omega_y3}k_{\omega_y})s + K_a(s+k_A)N(K_{\omega_y}k_{\omega_y}+K_{n_n}k_{n_n}G_{n\omega_y})\right]} \tag{13-15}$$

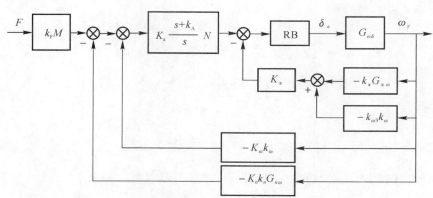

图 13-8   以俯仰角速度为输出变量的结构图

当用 $K_a(s+k_A)\mathrm{NRB}G_{\omega_y\delta_e}$ 分别除以上式中的分子和分母,并考虑到增益 K_a 为高增益,则可采用前述方法。令

$$\frac{s}{K_a(s+k_A)\mathrm{NRB}G_{\omega_y\delta_e}} \to 0$$

于是式(13-15)变成

$$\frac{\omega_z(s)}{F_z(s)} = \frac{-k_F M K_a(s+k_A)N}{K_\alpha(k_\alpha G_{\alpha\omega_z}+k_{\omega_z3}k_{\omega_z})s + K_a(s+k_A)NK_{n_n}k_{n_n}G_{n_n\omega_z}\left(\frac{K_{\omega_z}k_{\omega_z}}{K_{n_n}k_{n_n}}G_{\omega_z n_y}+1\right)} \tag{13-16}$$

令 $N(s)=1$,并将 $G_{\alpha\omega_y}$,$G_{\omega_y n_n}$,$G_{n_n\omega_y}$ 的表达式代入式(13-16),整理后得

$$\frac{\omega_y(s)}{F_y(s)} = \frac{-k_F k_A K_a(s+\bar{Y}_C^\alpha)}{K_\alpha\left[k_\alpha+k_{\omega_y3}k_{\omega_y}(s+\bar{Y}_C^\alpha)\right]s + K_a(s+k_A)K_{n_n}k_{n_n}k_{n_\alpha}\left(\frac{K_{\omega_y}k_{\omega_y}(s+\bar{Y}_C^\alpha)}{K_{n_n}k_{n_n}}+1\right)} \tag{13-17}$$

式(13-17)为俯仰角速度对操纵力指令的传递函数,它不是一个典型的二阶环节,因其分

子中有一个零点,所以俯仰角速度的响应在相位上比法向过载提前一些。由此可见,它也是衡量飞机操纵性好坏的重要指标。

稳态时式(13-17)可改写成

$$\left.\frac{\omega_y(s)}{F_y(s)}\right|_{SS} = \frac{-k_F}{K_{\omega_y}k_{\omega_y}\left(1+\dfrac{K_{n_n}k_{n_n}V}{K_{\omega_y}k_{\omega_y}g}\right)} \tag{13-18}$$

或

$$F_y^{\omega_y} = \left.\frac{F_y(s)}{\omega_y(s)}\right|_{SS} = -\frac{K_{\omega_y}k_{\omega_y}}{k_F}\left(1+\frac{K_{n_n}k_{n_n}V}{K_{\omega_y}k_{\omega_y}g}\right) \approx \frac{K_{n_n}k_{n_n}}{k_F g}V \tag{13-19}$$

由式(13-19)可知,它也仅包含飞行速度 V 一个变量,只要选择合适的参数,该指标也容易设计成速度 V 的线性函数或近似为常数。

2. PSS 工作状态

当飞机放下起落架时,自动配平网络转为 PSS 工作状态,此时飞机一般处于低速飞行状态。为了研究 PSS 状态时的操纵力特性,可将将图13-3简化,见图13-9。由图可得俯仰角速度对操纵力指令的传递函数为

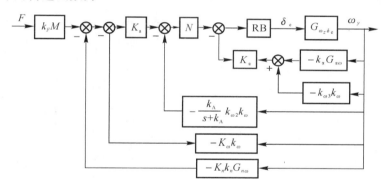

图 13-9　PSS 工作状态时图 13-3 的简化图

$$\frac{\omega_y(s)}{F_y(s)} = \frac{k_F M K_a(s+k_A)NRBG_{\omega_z\delta_e}}{(s+k_A)[1-RBK_a(k_aG_{\omega\omega_z}+k_{\omega_3}k_\omega)G_{\omega_z\delta_e}]-NRBG_{\omega_z\delta_e}\cdot\cdot[k_Ak_{\omega_2}k_\omega+K_a(s+k_A)(K_{\omega_y}k_{\omega_y}+K_{n_n}k_nG_{n_n\omega_y})]} \tag{13-20}$$

按同样的理由,令 $N(s)=1$,并将 $G_{\omega_y\delta_e}$、$G_{\omega\omega_y}$、$G_{n_n\omega_y}$ 的表达式代入式(13-20),整理后得

$$\frac{\omega_y(s)}{F_y(s)} = \frac{-k_F k_A K_a(s+\overline{Y}_C^a)}{(K_a\{[k_\alpha+k_{\omega_3}k_\omega(s+\overline{Y}_C^a)]\}+K_a[K_{\omega_y}k_{\omega_y}(s+\overline{Y}_C^a)+K_{n_n}k_{n_n}k_{n_a}])\cdot(s+k_A)+k_Ak_{\omega_2}k_\omega(s+\overline{Y}_C^a)} \tag{13-21}$$

式(13-21)为 PSS 工作状态时,俯仰角速度对操纵力指令的传递函数。它与式(13-17)具有相同的阶次形式,不同点是多了一个可选择的 $k_{\omega_y 2}$ 值,这样可对起飞着陆时阻尼比不足进行补偿。

稳态时,式(13-21)可改写成

$$\left.\frac{\omega_y(s)}{F_y(s)}\right|_{SS} = \frac{-k_F K_a\overline{Y}_C^a}{K_a(k_\alpha+k_{\omega_3}k_{\omega_y}\overline{Y}_C^a)+K_a(K_{\omega_y}k_{\omega_y}\overline{Y}_C^a+K_{n_n}k_{n_n}k_{n_a})+k_{\omega_y 2}k_{\omega_y}\overline{Y}_C^a} \tag{13-22}$$

或改写成

$$F_{y}^{\omega_y} = \frac{K_a(k_a + k_{\omega_y 3}k_{\omega_y}\overline{Y}_C^a) + K_a(K_{\omega_y}k_{\omega_y}\overline{Y}_C^a + K_{n_n}k_{n_n}k_{n_n\alpha}) + k_{\omega_y 2}k_{\omega_y}\overline{Y}_C^a}{-k_F K_a \overline{Y}_C^a} \qquad (13-23)$$

式(13-23)为 PSS 工作状态时,单位俯仰角速度所需的操纵力增量。它与式(13-19)的不同点是,多了几个可选择量(如 k_a,$k_{\omega_y 2}$,$k_{\omega_y 3}$),这样可针对亚声速飞行时飞机本身是静不稳定的,以及起飞着陆时阻尼比不足进行补偿。

由以上分析可知,电传操纵系统中能选择的参数比控制增稳操纵系统多,而且容易实现。使得电传操纵系统在 NSS 和 PSS 工作状态下,都能提供满意的操纵力特性。如果再对 K_a、K_{ω_y} 和 K_{n_n} 随动压进行调参,则系统对飞行状态变化的敏感性是较小的。

正因为电传操纵系统能在从起飞到着陆的整个飞行阶段和宽广的飞行包线内提供满意的稳定性、操纵性和机动性,所以,电传操纵系统是目前比较理想的一种人工飞行操纵系统。

到此为止,对纵向电传操纵系统以及由此引起的飞机飞行性能和品质的变化进行了较详细的介绍。考虑到横航向电传操纵系统的组成、工作原理和控制律形式基本上与纵向类似,故不再介绍了。

当前,现代高性能歼击机通常安装三轴电传操纵系统。此时,设计电传操纵系统的指导思想是要最大地提高飞机整体性能,其设计特点如下:

(1)飞机气动布局比较灵活,构形比常规飞机复杂,操纵面较多,甚至达 10 个以上;

(2)电传操纵系统具有多模态和多功能特点,如三轴控制增稳、边界限制和防失速尾旋功能等;

(3)边界限制功能的内容较多,如对多种指令以及迎角、侧滑角、俯仰角速度、滚转角速度和法向过载限制等;

(4)与其他系统交联多,如与自动驾驶仪、发动机推力控制系统交联等;

(5)为了保证复杂的三轴电传操纵系统的安全可靠性,除了有备份系统外,在主系统中常常采用非相似余度技术来设计余度系统,故系统余度结构较复杂。

13.2.4 电传操纵系统的优点和存在的问题

传统的机械操纵系统存在许多缺点:质量大,体积大,存在非线性、弹性变形,保证飞机合适的操纵性的结构相当复杂。但机械操纵系统的最大优点是可靠性较高。电传操纵系统的优缺点大体上与机械操纵系统相反。单通道电传操纵系统的可靠性不及机械操纵系统,但采用余度技术后就可克服此缺点。下面简单列举一下电传操纵系统的优缺点。

电传操纵系统有以下优点:

(1)操纵系统的体积小、质量轻。

使用电传操纵系统、拆除机械杆系可以显著减轻操纵系统的自重。例如 F-16 飞机可以减轻 1 810 N;通用动力公司估计,在大型、高性能战略轰炸机上使用电传操纵系统的话,可使飞行操纵系统质量减轻 84% 左右。与此同时还可以使操纵系统的体积大为减小。据估计,在战斗机上使用电传操纵系统约可减小体积 2.4 m³,在战略轰炸机上约可减小体积 4.39 m³。

(2)提高战伤生存力。

由于采用余度技术,其总线(导线)可在机翼和机身内部分散安排,所以在战伤生存性、安全可靠性方面,电传操纵系统也优于机械操纵系统。

(3)消除机械操纵系统中的非线性因素影响。

使用电传操纵系统消除了诸如摩擦、间隙、迟滞等机械系统的非线性因素,因此容易调整飞机响应和操纵力之间的函数关系,使其在所有飞行状态下满足要求,还可改善精确微小信号的操纵。

(4)对飞机结构变化的影响不敏感。

机械系统对挠曲、弯曲、热膨胀等引起的飞机结构的变化是非常敏感的,采用电传操纵系统后,这种影响自然就消失了。不仅如此,它甚至可能应用某种结构模态稳定措施来增加系统的疲劳寿命。

(5)简化了主操纵系统与其他系统的组合。

因为电气组合简单,所以电传操纵系统与战术武器投放系统、自动跟踪系统、自动着陆系统等自动控制系统的结合是很方便而且容易实现的。

(6)节省设计和安装时间。

使用电传操纵系统可以缩短设计和安装时间,这是不言而喻的。据北美洛克威尔公司估计,大批生产时,每架大型、高性能战略轰炸机飞行操纵系统的设计和安装时间,差不多可节约5 000个工时,使每架飞机生产总成本降低8万美元。

(7)降低操纵系统的安装维护费用。

采用机内自检装置可以很快发现故障并加以隔离,迅速恢复到正常的工作状态,不需要进行现在必须完成的花钱多、费时间的定期维修。电传操纵系统由于采用余度技术,部件数目增多,导致可能的故障次数有所增加。但是由于电传操纵系统故障隔离和维修简便,完全可从抵消故障增加的影响。北美洛克威尔公司估计,对于高性能战略轰炸机来说,使用电传操纵系统,每飞行小时的维护工时大约减少10%,这样可使飞机在地面的停机时间减少3.5%。

(8)增加座舱设计布局的灵活性。

电传操纵系统可采用侧杆控制器,使驾驶杆不必安装在飞行员的正前方,因此飞行员观察仪表不受中央安装的驾驶杆的影响。

(9)飞机操稳特性不仅得到根本改善,且可以发生质的变化。

由前面分析可知,电传操纵系统不仅能改善飞机的稳定性、操纵性,而且能改善机动性,这是该系统最突出的优点。正是因为有了这个优点,电传操纵系统才有可能成为设计随控布局飞机的基础,使飞机的性能发生质的变化。

(10)使飞机设计具有更大的灵活性。

电传操纵系统受飞机外形或系统性能变化的影响很小,这是因为电传操纵系统实际上控制的是飞机的运动而不是操纵面的位置。如果电传操纵系统在飞机基本设计阶段就加以考虑,那么飞机设计师和气动力专家将得到全新的设计自由和设计方法,然而这种设计以前一直受"飞机机体在没有任何控制信号输入时是稳定的"这一要求的限制。这种新的设计方法可以设计出机动性更好、重量更轻、阻力更小、气动布局更加灵活的飞机。这种技术对未来飞机所产生的影响将远远超出用电传操纵系统简单地取代机械操纵系统所能得到的好处。

电传操纵系统存在的主要问题如下:

(1)单通道电传操纵系统的可靠性不够高。

由于单通道电传操纵系统中的电子元件质量和设计因素关系,单通道系统的可靠性不够高。所以,目前均采用三余度或四余度电传操纵系统,并利用非相似余度技术设计备份系统,如四余度电传操纵加二余度模拟热备份系统。

(2)电传操纵系统的成本较高。

就单套系统来说,电传操纵系统的成本低于机械操纵系统,但前者必须采用余度系统才能可靠工作,所以成本还是比较高的,需要进一步简化余度和降低各部件的成本。

(3)系统易受雷击和电磁脉冲波干扰影响。

据统计,飞机平均雷击率为 $7 \times 10^{-7} \mathrm{h}^{-1}$,所以电传操纵系统需要解决雷击和电磁脉冲干扰的损害。此外,由于现代飞机越来越多地采用复合材料,其使用率达 30% 左右,这样系统中的电子元件失去了飞机金属蒙皮的屏蔽保护,故抗电磁干扰和抗核辐射的问题更为突出。

13.3 飞行控制发展与展望

13.3.1 光传飞行控制

电传飞行控制系统是实现主动控制技术的基础,它的使用极大地改善了飞机飞行品质,提高了生存力及可靠性。然而,电传飞行控制系统仍然存在不能防御雷击和电磁干扰(EMI)、电磁脉冲(EMP)等缺点。尽管采用了余度技术,但几套相同的设备暴露在同一雷电等电磁环境下,一套受损,其他也难幸免。

未来飞机期望用复合材料代替铝合金,以减轻 $15\% \sim 40\%$ 的飞机重量,但也将失去对雷电、电磁干扰及核辐射的屏蔽作用。此外,当代飞机电子设备的增多,布局的相对遥远,导致电缆用量大增,不仅引起飞机重量增加,还会引起线间干扰以及地环流影响。

20 世纪 60 年代,英籍华人高锟博士预言在飞行控制系统中可用光纤传输信号。经过人们不懈的努力,光传飞行控制系统(Fly By Light System,FBLS),即应用光纤技术实现信号传输的飞行控制系统得以诞生。其独特的性能可归纳为以下几点:

(1)有效地预防电磁感应、电磁干扰、核爆炸电磁脉冲;

(2)由 SiO_2 晶体制成的光纤又轻又细,极大地减轻了传输线重量;

(3)光纤信号不向外辐射能量,不存在地环流引起的瞬间扰动;

(4)光纤可输送宽频带、高速率大容量信号,采用频分或时分复用技术可实现多路信号的传输;

(5)光纤的抗腐蚀性和热防护品质优良;

(6)具有优良的故障隔离性能。

因此,光传飞行控制系统在军民用飞机上的应用给新一代飞机提供了全时间、全权限的飞行控制。它必将极大地提高飞机的飞行品质,提高抗电磁干扰、电磁冲击和雷击的能力,增强飞机的飞行安全性和生存能力。

光纤传输实质上是利用具有导光性能的光纤维作为传输线来传送光信息。图 13-10 为光纤传输系统原理示意图。

要传送的信号经过信号处理,送入发光二极管(LED)驱动电路,变换成光功率输出。这一过程称为电-光(E/O)转换。光功率经过耦合器进入光纤,并沿光纤传输,中间可经过若干光纤连接器。最后,光信号经耦合器,由光电二极管(PIN)检测器检测到,转变成微弱的电信号,再经过信号处理、滤波、整形复原成与原输入相同的电信号。后一过程称为光-电(O/E)转换。

图 13-10　光纤传输系统原理示意图

在光传控制系统中,为提高系统的可靠性,往往采用余度传输的办法,即利用光开关、光分路器及监控系统组成多余度光纤传输系统,如图 13-11 所示。输入电信号经两路电-光转换,变成光信号,每一路光信号又经过一个光分路器,分成两路,一路经光开关传送出去,一路传至光监控系统。若某路出现故障,可立即经光开关转换到另一路。

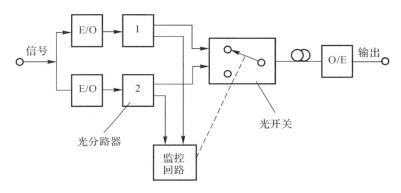

图 13-11　二余度光纤传输系统原理图

由于直升机本身的特殊情况(体积有限、电子设备安装密集等),国外率先在直升机上采用了光传飞行控制系统。

图 13-12 为某直升机光传飞行控制系统原理图。由图可见,该系统由三部分组成,即中心站、三余度光导纤维束和远控站。

(1)中心站。

中心站设在驾驶舱内,将来自驾驶杆、脚蹬和驾驶仪的控制信号通过编码器转换成光学数字控制信号。

(2)三余度光导纤维束。

该光纤从驾驶舱一直敷设到直升机的变距控制机构和尾桨操纵机构附近的远控站。因为这一距离远小于 1 km,所以不必考虑光信号的畸变和衰减。监控器是一个具有解码、误差检测以及自动转换功能的大规模集成电路。当 3 根光纤中任意一根或两根有故障时,误差检测器能将无故障光纤中的信号转接至远控站的光信号接收器,使系统正常工作。

(3)远控站。

该站实际是一个电气绝缘封闭体,在该封闭体内装有光信号接收器、解码器、电子装置、微处理机以及组合式舵机(IAP)等。因电子装置、微处理机以及组合式舵机都需电源供电,而远控站与外界又无任何电气联系,所以封闭体内须自备供电系统。一般是将机上液压源通向远控站内以驱动液压马达或几个涡轮带动发电机转动而发电。这样,完全屏蔽的远控站就可以防止电磁干扰和雷击等问题。

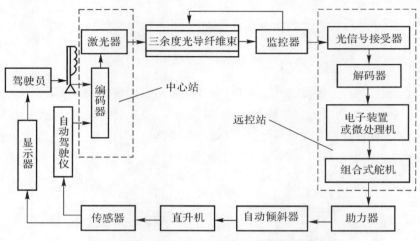

图 13 - 12　直升机光传飞行控制系统原理图

　　从中心站发出的,经光纤传入远控站光信号接收机的信号,经过变换解码后传给电子装置或微处理机,再加工成控制所需的信号后,传给组合式舵机,由组合式舵机驱动液压助力器,从而改变主桨、尾桨、总距周期变距,实现直升机的飞行操纵。

　　1984 年在 UH - 60A"黑鹰"直升机上进行了试飞的美国先进的数字光传飞行控制系统(ADOCS)的线路示意图如图 13 - 13 所示。系统由光传感器、三余度光缆和飞行控制微处理机组成。

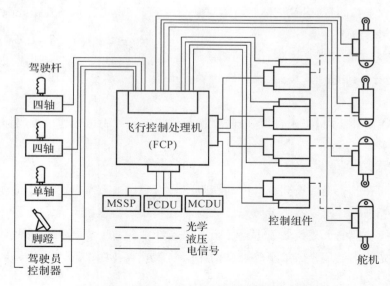

图 13 - 13　数字光传飞行控制系统线路示意图

(4)三余度光缆。

三余度光缆是包有塑料的二氧化硅细丝,其透明度超过纯净大气。该光缆连接于驾驶杆与微处理机之间以及微处理机与控制作动器之间。光缆中的各光纤维的长度根据系统延时要求的长度不同而不同。光学传输采用了时分多路复用技术,减少了光缆数,从而减轻了飞机的重量。

(5)光传感器。

该系统在飞行员控制器和作动器上分别装有光纤位置传感器。由于不存在任何电气变换,故可防止雷击、电磁干扰和电磁脉冲。其工作原理如图 13-14 所示。

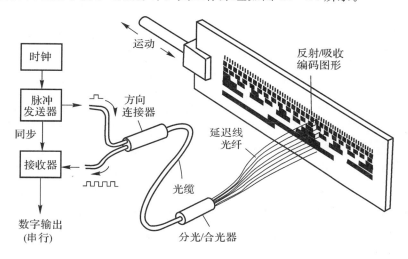

图 13-14　光纤位置传感器工作原理图

位置传感器有一块随飞行员控制器、作动器运动的编码板,信号由一串光导纤维读出。板上有若干条采用反射/吸收短划形式编码的线。当所有的线被同时读出时,位置就可以唯一确定。传感器位置由持续时间为 20 ns 的光脉冲读出,该光脉冲在飞行控制处理机中处理并沿着一条光缆送到一个分光/合光器,并被分割成一系列脉冲,分别沿着与各自编码条对应的一系列光纤传输,单个光脉冲被吸收或反射取决于编码板的位置。因为每根光纤长度不同,因而对光脉冲的延迟时间也不同。这样将各反射脉冲组合以后就转换成一个串行字,为使信号同步,直达脉冲被直接反射回去。确定传感器位置的串行字沿着相同的光缆返回到处理机,在那里被接收机接收。

(6)飞行控制微处理机。

飞行控制微处理机是 ADOCS 的数字部件,共 3 台(系统为三余度),为实现余度控制,每个处理机都可单独产生控制所有作动器的指令。为减少被炮弹攻击的易损性,这些处理器装在机身不同的部位,且彼此间无联系。每个飞行控制处理机又包括两个用于主飞行控制的微处理机和一个用于自动飞行控制的微处理机。来自侧杆的飞行员输入命令,通过主飞行操纵处理机电-光结构装置以光的形式把控制信号送到作动器。自动飞行控制处理机则通过光纤数据总线与飞行员多功能控制面板、维修面板、飞机传感器、航空电子系统以及有关的视频系统联系起来。

主飞行控制系统是双故障工作模式,发生两次故障之后飞机仍能飞行。每台飞行控制处理机对本身的性能进行监控,并在其本身失效时切断。主飞行操纵系统的功能是代替常规的机械操纵系统。自动控制系统采用交叉比较监控,具有单故障工作能力。自动飞行控制系统提供执行各种任务所需的操纵品质。

13.3.2 综合飞行/火力/推进控制

综合飞行/火力控制(IFFC)系统技术是美国在20世纪70年代中期提出的一种新的航空技术。它以飞机主动控制技术为基础,通过综合飞行/火力耦合器将能解耦操纵的飞行控制系统和攻击瞄准系统综合成一个闭环武器自动投放系统。

图13-15为综合飞行/火力控制系统的简化结构图。它主要包括:目标及其位置与运动信号、火力控制系统、飞行控制系统、火力控制与飞行控制系统之间的耦合器、控制对象(飞机)、飞机状态变量传感器和估算器、武器投放机构以及显示装置等。它的心脏是具有程序飞行控制和火力控制规律的数字计算机。飞行员选择某种飞行状态,通过机载火控雷达及前视红外/激光跟踪器确定目标的运动参数(距离、速度、加速度和方位),通过机载传感器测量飞机的飞行状态(马赫数、高度和姿态),与飞行员的输入指令一起综合计算,精确预测目标的未来位置,自动生成投放(或发射)点及到达投放(或发射)点前的飞行轨迹。自动生成的轨迹信号通过平显为飞行员提供操纵和状态显示,同时,送入飞行/火力控制耦合器,在那里形成控制指令传入电传操纵(或控制增稳)系统,操纵飞机跟踪目标进行自动攻击。这里,飞行员或轰炸员只起监控作用,大大减轻了他们的工作负担。由该图可知,也可由飞行员操纵飞机按平显提供的信息生成飞行轨迹,并引导飞机飞往发射(或投放)点。待目标显示已至发射(或投放)点时,即可自动射击(或投放)机炮(或炸弹),也可由飞行员或轰炸员射击机炮或投放炸弹。

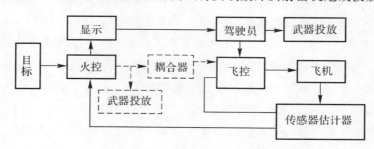

图13-15 综合飞行/火力控制简化结构图

综合飞行/推进控制(IFPC)技术就是把飞机与推进(包括进气道、发动机和尾喷管)系统综合考虑,在整个飞行包线内最大限度地满足飞行任务的要求,以满足推力管理、降低燃油消耗率和提高飞机机动性、有效处理飞机与推进系统之间耦合影响及减轻飞行员负担等要求,从而使系统达到整体性能优化。

一般综合飞行/推进控制系统的工作过程如下:根据飞行任务,飞行员发出指令,计算机收到飞机迎角、侧滑角、速度和加速度信号的同时,也接收来自发动机的进气道压力比、进气整流锥位置信号。经过计算之后,一方面向飞机飞行控制系统发出操纵信号,操纵飞机相应的控制面,使飞机按预期的姿态和轨迹飞行;另一方面又向推进系统发出控制信号,控制进气锥位置伺服装置和油门,按需要控制发动机的推力。这样,就把飞行控制和推进控制融为一体,达到综合控制的目的。

图 13-16 为综合飞行/推进控制系统的控制结构图。它利用递阶、分散的思想把综合系统划分为若干个子系统进行设计,按模块对飞行模态进行控制律设计。指令发生器的功能就是把飞行员指令或飞行管理提供的信息转化成飞机的飞行变量组合,产生希望的飞机过渡过程响应。控制律计算出跟踪期望轨迹所需要的控制量,这一过程先采用全状态反馈设计(转化为输出反馈),再拆除不重要反馈通道进行简化,然后对给定的反馈结构进行优化。控制选择器输出按一定控制逻辑构成的执行指令,使各气动面、进气道、发动机和尾喷管协调匹配,获得最佳性能。

综合飞行/火力/推进(IFFPC)系统是在 IFFC 和 IFPC 的基础上发展起来的。综合飞行/火力/推进一体化设计是在采用各种先进的主动控制技术基础上,把飞行、火力、推进、导航以及航空电子等子系统更完整地综合在一起,以大幅度提高飞机的总体性能。譬如,直接力控制与发动机反向推力的应用,将使飞机作战战术发生很大的变化。因此,只有采用先进的控制结构和多变量算法,采用分布式处理技术和余度、监控技术等,才有可能保证综合总体性能优于非综合总体性能。

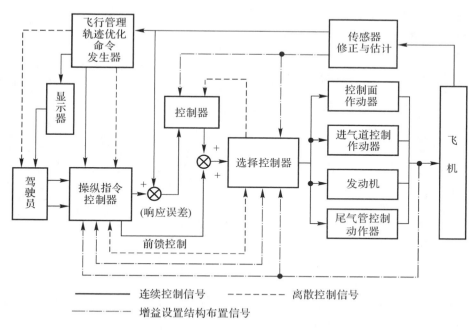

图 13-16　综合飞行/推进控制系统的控制结构

图 13-17 是综合飞行/火力/推进系统原理结构图。其中实时的飞行管理和轨迹生成对计算机的运算速度和存储能力提出了更高的要求;耦合器/控制器是该系统的核心,它保证整个综合系统满足飞机性能要求并有明显提高。

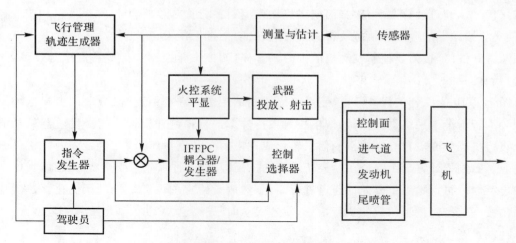

图 13 - 17　综合飞行/火力/推进系统原理结构图

课后习题

1. 什么是电传操纵系统？它有哪些优缺点？
2. 过载限幅器和迎角/过载限制器有什么作用？
3. 什么是自动配平网络？它起什么作用？
4. 如何提高电传操纵系统的可靠性？
5. 什么是光传飞行控制系统？它有什么特性？
6. 什么是综合飞行/火力/推进控制？

第 14 章　飞行仿真概述

　　飞行仿真是以飞行器(包括飞机、导弹、火箭等,本书主要以飞机为研究对象)的运行状况为研究对象,面向复杂系统的仿真。在计算机发明之前,飞行仿真主要是利用飞行器实物或者模型来进行研究的,称为物理仿真。物理仿真形象直观,可信度高,但试验对象易损坏,一般很难重复使用;现代飞行仿真主要依靠计算机来实现,它首先根据飞行器运动学、空气动力学及飞行控制原理等有关理论建立相关的数学模型,然后按照模型编写程序,在计算机上进行仿真计算与分析研究,如图 14-1 所示。

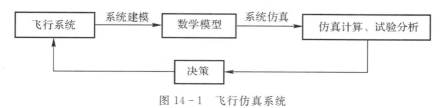

图 14-1　飞行仿真系统

　　在 20 世纪五六十年代,飞行仿真仅仅只是作为研究和设计飞行控制系统的一种试验手段,当时飞行控制系统的控制律是在飞机气动外形确定之后才开始设计的,飞行控制系统的主要目的在于能代替飞行员驾驶飞机,减轻飞行员的工作负担。70 年代出现了主动控制技术,将飞机的气动外形设计与飞行控制系统控制律的设计结合进行,以设计出飞行性能更佳的飞机,此时飞行仿真技术开始全面应用于整个飞机的研制过程。

14.1　飞行仿真系统数学模型

　　数学模型是对客观世界真实系统的一种抽象,具有与真实系统相似的数学描述或者物理属性,正确建立起来的数学模型能够从本质上深刻地反映系统实体的基本特征和运动规律。数学模型的描述方式是多种多样的,主要包括概念模型和正规模型两种。有关系统的文字描述、图、表格都可以看作是概念模型,概念模型易于理解和建立,但不能直接用于仿真计算。正规模型是用数学方程式的形式来描述系统特性的数学表达式。根据研究目的、研究手段和系统的不同特点,可分别选择代数方程、微分方程、差分方程、状态方程和传递函数等仿真模型。为适于在计算机上进行仿真计算,还要在数学模型的基础上建立仿真模型,同时规定仿真的方式、算法、速度、精度要求等,再采用某种程序语言编制成计算机软件。一般在完成一系列的数字仿真以后,还要比较仿真结果和试验数据,对数学模型和仿真模型进行校核和验证。

14.1.1　飞行仿真系统数学模型构成

飞行仿真系统的数学模型主要由以下几部分构成:

(1)飞行动力学模型。飞行动力学模型属于高阶多变量非线性时变系统,描述飞机在空间做有控运动的动力学规律,一般采用六自由度非线性全量运动方程,包括三个飞机质心运动方程和三个绕飞机质心的刚体转动方程,气动弹性的影响可以采用在运行方程中增加弹性自由度的方法加以考虑,也可以用"修正系数"法在气动系数中计入,方程形式保持不变,这样处理起来比较简单。

(2)飞机内部各系统的仿真模型:飞机作为一个大系统,还包括发动机系统、操纵系统、自动飞行控制系统、导航系统、仪表系统、液压系统、燃油系统和电源系统等,这类系统具有各种逻辑控制,各个分系统动态响应特性差异很大,并且直接与各种开关和显示设备连接。在飞行仿真中,根据仿真任务和目标的要求,可以只考虑部分系统的仿真模型,其他不予考虑。

(3)飞行环境仿真模型。飞行环境仿真模型包括大气环境(气温、气压、阵风、紊流等)模型、地理环境(地形、地貌)模型和多机仿真中的演练战法模型等。

应该指出的是,仿真模型往往不具有唯一性,这是因为人们对问题描述的逻辑思维、繁简程度以及模型结构等都可能存在差异,建成的仿真模型会迥然不同,但是它们的运行结果可能比较相近或者均能满足仿真目标的基本要求。

14.1.2　飞行仿真系统数学模型验证

飞行仿真模型是一个复杂的大系统,只有保证了建模与仿真的正确性和置信度,其仿真结果才有实际意义。如今计算机技术的发展,为建立正确、可信的模型提供了条件。按照现代建模与仿真系统的开发要求,应采用 VVA(Verification,Validation,Accreditation)的模式,即模型的校核、验证与确认应贯穿在建模与仿真系统开发、应用和完善的全过程,包括方案论证、设计、分析、运行、维护、训练等各个阶段。

验模与建模应同步进行,VVA 应实现自动化与规范化。若采用人工测试则通过接口由人工输入操纵信号,若自动测试由自测试软件生成驱动信号,飞行仿真模型运转后得到的有关性能参数与性能测试比较基准数据进行比较,比较基准可以是试飞数据、实验数据或设计技术指标参数,比较结果用性能规范标准给定的允许误差进行评估并得到评估结论。若某些性能不满足规范要求可返回进行模型修正或参数调整,直到达到要求为止。

14.2　飞行仿真常用算法

飞行仿真使得对飞行问题的研究从定性分析阶段走向定量分析阶段,包含了大量复杂的数值计算,往往只能依靠计算机来进行处理,而数值计算方法就是研究在计算机上构造问题求解过程的方法。作为致力于飞行仿真计算的工程技术人员,必须要熟悉常用的数值算法,使其既要面向数学模型,尽可能地逼近原问题真实的求解空间,又要面向计算机和程序设计,以尽可能少的机时解得原问题要求的数值结果。在飞行仿真中,通常主要用到的计算方法有插值和解微分方程组。

14.2.1　插值算法

插值算法用在对一些原始数据的处理上,因为原始数据往往是在特定状态下采集的有限的离散数据,比如气动数据大多是在某些飞行高度和飞行 Ma 下采样得到的,要得到对应某两个采样点之间的某飞行状态的气动数据,就只能靠插值来实现,而这种情况在飞行仿真中几乎是无法避免的。最简单的插值方法是线性插值,它的误差较大,但运算量较少,多用于实时飞行仿真中。

线性插值的原理如下:做函数 $y = f(x)$ 的数据表格,自变量区间内的任一 x 对应的 y 值都可以由相邻的数据节点插值得到,如图 14－2 所示。

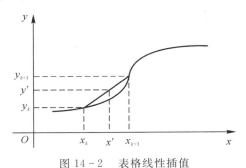

图 14－2　表格线性插值

对应的算法如下:

(1) 根据 x 值查找插值区间,即寻找 x_1、x_2,使 $x_1 \leqslant x \leqslant x_2$;

(2) 应用插值公式 $y = y_1 + \dfrac{y_2 - y_1}{x_2 - x_1}(x - x_1)$ 进行计算。

如果 x 的值超出了自变量的规定区间并且仍然有效,按照数据的特点和仿真的精度要求,y 值可以取边界值,或者采用外插的方法解决。

根据仿真时对数据处理精度和速度的要求,还可以选择精度较高的拉格朗日(Lagrange)二次插值和三次样条(Spline)插值等。

14.2.2　微分方程组积分算法

飞行系统中的数学模型大多是一些具有微分方程或者是最终都可转换为微分方程的形式,它们构成了变系数的非线性常微分方程组。许多变系数都和待求的运动参数密切相关,而它们之间一般没有直接的解析表达关系,常常只能是以数表或图形的形式给出。因此,只能用数值积分的方法求其数值解而无法求其解析解。级数解法和逐次逼近法等一些近似解析法能够求解部分初值问题,但仍然存在极大的局限性,在飞行仿真中很少采用。通常的做法是将微分方程组离散为差分方程组,通过解差分方程获得数值解,对于微分方程的初值问题,有

$$\left.\begin{array}{l} \dfrac{\mathrm{d}y}{\mathrm{d}x} = f(x,y), \quad a < x \leqslant b \\[2mm] y(a) = y_0 \end{array}\right\} \tag{14-1}$$

它的解法就是寻求在一系列离散点(称为节点)$a = x_0 < x_1 < \cdots < x_n = b$ 上的近似值 y_0,$y_1, \cdots, y_n$,相邻两个节点之间的距离 $h_i = x_i - x_{i-1}$ 称为步长,为便于计算,一般取等步长。

常用的解微分方程初值问题的算法有欧拉法和龙格-库塔法等。欧拉法可直接由泰勒(Taylor)展开式忽略二阶以上项得到:

$$y(x_{k+1}) = y(x_k) + hy'(x_k) = y(x_k) + hf[x_k, y(x_k)] \tag{14-2}$$

$k = 0, 1, 2, \cdots, n-1$,方程的近似解是对初值问题精确解的折线逼近,特点是方法简单但误差较大,见图 14－3。

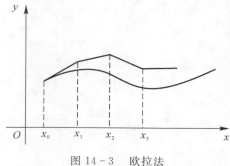

图 14-3　欧拉法

如果在计算积分的近似值时,不采用矩形公式而采用梯形公式,即

$$y(x_{k+1}) - y(x_k) = \int_{x_k}^{x_{k+1}} f[x,y(x)]\mathrm{d}x \approx \frac{h}{2}\{f[x_k,y(x_k)] + f[x_{k+1},y(x_{k+1})]\}$$

$$(14-3)$$

由此得到一组近似解为:

$$\left.\begin{aligned}
y_0 &= y(a)\\
x_{k+1} &= x_k + h\\
y_{k+1} &= y_k + \frac{h}{2}[f(x_k,y_k) + f(x_{k+1},y_{k+1})]
\end{aligned}\right\}$$

$$(14-4)$$

这就是改进的欧拉法,显然改进的欧拉法比欧拉法更精确些,可以证明,欧拉法为一阶方法,而改进的欧拉法为二阶方法。

龙格-库塔法(Runge-Kutta)间接利用了泰勒展开的思想,但为了避免计算高阶导数,通过计算一些节点上的函数值的线性组合,构造近似计算公式。构造方式的多样性形成了不同的龙格-库塔法,如常见的二阶龙格-库塔法、三阶龙格-库塔法、四阶龙格-库塔法、变步长龙格-库塔法等,经典的龙格-库塔法是一种四阶的方法:

$$\left.\begin{aligned}
y_{k+1} &= y_k + \frac{1}{6}(c_1 + 2c_2 + 2c_3 + c_4)\\
c_1 &= hf(x_k,y_k)\\
c_2 &= hf\left(x_k + \frac{h}{2},y_k + \frac{c_1}{2}\right)\\
c_3 &= hf\left(x_k + \frac{h}{2},y_k + \frac{c_2}{2}\right)\\
c_4 &= hf(x_k + h,y_k + c_3)
\end{aligned}\right\}$$

$$(14-5)$$

龙格-库塔法可以达到很高的运算精度,但从方程式(14-5)可知,由于在计算每一步时都要调用四次微分方程以求得中间节点的导数值,因此当微分方程比较复杂时,就会对仿真计算速度产生较大的影响。在快速仿真中多采用运算速度较快的欧拉法,随着现在计算机的处理速度大幅度提高,在一些有实时性要求的仿真中有时也可以考虑采用精度较高的龙格-库塔法。

在解微分方程组时,只需将上面介绍的方法应用到方程组中的每个方程即可。对于一些高阶微分方程,可将其进行降阶处理,先转化为含多个未知函数变量的一阶微分方程组的形式,然后再按上述方法求解即可。例如,对于二阶常微分方程的初值问题,有

$$\left.\begin{aligned}\frac{\mathrm{d}^2 y}{\mathrm{d} x^2} &= f(x,y,y'), \quad a < x \leqslant b\\y(a) &= y_0, \quad y'(a) = z_0\end{aligned}\right\} \qquad (14-6)$$

可令 $z = y'$，则式（14-6）可化为一阶常微分方程组的初值问题：

$$\left.\begin{aligned}z &= \frac{\mathrm{d} y}{\mathrm{d} x}\\\frac{\mathrm{d} z}{\mathrm{d} x} &= f(x,y,z), \quad a < x \leqslant b\\y(a) &= y_0, \quad z(a) = z_0\end{aligned}\right\} \qquad (14-7)$$

有关常微分方程组初值问题的数值解法，还有很多其他的方法，对于一些特殊问题（如刚性问题）更有其特殊的理论和方法，感兴趣的读者可以参看有关的计算方法教材。

14.3　飞行仿真软件

飞行仿真软件要完成飞机空气动力特性、发动机动力特性和大气环境特性等的计算，求解飞机运动方程，并处理和分析仿真结果。由于飞行仿真系统的复杂性，在建立数学模型和软件开发时通常要遵照模块化和层次化的设计思想，科学合理地划分模块和建立各模块的数学模型是仿真系统软件设计的重要环节。飞行仿真系统一般按照物理功能划分模块，按照物理构成组织模块，对于具有共性的通用模块，尽可能把它们的模型和数据分离，以便于调试、修改和更换仿真模型，增强软件的可重用性。

14.3.1　飞行仿真软件组成

根据飞行系统仿真的要求与特点，飞行仿真软件应包含以下功能：
（1）为飞行仿真提供算法支持；
（2）描述和建立飞行仿真模型；
（3）控制仿真过程的进行；
（4）仿真数据的记录、显示和分析；
（5）对模型、软件文档、数据和其他资料的存储和管理。
一个通用的飞行仿真软件的总体功能框架设计如图 14-4 所示。

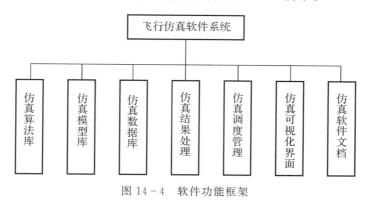

图 14-4　软件功能框架

（1）仿真算法库。

仿真算法库包括多项式代数运算、矩阵坐标转换运算、随机/确定信号发生器、微分方程积分算法、插值算法和拟合逼近算法等。

（2）仿真模型库。

仿真模型库包括大气环境模型、地球模型、飞机气动力计算模型、发动机动力特性模型、质量/惯量模型和机体动力学、运动学模型等，完成飞机的飞行轨迹和姿态计算，根据仿真任务要求可以提供线化模型和六自由度模型。

（3）仿真数据库。

仿真数据库存储和管理气动力数据、发动机数据、质量/惯量数据等，完成对以上数据的预处理，如平滑、滤波、野点剔除和时标对齐等。

（4）仿真结果处理。

仿真结果处理用于对仿真中间结果和仿真结果的分析和处理，如曲线图表生成、打印输出和数据统计分析等。

（5）仿真调度管理。

仿真调度管理采用消息、事件驱动机制实现对仿真进程的管理，通过计算机的可视化界面交互实现对软件工程文件、功能设置、窗口调度、仿真运行、网络通信、可视化驱动及结果处理等功能的管理。

（6）仿真可视化界面。

仿真可视化界面提供了友好的人-机交互界面，通过它来调用其他仿真模块，完成一次仿真。如设置仿真任务、仿真参数，启动仿真进程，并可以在仿真过程中以曲线、动画等形式将当前飞行状态同步显示出来，更加直观地再现飞行系统运动的发展演变过程。

（7）仿真软件文档。

仿真软件文档作为仿真软件的一部分，是软件的文字记载和说明，有利于对软件的使用、维护和修改，主要包括以下几个方面的内容：软件开发背景、功能、组成、各模块输入输出说明、处理算法描述和运行实例等。

14.3.2 飞行仿真软件设计

飞行仿真系统的数学模型是繁杂的，应条理清晰地进行模块化设计。该系统首先接收来自操纵系统的操纵面位置，来自燃油系统的燃油重量、飞机重心位置，来自液压系统的襟翼、起落架位置和收、放标志，以及来自发动机系统的推力等。然后，在"气动系数"模块计算气动力/力矩，在"地面操纵特性"模块计算起落架力/力矩，在"力和力矩"模块计算飞机受的总力/力矩，进而在"运动方程"模块通过求解飞机六自由度全量运动方程，获取飞机的姿态和位置。这些飞行参数可以输出到可视化模块，为飞行员提供视觉、听觉和动感等信息。其中：力→加速度→飞机速度→飞机位置，力矩→角加速度→角速度→飞机姿态，在所有的飞行仿真计算过程中都是一样的，可以建立通用数学模型。各种不同型号飞机的气动特性相差较大，加之研制飞行模拟器还要计入多种影响因素，这部分属于个性仿真，因此"气动系统""气动力/力矩"数学模型可以建立特殊的模块。将各种模块综合起来就可建立飞行仿真系统的"模型库"。

软件设计时，充分利用已有的通用数学模型，可以减少软件编程工作量，缩短软件的设计周期。模块化建模还便于仿真管理软件按不同速率调度不同模块。对于一些模块计算的参数动态变化快、精度要求高的,可按全速率循环运行。如气动模块、运动方程和起落架力和力矩模块采用全速率,其他模块分别用不同速率计算,例如"质量特性"用 1/8 速率,"紊流"模块用 1/4 速率等,这样可以减少计算负荷,满足实时仿真的要求。

此外,还应该根据不同仿真任务和仿真模型,选取适当的仿真算法和仿真步长,从而满足求解速度、精度和稳定性的要求。比如对于仿真步长,从减小截断误差的角度考虑应该采用小步长;但步长取得过小,运算量将成倍增加,同时会引入大的舍入误差,影响稳定性。一个实用的微分方程求解算法,应该具有自动变步长的功能。

14.3.3　飞行仿真软件编程语言

飞行仿真软件的程序语言主要有通用的程序语言和专用的仿真语言。通用的程序语言指计算机高级语言如 C、C++、Fortran 等;而仿真语言是在高级语言的基础上设计的面向特定应用领域的专门语言,它只需用户按照一定的要求书写方程代码,无需考虑数学模型到仿真模型的转换,这类语言有 ACSL、Simscrip、Adsim 等。随着计算机软硬件技术的飞速发展,一些为仿真应用而开发的软件包在种类和功能上日益丰富和强大,可视化编程技术也大大降低了软件开发的难度,因此人们较多地使用通用编程语言来编写仿真软件。比如,Matlab 提供的仿真工具 Simulink 中就包含了大量的各专业领域的仿真模块,内置了功能强大的算法引擎,用户只需点击鼠标,选择和连接有关的模块,在短短的时间内就可以完成一个系统的建模和仿真。

14.4　基于 Matlab 软件的飞行器六自由度非线性仿真

Matlab 软件是一款功能强大的数值计算和仿真软件。Matlab 是 matrix & laboratory 两个词的组合,意为矩阵工厂(矩阵实验室),是由美国 mathworks 公司发布的主要面对科学计算、可视化以及交互式程序设计的高科技计算环境。它将数值分析、矩阵计算、科学数据可视化以及非线性动态系统的建模和仿真等诸多强大功能集成在一个易于使用的视窗环境中,为科学研究、工程设计以及必须进行有效数值计算的众多科学领域提供了一种全面的解决方案,并在很大程度上摆脱了传统非交互式程序设计语言(如 C、Fortran)的编辑模式,代表了当今国际科学计算软件的先进水平。该软件具有以下优点:

(1)高效的数值计算及符号计算功能,能使用户从繁杂的数学运算分析中解脱出来;

(2)具有完备的图形处理功能,实现计算结果和编程的可视化;

(3)友好的用户界面及接近数学表达式的自然化语言,使学者易于学习和掌握;

(4)功能丰富的应用工具箱(如航空工具箱、信号处理工具箱、通信工具箱等),为用户提供了大量方便实用的处理工具。

下面介绍基于 Matlab Simulink 软件航空工具箱建立的飞行器六自由度非线性仿真系统。

14.4.1　仿真系统总体构成

基于 Matlab Simulink 软件航空工具箱所建立的飞行器六自由度非线性仿真系统主要功能模块如图 14-5 所示。

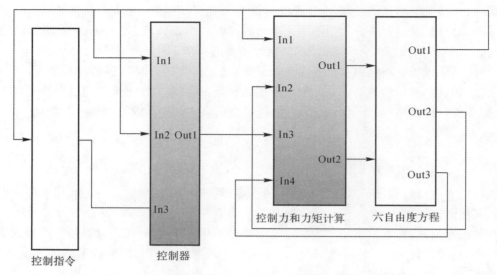

图 14 - 5　飞行器六自由度非线性仿真系统主要功能模块

由图 14 - 5 可知,飞行器六自由度非线性仿真系统主要包括飞行器六自由度方程解算模块、控制力和力矩计算模块、控制器模块、控制指令模块等。

其中,六自由度方程解算模块的核心是利用 Matlab Simulink 软件航空工具箱所提供的飞行器六自由度模型进行对飞行器运动状态的仿真计算;控制力和力矩计算模块主要是利用控制器输出的控制指令、飞行器飞行状态反馈信息和大气环境信息计算得到飞行器所受到各轴向上的力和力矩;控制器模块是飞行设计和仿真的核心,主要包括控制律和制导律两大组成部分;控制指令模块是对飞行的飞行输入必要信号,一般而言是飞行航路航点数据。

14.4.2　六自由度方程解算模块

Matlab Simulink 软件航空工具箱提供了飞行仿真所有常见坐标系下的运动模型。这些运动模型不仅包括三自由度运动模型,还包括六自由度运动模型,如图 14 - 6 所示。

由图 14 - 6 可知,Matlab Simulink 软件航空工具箱提供了飞行仿真最常见的体轴系、风轴系等各种运动模型。在仿真过程中,可以根据实际需求选择合理的模块。

选定了合适的仿真模块之后,仅仅解决了运动仿真的基本问题,但是对于整个仿真模块来说,还有很多问题需要解决。

由图 14 - 7 可知,六自由度航空工具箱所输出的飞行参数对于仿真系统来说是远远不够的。因此,还需要根据六自由度模块所输出的飞行参数计算得到仿真系统其他模块所需要的气流角参数、过载参数、空间位置参数等。

14.4.3　控制力和力矩计算模块

控制力和力矩计算模块主要是根据控制器模块所输出的舵面偏转信息、运动方程反馈的飞行状态信息等,通过利用气动数据库差值计算的方式,获得飞行仿真过程所需要的各种力和力矩。控制力和力矩计算模块的结构如图 14 - 8 所示。

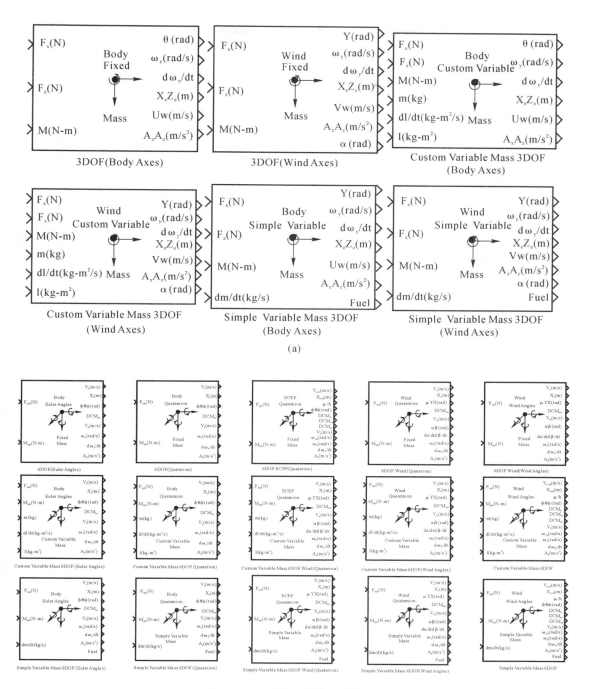

图 14 - 6　航空工具箱运动模型

(a)航空工具箱三自由度模块；　(b)航空工具箱六自由度模块

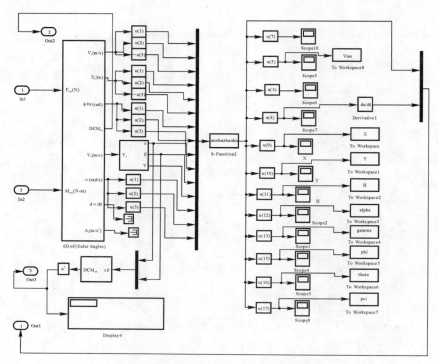

图 14-7 六自由度方程解算模块结构

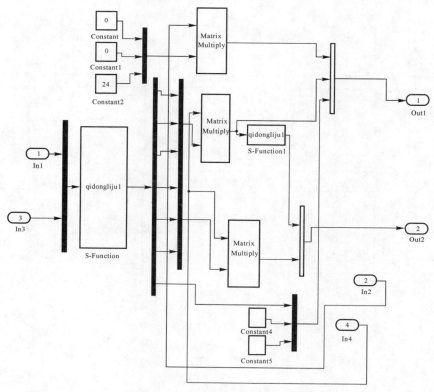

图 14-8 控制力和力矩计算模块

在该模块中,有两部分重要的计算:气动力/力矩系数计算和气动力/力矩计算。其中,气动力/力矩系数计算需要用到控制器输入的舵偏角信息、飞行状态信息以及大气环境信息;气动力/力矩计算需要用到飞行状态信息以及大气环境信息。这些计算过程可以用 Matlab Simulink 模块来完成,也可以通过 Matlab Simulink 外界模块 S - Function 函数来完成。图 14 - 8 所采用的就是采用 S - Function 函数方式。

需要说明的是,Matlab Simulink 的航空工具箱还提供仿真计算所需的大气环境模块,在仿真过程中可以方便地调用。Matlab Simulink 航空工具箱的大气环境模块如图 14 - 9 所示。

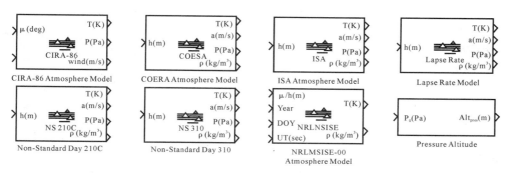

图 14 - 9　航空工具箱的大气环境模块

14.4.4　控制模块

控制模块是飞行仿真进行下去的关键,也是飞行性能好坏的关键。

一般来说,控制器模块主要包括两部分:控制律模块和制导律模块。对于多舵面飞行来说,还包括舵面分配模块。该模块设计是飞行仿真和飞控设计最主要的模块,其性能的好坏直接决定了飞行器飞行性能的好坏。

14.4.5　控制指令模块

该模块主要是飞行仿真所要做的具体动作。一般来说,该模块所输入的是一系列规划好的飞行航路上的航点信息。

课　后　习　题

1.什么是飞行仿真? 其数学模型由哪几部分构成?

2.飞行仿真软件通常包括哪些部分?

附录 1　俄坐标系定义与坐标系转换

附录 1.1　俄坐标体系定义

俄坐标体系定义如下:

(1)地面坐标系。

地面坐标系简称地轴系。其原点 O 固定于地面上某点,Oy_g 轴铅垂向上,Ox_g 和 Oz_g 轴在水平面内和 Oy_g 轴构成右手直角坐标系。

重力通常在地轴系内给出,并沿 Oy_g 轴的负向。

(2)机体坐标系。

机体坐标系简称体轴系。原点 O 在飞机的质心上,纵轴 Ox_b 指向前方,竖轴 Oy_b 在飞机对称面内指向机体上方,横轴 Oz_b 垂直于飞机对称面指向右侧。发动机推力一般在机体坐标系内给出。

(3)气流坐标系。

气流坐标系也称速度坐标系。其原点 O 在飞机质心上;Ox_a 轴沿飞行速度(空速)方向,向前为正,称为速度轴或阻力轴;Oy_a 轴在飞机对称面内垂直于 Ox_a 轴,向上为正,称为升力轴;Oz_a 轴垂直于 Ox_ay_a 平面,向右为正,称为侧力轴。作用于飞机的空气动力一般按速度坐标系给出。

(4)航迹坐标系。

航迹坐标系原点 O 在飞机质心上;Ox_h 轴沿飞机飞行速度方向,向前为正;Oy_h 在通过 Ox_h 轴的铅垂平面内与 Ox_h 轴垂直,向上为正;Oz_h 在水平面内垂直于 Ox_hy_h,构成右手坐标系。

附录 1.2　两种坐标系之间的转换

根据欧拉力学的基本原理,定义坐标系旋转的方向:在右手坐标系中,坐标系旋转的正方向由右手螺旋定则决定,即从该轴正半轴向坐标原点看,逆时针方向旋转为旋转正方向。

在该定义的正方向和苏联坐标系的定义方式下,坐标系变换的绕三轴旋转的先后顺序为 x,z,y。按照该旋转顺序,三个基本坐标旋转的基本转换矩阵分别为

$$T_1(X\eta_x) = \begin{bmatrix} 1 & 0 & 0 \\ 0 & \cos\eta_x & -\sin\eta_x \\ 0 & \sin\eta_x & \cos\eta_x \end{bmatrix} \tag{1}$$

$$T_2(Y\eta_z) = \begin{bmatrix} \cos\eta_z & 0 & \sin\eta_z \\ 0 & 1 & 0 \\ -\sin\eta_z & 0 & \cos\eta_z \end{bmatrix} \tag{2}$$

$$T_3(Z\eta_y) = \begin{bmatrix} \cos\eta_y & \sin\eta_y & 0 \\ \sin\eta_y & \cos\eta_y & 0 \\ 0 & 0 & 1 \end{bmatrix} \tag{3}$$

则最终的变换矩阵可表示为

$$T = T_1 T_2 T_3 \tag{4}$$

根据俄坐标系和美坐标系的定义可知,俄坐标系通过旋转到美坐标系有两种旋转方式:绕 x 轴旋转 $180°$ 和绕 z 轴旋转 $180°$。这两种旋转方式在三轴的旋转角度分别为:$(\pi \quad 0 \quad 0)$ 和 $(0 \quad \pi \quad 0)$。

分别将这两组旋转角度带入式(1) ～ 式(3),并根据式(4)可得

$$T = \begin{bmatrix} 1 & 0 & 0 \\ 0 & 1 & 0 \\ 0 & 0 & -1 \end{bmatrix} \tag{5}$$

由计算结果可知,两种不同的旋转方式得到的旋转变换式(5)相同。

由于旋转角度为 $180°$,欧美坐标系通过旋转到俄坐标系的两种旋转方式的三轴旋转角度和得到的转换矩阵都和俄坐标系通过旋转到欧美坐标系有两种旋转方式相同。

在应用时,有以下几点需要注意:

(1)根据本文坐标轴的定义标准,两坐标系变换的向量坐标为 $\begin{bmatrix} x & z & y \end{bmatrix}^{\mathrm{T}}$。

(2)在建立运动模型时,应当采用同一坐标系定义方法,即如果选用俄坐标系,则地面惯性系、体轴系、机体系、速度系、航迹系都应是俄坐标系定义。避免俄坐标系和欧美坐标系混用的情况。

(3)现实的物理空间都是三维的,因此,需要变换的物理量也应是以三维列向量的形式出现。具体飞行器相关学科领域,则是以三维位置向量、三维速度向量、三维姿态角、三维角速度的形式进行变换。

(4)坐标系的旋转变换和同一体系下不同坐标系间的变换在物理意义和变换矩阵形式上存在很大的不同,且不可混为一谈。在很多教材中,都可以看到运动方程从体轴系向速度系、速度系向体轴系的变换矩阵。虽然这种变换的绕 x,y,z 三个基本坐标旋转的基本转换矩阵和式(1) ～ 式(3)相同,但是,其最终变换矩阵和式(5)不同。物理意义更是相差巨大,感兴趣的读者可参考相关理论力学的欧拉力学的相关部分。

附录2 YF－16飞机电传操纵系统

YF－16飞机的电传操纵系统是模拟式四余度电传操纵系统,该系统具有如下特点:

(1)纵向放宽静稳定性,以提高飞机的机动性;

(2)三轴控制增稳,以提供精确的控制和极好的操纵品质;

(3)具有双故障安全故障等级,以提供高度的安全性和任务成功概率;

(4)全电传操纵系统为改善操纵品质提供最大的灵活性;

(5)能自动限制迎角,这样允许飞行员无顾忌地发挥飞机的最大能力,不必担心由于疏忽造成的失控;

(6)机内具有自检能力,以最短的停飞维护时间保证电传操纵系统处于良好的飞行准备状态。

附录2主要就YF－16飞机纵向电传操纵系统的组成、功能进行介绍,并对YF－16飞机横航向电传操纵系统的控制律,特别是对横航向解耦控制、消除副翼逆偏航、保证大迎角操纵品质的方法进行简单分析。

附录2.1 YF－16飞机纵向电传操纵系统

2.1.1 YF－16飞机纵向电传操纵系统组成

YF－16飞机纵向电传操纵系统如附图2－1所示。该电传操纵系统具有电信号指令、控制增稳、自动配平、自动调参、飞行边界限制、放宽静稳定性等功能。现对系统组成分述如下。

(1)电信号指令通路。

由附图2－1可见,驾驶杆至舵面已经不再是机械杆系,而代之以电信号的传递。这就允许在电信号传递中施加各种校正,如非线性校正、过载限制、比例加积分控制、调参、相位补偿、结构滤波等多种手段改善系统品质。电信号指令是构成电传操纵系统的基础,它不仅甩掉了多年来一直使用的沉重机械杆系,而且更重要的是,它可综合飞机运动响应构成闭环控制。电传操纵系统的基本特点是飞行员不再直接控制舵面,而是直接指令飞机的响应,舵面只是闭环控制的中间变量,这是与机械操纵的本质区别所在。

电传操纵系统保留原机械操纵系统中的驾驶杆及载荷机构,取消的只是机械拉杆、摇臂、力臂调节器。驱动舵面的液压助力器当然还是需要的。驾驶杆的运动由四余度操纵位移或操纵力传感器变成电信号。通常由载荷机构提供的操纵力-操纵位移关系是非线性的。驾驶杆的预载力是回中立特性的要求,操纵力超过预载力后才有位移输出。驾驶杆指令信号通过非线性校正后指令飞机过载,经此整形后保证在小操纵力操纵时不出现过灵敏反应,而在大机动操纵时不至于操纵力过大而笨重。

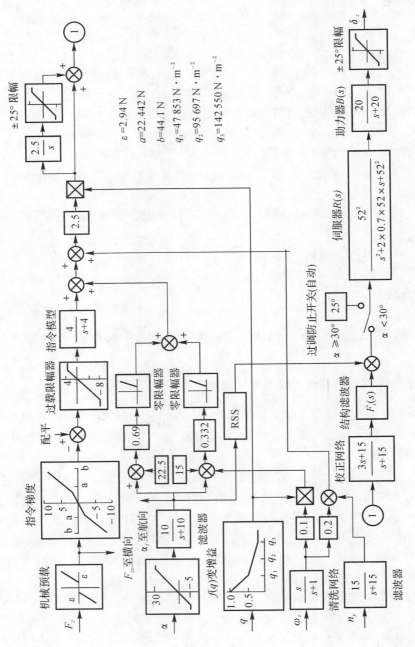

附图2-1 YF-16飞机纵向电传操纵系统功能结构图

　　电信号指令与座舱内配平轮的电配平信号叠加进入过载指令限制器。配平轮的过载权限约为±1，用途是调节电气零位，亦可提供飞行员进行配平修正。过载指令限制器的限制范围为过载-8～+4，这是杆指令的过载当量值。驾驶杆运动方向通常定义为：拉杆为负，推杆为正，负的杆指令对应正过载。需要强调的是，电传操纵系统的电信号指令是飞机过载的增量。根据限制器的数据，YF-16 飞机的过载范围实际为-3～+9。

　　过载限幅器之后是转折频率为 4 s^{-1} 的一阶滤波器，主要作用是缓冲飞行员的急剧操纵，避免液压动作器速率饱和而中断俯仰角速度和过载反馈。该环节又称电指令模型。它的输出指令闭环响应，由于电传操纵系统高增益(杆到舵面传动比约为机械系统的 4～10 倍)、响应快的特点，飞机响应基本上是跟随这个滤波器的输出，亦即它的输出代表了希望的飞机响应。该环节的转折频率为 3～12 s^{-1}，其倒数即为此滤波器的时间常数。它在飞机响应反馈信号之前，不影响飞机闭环系统的稳定性。

　　(2)前向通路。

　　滤波器输出后的控制指令，经与迎角限制器信号、法向过载和俯仰角速度混合反馈的信号综合后进入前向通路的自动调参环节，它随着动压的增大连续地降低系统开环增益，以期补偿舵面效率变化对系统增益的影响。它不仅起到了机械操纵系统力臂调节器的作用，而且对闭环系统操纵稳定性的设计综合，具有重要影响。

　　调参后的信号进入比例加积分控制器，这是自动控制原理中经常使用的方法。比例通道用于加快响应，积分通道用于消除稳态误差，构成一阶无静差系统，使驾驶杆每一位置都对应一个确定的法向过载或迎角值。积分通道的限制值恰好等于舵面偏角的最大值。

　　随后的环节是超前滞后网络，超前网络的转折频率为 5 s^{-1}，而滞后网络的转折频率为 15 s^{-1}。它将角频率大于 15 s^{-1} 的信号放大 3 倍，且在角频率 8.66 s^{-1} 处提供了 30°的最大相位超前角。该网络主要用于增加系统的相位储备，同时加快系统的初始响应。校正网络的类型和参数，要根据开环频率特性曲线的形态来设计综合，以使系统在整个飞行包线范围内全部满足稳定性和操纵性要求。

　　校正网络之后通常是结构限幅滤波器 $F_s(s)$。带有控制系统的飞机在气动力、惯性力和弹性力的作用下，可能出现气动伺服弹性不稳定问题，而一旦出现将危及飞行安全。俯仰速率陀螺和加速度计频带宽，它感受的机身弯曲振动通过电传操纵系统前向通道的高增益，可能反映到平尾运动上。因此，在校正网络之后采用结构滤波器滤掉大于机身一阶弯曲频率的全部信号。

　　结构滤波器之后是一个加法器，在此注入了来自迎角传感器的、并经放宽静稳定性补偿的信号，之后是过调防止开关。当飞机迎角较大时，操纵面效率降低，飞机响应无法跟随操纵指令。这里的保护开关限制在大迎角时，送给伺服器的信号等于舵面极限值，防止伺服器和助力器超极限呈开环工作状态。YF-16 飞机的舵机和助力器以及平尾的极限偏角也都示于附图 2-1 中，其中，助力器是一个简化的仿真用模型。以上即为前向通路的构形。有时为了加快系统响应或出于安全备份的需要，加接具有权限限制的并行直接链通路。

　　(3)反馈通路及其构型。

　　为了保证电传操纵系统的稳定操纵，必须实施闭环控制。飞机纵向运动响应有俯仰角速度、迎角和法向过载。电传操纵系统的控制增稳功能是由前向通路和反馈通路构成的闭环回路来实现的。构成闭环控制的主反馈信号是法向过载，它由加速度传感器测得。该信号首先通过一个一阶滞后滤波器,该滤波器是转折频率为 15 s^{-1},它用以滤掉加速度计的噪声干扰信号。由于该滤波器是在反馈通路,它对前向通路信号的传递具有超前作用,能够加快闭环响应。法向过载信号与俯仰角速度反馈信号叠加后,与杆指令信号综合构成闭环控制。法向过载反馈主要用以形成过载指令控制和过载限制,最大限度地发挥飞机的机动能力。

俯仰速率陀螺感受的俯仰角速度是电传操纵系统的重要反馈,其主要作用是改善飞机短周期运动的阻尼比。YF-16 飞机纵向电传操纵系统所用的 ω_z 信号首先进入一个一阶高通清洗网络。该网络只敏感于俯仰角速度的变化,对于 ω_z 的常值信号进行阻断,稳态输出为零。经高通网络之后的信号分两路:一路缩小为原来的 1/10,经动压调参后进入迎角限制器;另一路缩小为原来的 1/5 后,与过载信号叠加混合,反馈到电信号指令综合口,构成增稳回路。

迎角经-5°~30°限幅器后进入一阶滞后滤波器,其转折频率为 10 s^{-1},时间常数为 0.1 s。此后该信号的去向有三处:一是至航向,与 ω_x 信号相乘后进入偏航通道;二是经 $f(Ma)$ 或 $f(Ma,\alpha)$ 调参后驱动平尾进行静稳定性补偿;三是进入迎角限制器进行迎角限制。

2.1.2 YF-16 飞机纵向电传操纵系统功能

(1)控制增稳功能。

控制增稳是电传操纵的基本功能。它由指令通路(驾驶杆至闭环系统综合口)、前向通路和反馈通路构成。前向通路和反馈通路构成闭环控制增稳回路。前向通路加快操纵响应,反馈通路增加系统稳定性。

电传操纵系统前向通路接入了积分器,构成一阶无静差系统。当无操纵输入、指令信号为零时,飞机受扰动后的稳态响应终将归于零。当有操纵输入时,比例积分控制使飞机快速运动跟随指令要求,系统的阻尼保证了飞行员的精确操纵,使其感到装有电传操纵系统的飞机"动则灵,静则稳",这就是电传操纵系统的控制增稳功能,它是电传操纵系统实施其功能的基础。

(2)自动配平功能。

常规飞机为保持等速直线水平飞行,加速时要推驾驶杆,减速时要拉杆,这种特性称为正向速度稳定性。为减轻飞行员负担,电传操纵系统提供了中立速度稳定性,即飞机在加减速飞行时,飞行员无需操纵驾驶杆就可以保持飞机的水平直线飞行,这一功能称为自动配平功能。它是用前向通路上的比例积分控制中的积分器实现的。积分器的输入信号是电指令与飞机响应的 $\Delta n_y,\omega_z$ 综合信号,由于积分器的作用,将使这个信号不断地配平到零值,而积分器的输出使舵面停在配平位置。

当飞机加减速飞行时,飞行员操纵油门杆增加或减小发动机推力。飞行速度的改变致使升力改变,法向过载变化反馈到电传操纵系统,积分器的作用就是最终消除过载变化(因过载增量指令为零),而无需飞行员推拉驾驶杆,舵面就自动配平纵向力矩的改变。应当指出,闭环控制的反馈量是法向过载,舵面配平的偏转只能平衡纵向力矩的变化,不能绝对保持飞行高度和姿态角不变,这要靠自动驾驶仪来实现。主通道积分器的存在构成一阶无静差系统,它保证杆指令与过载增量之差为零,而杆指令为零,Δn_y 势必为零,从而保持飞机平飞。在起飞、着陆状态的端点飞行阶段,利用起落架开关,将自动配平功能切除,恢复到正向速度稳定状态操纵飞机起飞和着陆。

(3)飞行边界限制功能。

飞行边界限制是电传操纵系统十分重要的功能。有许多飞行参数,如迎角、侧滑角、过载、马赫数等,超过一定限度就会发生危险。纵向运动主要参数是迎角和法向过载,对于常规飞机,飞行员操纵时不能使操纵指令过大,否则会超过安全限度,发生失速、抖振甚至超过强度限制而使飞机解体。特别是对于放宽静稳定性的飞机,边界限制更为重要。飞行边界限制可以使飞行员放心大胆地操纵飞机,最大限度地发挥飞机的极限机动能力。

纵向电传操纵系统过载和迎角限制是由指令通路的过载限幅器和反馈通路的迎角限制器构成的。如前所述,操纵指令经预载、非线性校正后进入过载限幅器。驾驶杆指令是飞机过载增量,限幅器输出值限制过载增量为 $-4 \sim +8$,拉杆操纵给出过载为 -8 的电指令,飞机响应输出 $+8$ 的过载增量与之相抵消,才能使积分器停止工作。实际上限制飞机过载值为 $-3 \sim 9$。

拉杆操纵送给闭环综合口(与飞机过载增量 Δn_y 和俯仰角速度 ω_z 反馈相比较的地方)的指令并不等于过载限幅器的输出,而是过载限幅器输出与迎角限制器输出的差值。在迎角 $\alpha <$ $15°$ 时,迎角限制器输出为零,控制增稳回路的电指令信号就等于过载限幅器的输出值。当 $15° < \alpha < 22.5°$ 时,迎角限制器的输出值为 $U_\alpha = 0.322(\alpha - 15)$;当 $\alpha = 22.5°$ 时,$U_\alpha = 2.4$,指令控制增稳的最大值(增量)已经不是 8,而是 5.6。当 $\alpha > 22.5°$ 以后,另一条增益为 0.69 的迎角限制通路接通,过载指令以更大斜率下降。当 $\alpha = 28°$ 时,$U_\alpha = 8$,吃掉了全部来自驾驶杆的过载操纵指令,闭环电传操纵系统得到的指令信号为零(见附图 2-2)。这里的分析都是静态的。为防止动态过程中的迎角超过限制,在 YF-16 飞机迎角限制器中还引入了俯仰角速度信号,即将俯仰角速度信号 ω_z(增益系数为 0.1)引入迎角限制器实现超前控制,当 ω_z 较大,迎角 α 还没有到 $15°$ 时,就提前进入限制,减低杆输出的指令信号,限制飞机迎角的增长。

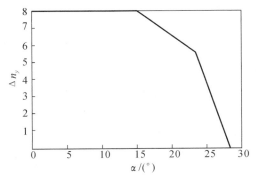

附图 2-2　YF-16 飞机过载及迎角边界限制特性

应当指出,不同飞机有不同的边界限制方案。YF-16 飞机的这种方案的最大优点是不必进行模态切换,就能自动地限制飞机的迎角或法向过载。此外尚需说明,这种限制只是对操纵指令的控制,并不反映飞机实际的迎角或过载。实际的迎角和过载还受到舵面极限偏角和舵面效率的限制。

(4)放宽静稳定性及其补偿。

放宽静稳定性是电传操纵系统极为重要的功能。重心后移放宽静稳定性后,必须通过飞行控制系统对飞机进行增稳补偿。因为重心后移导致飞机亚声速静不稳定,无法进行操纵;对于超声速飞行,静稳定性的降低导致飞机固有频率下降和阻尼比增加,为改善操纵品质,也需要补偿。

由俯仰力矩系数的表达式

$$m_z = m_{z0} + (\bar{x}_G - \bar{x}_F)C_y^\alpha \alpha \tag{6}$$

可知,重心后移后,焦点和重心间的距离发生变化,由此产生的俯仰力矩系数增量只能通过平尾偏转来补偿,即

$$\Delta \bar{x}_G C_y^\alpha \alpha + m_z^{\delta_z} \Delta \delta_z = 0 \tag{7}$$

由此可求得放宽静稳定性后的平尾补偿偏角为

$$\Delta \delta_z = -\frac{C_y^\alpha}{m_z^{\delta_z}} \Delta \bar{x}_G \alpha = f(Ma, \alpha)\Delta \bar{x}_G \alpha \tag{8}$$

附图 2-1 中迎角 α 输入支路有一条是用以补偿静稳定性的迎角反馈通路,迎角信号经限幅、低通滤波器后,按一定的调参规律加到伺服器的输入端。由于迎角是一个全量(含有配平分量),所以它不能从自动配平积分环节之前加入。

附录 2.2 YF-16 飞机横航向电传操纵系统

有了前面纵向电传操纵系统的结构图和功能原理的叙述,横航向电传操纵系统就容易理解了。附图 2-3 和附图 2-4 分别给出了 FY-16 飞机横向和航向电传操纵系统的功能结构图,现分别叙述如下。

2.2.1 YF-16 飞机横向电传操纵系统

附图 2-3 的 YF-16 飞机横向电传操纵系统指令通路与纵向基本相似,只是特性参数不同。滚转运动比俯仰运动反应快,所以其指令模型(一阶滤波器)的时间常数为 0.1 s,纵向为 0.25 s。横向指令通路有两个新特点:其一是压杆指令信号与侧向加速度反馈信号相综合形成有效指令信号。当飞行员在压杆的操纵时,飞机倾斜使升力矢量也随之倾斜。升力与重量的合力作为向心力,使飞机运动方向偏离对称面而形成侧滑。侧向加速度反馈相当于侧滑角反馈,该信号的引入用以减小压杆操纵时的侧滑角,改善飞机的横向稳定性。横向操纵的另一特点是人感特性自动按纵向操纵力而调节,随着纵向驾驶杆操纵力的增加,横向驾驶杆操纵力的有效指令将按比例衰减;当纵向操纵力增加到一定值,横向有效指令系数保持定值,实现特定要求的纵-横交联人感特性。

横向操纵的主反馈信号是滚转角速度 ω_x,而纵向主反馈信号是法向过载。纵向杆指令是法向过载,而横向压杆指令是滚转角速度。ω_x 反馈主要用于改善横向动稳定性,即增强横向阻尼,减小滚转时间常数,提高滚转性能。

与纵向电传操纵系统相似,前向通路也是按动压调参,与纵向不同的是没有积分控制。经 $\pm 20°$ 限幅信号后,同时驱动副翼和差动平尾,差动平尾使用权限为 $\pm 5°$。压杆操纵信号在驱动副翼和差动平尾的同时,还交联至航向操纵系统。通常,飞行员在压杆的同时还要蹬脚蹬,杆舵协调就不会产生侧滑。但是,杆舵配合不当,同样产生侧滑。有了电传操纵系统,压杆信号很容易交联到方向舵去解耦,消除副翼的逆偏航效应,从而实现协调转弯。这个交联信号的传动比通常是按迎角和马赫数自动调参,而 YF-16 飞机只按迎角调参。

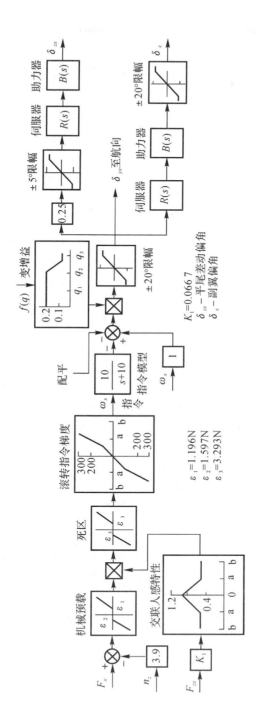

附图 2-3　YF-16 飞机横向电传操纵系统功能结构图

2.2.2 YF-16 飞机航向电传操纵系统

YF-16 飞机航向电传操纵系统功能结构图如附图 2-4 所示。

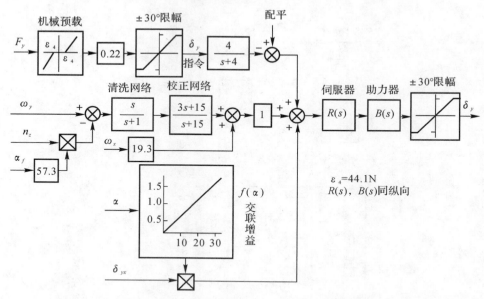

附图 2-4 YF-16 飞机航向电传操纵系统功能结构图

这是一种标准的航向控制增稳结构,即具有一个脚蹬力指令信号和 ω_y、n_n 反馈信号及一个横航向交联信号。它能有效地增强荷兰滚阻尼和航向稳定性,改善滚转和协调转弯性能。

第一条支路为指令通路,脚蹬力折算成方向舵偏角限幅,指令模型与纵向一样,其时间常数为 0.25 s;第二条支路是稳定轴偏航阻尼通路。它考虑了大迎角飞行时滚转角速度在稳定轴的投影分量。这种控制律能保证大迎角飞行时,有效地改善大迎角稳定性和操纵品质;第三条支路是侧向加速度 n_n 反馈,它的功能是增强航向稳定性。对于 YF-16 飞机,主要用于增强跨声速和超声速状态的静稳定性;第四条支路为横-航向解耦交联,系数按 α 信号调参。

横航向电传操纵系统的基本功能是改善静稳定性,增强荷兰滚阻尼和协调转弯。其设计指导思想是有效地改善战斗机大迎角的稳定性和操纵品质,克服高性能战斗机在大迎角飞行时,航向发散、上反效应过大以及副翼逆偏航效应等不良特性,提高抗失速抗尾旋的能力。

参 考 文 献

[1] 方振平,陈万春,张曙光. 航空飞行器飞行动力学[M]. 北京:北京航空航天大学出版社,
     2005.
[2] 方振平. 飞机飞行动力学[M]. 北京:北京航空航天大学出版社,2005.
[3] 陈廷楠. 飞机飞行性能品质与控制[M]. 北京:国防工业出版社,2007.
[4] 李继广,董彦非,屈高敏. 飞行器设计相关学科欧美坐标系和苏联坐标系对比分析[J].
     飞行力学,2018,30(6):1-6.
[5] 胡孟权,张登成,董彦非. 高等大气飞行力学[M]. 北京:航空工业出版社,2007.
[6] 董彦非. 通用航空发动机原理与构造[M]. 北京:北京航空航天大学出版社,2018.
[7] 肖业伦. 航空航天器运动的建模:飞行动力学的理论基础[M]. 北京:北京航空航天大学
     出版社,2003.
[8] 刘世前. 现代飞机飞行动力学与控制[M]. 上海:上海交通大学出版社,2014.
[9] 关世义. 谈谈飞行力学的三大研究手段[J]. 现代防御技术,2002,30(2):12-19.
[10] 沈宏良,唐硕,唐胜景. 飞行力学学科发展研究[M]//中国航空学会. 航空科学技术学
     科发展报告(2010—2011),北京:中国科学技术出版社,2011:47-54.
[11] 金长江,范立钦,周士林. 飞行动力学:飞机飞行性能计算[M]. 北京:国防工业出版社,
     1983.
[12] 胡兆丰,何植岱,高浩. 飞行动力学 飞机的稳定性和操纵性[M]. 北京:国防工业出版
     社,1985.
[13] COOK M V. Flight Dynamics Principles[M]. Burlington, USA: Elsevier Ltd. 2007.
[14] 孙启原. 兰州中川机场气温特征及对飞行的影响[J]. 空中交通管理,2006(5):33-38.
[15] 董彦非,刘璐,刘星. 空气动力学与CFD应用[M]. 北京:航空工业出版社,2019.
[16] 董彦非,李继广. 固定翼无人机技术[M]. 西安:西安电子科技大学出版社,2020.
[17] 匡江红,王秉良,吕鸿雁. 飞机飞行力学[M]. 北京:清华大学出版社,2012.
[18] 中国空军百科全书编审委员会. 中国空军百科全书[M]. 北京:航空工业出版社,2005.